基于光纤干涉仪的世界时高精度测量技术

High Precision Universal Time(UT1) Measurement Technology Based on Fiber Optic Interferometer

王 巍 冯文帅 张首刚 著

科学出版社

北 京

内 容 简 介

本书以世界时测量及航天器精密定轨的需求为应用背景，从高精度光纤干涉仪技术研究和设计的角度，系统论述了高精度光纤干涉仪及其应用于世界时测量的有关理论和工程实践问题。全书共分 9 章，主要包括时间系统、地球的空间姿态与世界时参数的作用、典型的世界时高精度测量技术，同时重点阐述了世界时测量用高精度光纤干涉仪原理与技术方案、提高世界时测量用高精度光纤干涉仪精度的关键技术、基于高精度光纤干涉仪的世界时测量精密环境构建技术以及基于高精度光纤干涉仪的世界时测量与数据处理方法，另外还讨论了高精度光纤干涉测量技术在其他领域的应用。

本书研究内容系统深入，理论方法与工程实践紧密结合，适合从事高精度光纤干涉仪/光纤陀螺仪技术研究、地球物理运动测量技术研究、航天器轨道控制技术研究、相关产品研制与应用的科技人员和高等院校师生作为参考书。

图书在版编目（CIP）数据

基于光纤干涉仪的世界时高精度测量技术 / 王巍，冯文帅，张首刚著. --北京：科学出版社，2024.9. --ISBN 978-7-03-079151-1

Ⅰ. V448

中国国家版本馆 CIP 数据核字第 2024DK8618 号

责任编辑：王 哲 / 责任校对：胡小洁
责任印制：师艳茹 / 封面设计：迷底书装

科学出版社 出版
北京东黄城根北街 16 号
邮政编码：100717
http://www.sciencep.com

三河市春园印刷有限公司印刷
科学出版社发行　各地新华书店经销

*

2024 年 9 月第 一 版　开本：720×1 000　1/16
2024 年 9 月第一次印刷　印张：19 1/2
字数：420 000
定价：198.00 元
（如有印装质量问题，我社负责调换）

前　言　>>>

　　世界时(Universal Time，UT1)是以地球自转运动为参考的时间计量系统，它反映了地球在空间的自转角运动，是实现天球与地球参考架坐标互换的重要参数，在航空航天、深空探测等应用领域，UT1 的测量精度水平直接影响航天器跟踪测量的精度、精密定轨精度和有关科学应用的分析精度。目前，国际上 UT1 观测技术主要是以甚长基线干涉测量技术(Very Long Baseline Interferometry，VLBI)为代表的天文几何测量技术。天文几何测量技术对地球自转变化的测量属于间接测量，通常需要全球布站，其实时性、隐蔽性以及国内的可获得性相对较差，尚不能满足航天强国、科技强国建设的需求。

　　随着惯性测量技术的不断发展，利用大型光学 Sagnac 干涉仪(如大型激光陀螺仪和光纤陀螺仪)可实现直接对地球自转角速度的高精度实时测量，不依赖外部信息，安全隐蔽性好、精度潜力高，可实现自主可控，是国内外的重要研究方向之一。

　　本书是论述高精度光纤干涉仪用于世界时测量相关理论和相关技术方法的专著，书中内容反映了目前国内高精度光纤干涉仪及其世界时测量技术研究与工程实践的较高学术水平和应用技术水平，具有显著的前沿学科交叉特点。目前国内已出版的光纤 Sagnac 干涉仪(光纤陀螺仪)专著主要研究方向面向航天器姿态测量以及中高精度导航与控制相关领域,对于精度高 2~3 个数量级的高精度光纤干涉仪技术相关内容尚未有类似论著。

　　全书共 9 章，第 1 章为绪论，主要阐述时间的概念与用途、技术指标，世界时相关概念、测量方法及其应用，世界时测量的关键技术与国内外发展现状等；第 2 章为时间系统，主要介绍了恒星时、太阳时、世界时、历书时、原子时、脉冲星时、相对论框架下的时间系统等；第 3 章为地球的空间姿态与世界时参数的作用，详细介绍了地球空间姿态、地球测量参考系及坐标转换，并分析了地球的空间姿态参数及世界时对航天器定轨等的影响；第 4 章为典型的世界时高精度测量技术，分别介绍了数字天顶望远镜技术、甚长基线干涉测量技术、激光测距技术、全球导航卫星系统技术、大型激光陀螺仪技术以及大型光纤干涉仪技术等世界时测量技术的基本原理、测量方法、关键技术以及典型应用情况；第 5 章为世界时测量用高精度光纤干涉仪原理与技术方案，简要介绍了 Sagnac 光纤干涉仪原理与主要误差、典型 Sagnac 光纤干涉仪的技术方案，重点阐述了世界时测量用高精度光纤干涉仪的技术方案，具体包括总体方案设计、光路技术方案、电路技术方案以及结构技术方案，并以零偏稳定性为 $2\times10^{-6\circ}/\mathrm{h}(1\mathrm{h}，1\sigma)$ 的高精度光纤干涉仪为例，给出了光路、电路与结构的参数设计典型值，使读者更好地理解高精度光纤干涉仪设计和研制的系统性和全面性；第 6 章为提高世界时测量用高精度光纤干涉仪精度的关键技术，围绕高精度光纤干涉仪在世界时测量方面需重点解决的精度提升、环境误差抑制、长期稳定性提升等问题，重点阐述了高精度光纤干涉仪的噪声抑制、大型光纤环制备等精度提升关键技术，高精度光纤干涉仪的温度、磁场和振动等环境因素误差抑制关键技术，世界时测量用高精度光纤干涉仪的参数长期稳定性提升技术等；第 7 章为基于高精度光纤干涉仪的世界时测量精密环境构建技术，包含地基环境构建关键技术、温度环境构建关键技术、电磁干扰隔离关键技术等，并给出了典型的风媒温控实验室设计方案、水媒温控实验室设计方案、隔振地基设计方案以及实验室的实际运行效果；第 8 章为基于高精度光纤干涉仪的世界时测量与数据处理方法，简要介绍了光纤干涉仪的原始测试数据处理与分析方法，重点阐述了基于高精度光纤干涉仪的世界时输出模型与误差修正方法、基于高精度光纤干涉仪的世界时测量方法，并介绍了作者团队设计并研制的高精度光纤干涉仪测量世界时的情况；第 9 章概述了高精度光纤干涉测量技术在其他领域的应用，分别以地球的极移测量和地外星体自转参数测量为例，详细阐述了基于高精度光纤干涉仪的测量意义、测量方法以及关键技术情况。

　　本书第 1 章由王巍撰写；第 2、3、4 章主要由王巍、张首刚撰写；第 5、6、7、9 章主要由王巍、冯文帅撰写；第 8 章由王巍、冯文帅、张首刚撰写。全书由王巍统稿。

　　在本书撰写和审稿过程中，王学锋研究员、于海成研究员、李晶研究员、阚宝玺研究员、任多立研究员等提出了许多宝贵的意见和建议。另外，王惜康、蔡肖建、石海洋、张智华、尹其其、何北、许保祥、云恩学、姚当、杨旭海等同志分别参与了本书部分内容的研讨和实验工作。作者谨向各位专家及同事对本书的大力支持与帮助表达衷心的感谢。此外，谨向书中参考文献的各位作者表示特别的谢忱，他们的研究给予作者很多启发和帮助。

科学出版社为本书的顺利出版做了细致的工作，作者谨表衷心的感谢！

由于作者水平有限，书中疏漏和不当之处在所难免，恳请读者批评指正。

作　者

2024 年 6 月

缩　略　语 >>>

ASE	Amplified Spontaneous Emission	放大自发辐射光源
AT	Atomic Time	原子时
BCRS	Barycentric Celestial Reference System	太阳系质心天球参考系
BIH	Bureau International del'Heure	国际时间局
BIPM	Bureau International des Poids et Mesures	国际计量局
CIGTF	Central Inertial Guidance Test Facility	中央惯性制导实验室
CIO	Conventional International Origin	国际协议原点
CIP	Celestial Intermediate Pole	天球中间极
CTS	Conventional Terrestrial System	协议地球坐标系
ΔDOD	Delta Differential One-way Doppler	双差单向测速
ΔDOR	Delta Differential One-way Ranging	双差单向测距
DZT	Digital Zenith Telescope	数字天顶望远镜
EAL	Echelle Atomique Libre	自由原子时
EOP	Earth Orientation Parameter	地球定向参数
ERP	Earth Rotation Parameters	地球自转参数
ET	Ephemeris Time	历书时
e-VLBI	Electronic VLBI	电子 VLBI
FAST	Five-hundred-meter Aperture Spherical Radio Telescope	500 米口径球面射电望远镜
FFT	Fast Fourier Transform	快速傅里叶变换
FOG	Fiber Optic Gyroscope	光纤陀螺仪
FOI	Fiber Optic Interferometer	光纤干涉仪
GAST	Greenwich Apparent Sidereal Time	格林尼治真恒星时
GCRS	Geocentric Celestial Reference System	地心天球参考系
GEO	Geosynchronous Orbit	地球静止轨道
GNSS	Global Navigation Satellite System	全球导航卫星系统
GMST	Greenwich Mean Sidereal Time	格林尼治平恒星时
GPS	Global Positioning System	全球导航卫星系统
GPST	Global Positioning System Time	GPS 时
IAA	Institute for Applied Astronomy	应用天文学研究所
IAU	International Astronomical Union	国际天文学联合会

ICRF	International Celestial Reference Frame	国际天球参考框架
ICRS	International Celestial Reference System	国际天球参考系
IERS	International Earth Rotation and Reference System Service	国际地球自转与参考系服务
IFOG	Interferometric Fiber Optic Gyroscope	干涉型光纤陀螺仪
iGMAS	International GNSS Monitoring and Assessment System	全球连续监测评估系统
IGS	International GNSS Service	国际 GNSS 服务
IGSO	Inclined GeoSynchronous Orbit	倾斜地球同步轨道
ILRS	International Laser Ranging Service	国际激光测距服务
ILS	International Latitude Service	国际纬度服务组织
IPMS	International Polar Motion Service	国际极移服务组织
IRP	IERS Reference Polar	IERS 的参考极
ITRF	International Terrestrial Reference Frame	国际地球参考框架
ITRS	International Terrestrial Reference System	国际地球参考系
IUGG	International Union of Geodesy and Geophysics	国际大地测量学和地球物理学联合会
LAST	Local Apparent Sidereal Time	真恒星时
LLR	Lunar Laser Ranging	月球激光测距
LMST	Local Mean Sidereal Time	平恒星时
LOD	Length of Day	日长
MEO	Medium Earth Orbit	中地球轨道
MIOC	Multifunction Integrated Optic Circuit	多功能集成光学器件
NASA	National Aeronautics and Space Administration	美国国家航空航天局
NTSC	National Time Service Center	中国科学院国家授时中心
PRG	Passive Resonant Gyroscopes	被动式激光陀螺仪
PSD	Power Spectral Density	功率谱密度
RAM	Residual Amplitude Modulation	残余幅值调制
RLG	Ring Laser Gyroscope	激光陀螺仪
RMS	Root Mean Square	均方根值
TAI	Temps Atomique International	国际原子时
TCB	Temps Coordinate Barycentrigue	太阳系质心坐标时
TCG	Temps Coordinate Geocentrigue	地心坐标时
TDB	Temps Dynamigue Barycentrigue	太阳系质心动力学时
TDT	Temps Dynamigue Terrestre	地球动力学时
TOA	Time of Arrival	到达时间
TOPSIS	Technique for Order Preference by Similarity to Ideal Solution	优劣解距离法
UHV	Ultra High Vacuum	超高真空

USNO	United States Naval Observatory	美国海军天文台
UT1	Universal Time	世界时
UTC	Universal Time Coordinated	协调世界时
VLBI	Very Long Baseline Interferometry	甚长基线干涉测量技术
ST	Sidereal Time	恒星时
ST	Solar Time	太阳时
SLR	Satellite Laser Ranging	卫星激光测距
SNSPD	Superconducting Single Photon Detector	超导单光子探测器
SOA	Semiconductor Optical Amplifier	半导体光放大器

目　录 >>>

第 1 章

绪　　论

1.1　时间概述

1.1.1　时间的基本概念

时间是标注事件发生瞬间及持续历程的基本物理量，是物质运动和变化的持续性、顺序性的表现。时间是人类用以描述物质运动过程或事件发生过程的重要参数，例如，月球绕地球周期、地球绕太阳周期、地球自转周期和原子振荡周期等。

时间包含了两个内涵：时间间隔和时刻。时间间隔是指事物在两个(瞬间)状态之间所经历的时间过程，它描述了事物运动所经历时间的长短；而时刻是指发生某一现象的具体时间点。在航天器姿态控制或空间定位技术中，通常把发射时刻、轨道控制时刻等新参考时刻，或是任何关键时间发生的时间点称为"历元"。显然，所谓的时刻实际上是一种特殊的(与某一个约定的起点时刻之间的)时间间隔，而时间间隔是指某一事件发生的始末时刻之差。所以，时间间隔测量也称为相对时间测量，时刻测量则被称为绝对时间测量。

标准时间规定了时间测量的标准，包括时刻的参考基准和时间间隔的参考基准。时间系统通过本地时间与标准时间的比对，控制本地时间与标准时间保持一致，实现某一区域的时间统一。

1.1.1.1　标准时间

时间测量需要有一个标准的公共尺度，称为标准时间或时间基准。产生标准时间，需要选定一个公认的起点，按照固定的间隔进行累加。固定的时间间隔由一个周期运动产生,要求周期性运动能满足下列条件：

①该运动是连续的；

②运动周期必须稳定；

③运动周期必须具有复现性，即要求在任何时间和地点都可通过观测和试验来复现这种周期运动。

自然界中具有上述特性的运动很多，如早期的燃香、沙漏、游丝摆轮的摆动、石英晶体的振荡、原子跃迁等。迄今为止，实际应用中，曾经被用于产生标准时间的周期现象主要有以下三种：

①地球自转，用于建立世界时，其稳定度为 10^{-8} 量级；

②地球绕太阳的公转运动,用于建立历书时,其稳定度为 10^{-10} 量级;

③原子的量子跃迁,用于建立原子时,其中,基于微波原子钟稳定度目前可达 10^{-16} 量级,基于光学原子钟稳定度目前可达 10^{-18} 量级[1]。

时间的基本单位是国际单位制秒(s)。大于 1s 的时间单位,如分钟(min)、小时(h)、日(day)等,以及小于 1s 的时间单位,如毫秒(ms)、微秒(μs)、纳秒(ns)等均可从秒派生出来。

1.1.1.2 守时系统

守时系统被用于建立和维持区域的时间频率基准,确定时刻。国家标准时间的守时系统一般由多台原子钟构成钟组,通过原子钟之间的相互比对,获得不同原子钟之间的时间偏差,使用加权平均等算法获得性能最优的原子时尺度,据此控制其中一台原子钟连续产生标准时间。

1.1.1.3 授时系统

授时系统用于发播标准时间,可应用电话、网络、广播、电视、长波电台、短波电台和卫星等设施向用户传递标准的时间信息和频率信息。不同的方法具有不同的传递精度,其应用对象也不相同。

目前国际上有许多单位和机构在测定和维持各种时间系统,并通过各种方式将有关的时间和频率信息发播(发布)给用户,这些工作称为时间服务。较为著名的有国际计量局(Bureau International des Poids et Mesures,BIPM)的时间部(提供国际原子时和协调世界时数据)、美国海军天文台(United States Naval Observatory,USNO),我国的时间服务主要由中国科学院国家授时中心(National Time Service Center,NTSC)提供。

1.1.2 天球的相关概念

20 世纪以前,人们通常依据太阳或其他恒星在地球上空的位置以及地球自转周期来确定时间。天球是为了研究太阳、地球等天体视位置和视运动而引进的一个假想的球体,其定义为以任一点为球心、以无穷大为半径所作的球体,如图 1-1 所示。当球心取地心时,称为地心天球;当球心取日心时,称为日心天球;当球心为测站时,称为站心天球。在天文学中,通常把天球投影到天球面,并用球面坐标来表示天体的位置[2]。下面介绍天球上一些重要的面、线和点。

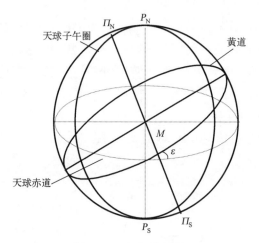

图 1-1　天球示意图

(1)天轴和天极

过天球中心并平行于地球自转轴的直线称为天轴，天轴与天球的交点称为天极，其中，P_N 称为北天极，P_S 称为南天极。

(2)天球赤道面及天球赤道

通过天球中心 M 作一个与天轴垂直的平面,该平面称为天球赤道面。天球赤道面与天球的交线称为天球赤道。天球赤道是天球上的一个大圆。

(3)天顶和天底

过测站点的铅垂线向上方延伸与天球的交点称为该点的(天文)天顶，向下方延伸与天球的交点称为该点的(天文)天底。

(4)天球子午面与子午圈

通过天轴及某点的天顶所作的平面称为天球子午面，天球子午面与天球的交线称为天球子午圈，它也是一个大圆，其中包含天顶的半个大圆称为上子午圈，包含天底的半个大圆称为下子午圈。

(5)时圈

通过天轴的平面与天球相交而形成的半个大圆称为时圈。

(6)黄道

地球绕日公转的轨道平面与天球的交线称为黄道。从地球上对太阳进行观测时，太阳就在黄道上进行视运动。黄道平面和赤道平面之间的夹角称为黄赤交角，其值为 23.5° 左右。

(7)黄极

过天球中心作垂直于黄道平面的垂线，该垂线与天球的交点称为黄极。靠近北天极的称为北黄极(Π_N)，靠近南天极的称为南黄极(Π_S)。

(8)春分点

黄道和赤道的交点称为春分点和秋分点。其中，太阳从天球南半球穿过赤道进入北天球的交点称为春分点(每年的 3 月 21 日左右)，反之，太阳从天球北半球穿过赤道进入南天球的交点称为秋分点(每年的 9 月 23 日左右)。

春分点、北天极以及天球赤道面等是建立天球坐标系中重要的基准点和基准面。

1.1.3 时钟的主要技术指标

时钟是一种重要的守时工具。利用时钟可连续地向用户提供任一时刻所对应的时间 t_i。由于任何一台时钟都存在误差，所以需要通过定期或不定期地与标准时间进行比对，求出比对时刻的钟差，经过数学处理(如简单的线性内插)后，对估计时刻的钟差进行修正，以便获得较为准确的时间[2]。

评价时钟性能的主要技术指标为频率准确度、频率漂移率和频率稳定度。

(1)频率准确度

一般而言，时钟是由频率标准(简称频标)、计数器、显示和输出装置等部件所组成的。其中，频标通常由具有稳定周期的振荡器来担任(如晶体振荡器、原子钟)，计数器则用来记录振荡的次数，产生标准的秒脉冲信号输出。所谓频率准确度是指振荡器所产生的实际频率 f 与其标称的频率值(标准值)f_0 之间的相对偏差，即 $a = \dfrac{f - f_0}{f_0}$。

(2)频率漂移率

时钟输出频率在单位时间内的变化量称为频率漂移率，简称频漂。根据单位时间取值的不同，频漂主要分为日频漂率、周频漂率、月频漂率、年频漂率。计算频漂的基本公式为

$$b = \frac{\sum_{i=1}^{N}(f_i - \overline{f})(t_i - \overline{t})}{f_0 \sum_{i=1}^{N}(t_i - \overline{t})^2} \tag{1-1}$$

式中，t_i 为第 i 个采样时刻(单位可取秒、时、日等)，f_i 为第 i 个采样时

刻测得的频率值，f_0 为标称频率（理论值），N 为采样总数，$\bar{t} = \dfrac{1}{N}\sum\limits_{i=1}^{N} t_i$ 为平均采样时刻，$\bar{f} = \dfrac{1}{N}\sum\limits_{i=1}^{N} f_i$ 为平均频率值。

频漂反映了时钟频率的变化率，也称为老化率。

（3）频率稳定度

频率稳定度反映时钟输出频率在一定的时间间隔内的随机变化程度。在时域测量中，频率稳定度是用采样时间 τ 内平均相对频偏 $\bar{y}_k$ 的阿伦（Allan）方差的平方根 σ_y 来表示的[2]，即

$$\sigma_y(\tau) = \sqrt{\left\langle \frac{(\bar{y}_{k+1} - \bar{y}_k)^2}{2} \right\rangle} \tag{1-2}$$

式中，$\langle \cdot \rangle$ 表示无穷多个采样的统计平均值，$\bar{y}_k$ 为时间间隔 $(t_k, t_{k+\tau})$ 内的平均相对频率，即

$$\bar{y}_k = \frac{1}{\tau}\int_{t_k}^{t_{k+\tau}} \left[\frac{(\bar{f} - f_0)}{f_0}\right]dt = \frac{1}{f_0}\left[\frac{1}{\tau}\int_{t_k}^{t_{k+\tau}} f(t)dt - f_0\right]dt \tag{1-3}$$

令 $\bar{f}_k = \dfrac{1}{\tau}\int_{t_k}^{t_{k+\tau}} f(t)dt$，则

$$\bar{y}_k = \frac{(\bar{f}_k - f_0)}{f_0}, \quad \bar{y}_{k+1} = \frac{(\bar{f}_{k+1} - f_0)}{f_0} \tag{1-4}$$

当测量次数有限时，频率稳定度用下式估计

$$\hat{\sigma}_y = \frac{1}{f_0}\sqrt{\frac{\sum\limits_{i=1}^{m}(\bar{f}_{k+1} - \bar{f}_k)}{2(m-1)}} \tag{1-5}$$

式中，m 为采样次数。

频率的随机变化受频标内各类噪声的影响。各类噪声对频率随机变化的影响程度和影响方式是不同的。因此，采样时间不同，所获得的频率稳定度也不同。在给出频率稳定度时，必须同时给出采样时间，如最新报道的铷原子钟在秒级采样的频率稳定度为 9×10^{-14}，百秒级采样的频率稳定度为 9×10^{-15}[3]。频率稳定度是反映时钟质量最主要的技术指标，频率准确度和频漂反映了时钟的系统误差的数值即使较大，也可通过与标准时间进行比对予以确定并加以修正；而频率稳定度反

映了时钟的随机误差,通常只能从数理统计的角度来估计其大小,难以进行修正。

1.2 世界时相关概念

1.2.1 世界时的背景及历史

世界时(Universal Time,UT1)是以地球自转运动为参考的时间计量系统,UT1 反映了地球在空间的自转角度,与地极坐标(X_P, Y_P)、岁差、章动一起被称为地球定向参数(Earth Orientation Parameter,EOP)[4]。EOP是实现天球与地球参考框架坐标转换的关系参数,在卫星、飞船、深空探测等应用领域中,由于需要在地面目标和空间目标之间建立坐标转换关系,EOP 是必不可少的。在 5 个 EOP 参数中,地极坐标(X_P, Y_P)、岁差、章动等 4 个轴向参数变化较缓慢,且具有较好的可预测性,而自转参数 UT1 变化较快,其预测误差往往比轴向参数预测误差大一个数量级,所以 UT1 的测定精度直接影响航天器跟踪测量的精度、轨道测量精度和有关科学应用的分析精度。

UT1 具有实时变化的特点,是 EOP 中较难精确预报的参数,需要通过连续不断地观测来实现。目前,中国科学院国家授时中心通过短波授时系统全天不间断播发协调世界时(Universal Time Coordinated,UTC)和 UT1 时号,这也是目前我国唯一的 UT1 时号服务,同时通过数字通信系统和网络平台提供 UT1 数据服务。UT1 数据一方面来自国际地球自转与参考系服务(International Earth Rotation and Reference System Service,IERS)定期发布的解算结果,另一方面来自 UT1 自主测量系统的测量结果。IERS 通过分析来自全球各地观测站获取的各种观测数据综合解算得到,并以月报和周报的形式通过互联网向全球用户提供 UT1 参数的数据服务。月报通常滞后一个月以上,精度为 0.01ms,主要满足各种理论研究需要;周报则是每周发布一次,精度为 0.02ms,主要满足工程应用需求。IERS 发布的月报与周报中 UT1 的数值,通常是在每日 UTC零时刻给出 UT1 与 UTC 的差值,即 UT1–UTC 值,所提供的 UT1 值时间周期为 1 天。对于某些科研应用,如果需要用到一天内某一时刻的 UT1值,当前只能通过内插法来获取,而通过内插法获取的 UT1 值有时难以准确地反映地球自转的真实变化。

随着我国航空航天、导航授时等科技领域的不断发展，在不少应用场合中需要用到高时间分辨率乃至是实时的 UT1 参数。因此，建立一套可独立自主测量、实时解算和提供 UT1 参数的系统具有重要价值。

1960 年以前，世界时曾作为标准时间被广泛应用。由于地球自转角速度变化的影响，它不是一种均匀的时间系统。但正因为它与地球自转的角度有关，即使在 1960 年作为标准时间的职能被历书时取代以后，世界时对于日常生活、天文导航、大地测量和航天飞行器跟踪测控等仍是必需的。同时，精确的世界时是地球自转的基本数据之一，可为地球自转理论、地球内部结构、板块运动、地震预报以及地球、地月系统、太阳系的起源和演化等研究提供必要的基本信息。

1.2.2 主要的世界时测量方法

过去很长一段时间内，世界时是通过对恒星观测来实现的。常用的测定方法和相应仪器主要有：①中天法——中星仪、光电中星仪、照相天顶筒；②等高法——超人差棱镜等高仪、光电等高仪。用这些仪器观测，一个夜晚观测的均方误差为 5ms 左右。依据全世界一年的天文观测结果，经过综合处理所得到的世界时精度约为 1ms。受各种因素(主要是环境因素)的影响，长期以来，世界时的测量精度没有显著提高。近年来，随着科学技术水平的提升以及国际合作组织的建立，更高精度的世界时测量方法主要有甚长基线干涉测量(Very Long Baseline Interferometry，VLBI)、全球导航卫星系统(Global Navigation Satellite System，GNSS)、数字天顶望远镜(Digital Zenith Telescope，DZT)、卫星激光测距(Satellite Laser Ranging, SLR)等，UT1 的测量精度提高了 1～2 个数量级。

目前，国际上 UT1 观测技术主要是以 VLBI 为代表的天文几何测量技术。天文几何测量技术对地球自转变化的测量属于间接测量，通常需要对地球之外的人造卫星、月球、恒星或是河外射电源等参考目标源进行观测，再通过解析观测数据以获得 UT1 参数。VLBI 技术能够对地球定向参数(EOP)的五个参数进行高精度测量，IERS 发布的 UT1 参数解算结果就是以每日的 VLBI 观测数据为主导，并综合其他观测技术的观测数据解算得出的[5,6]。

20 世纪 90 年代以来，随着惯性测量技术的不断发展，利用高精度的惯性测量仪器，如大型激光陀螺仪(Ring Laser Gyroscope，RLG)和光纤陀螺仪(Fiber Optic Gyroscope，FOG)等光学陀螺仪，可实现对地球自转角速度的高精度、实时测量。该测量技术利用固连在地球表面的光学陀螺仪直接测量地球自转，通过 Sagnac 效应产生频率差(或相位差)，对频率差(或相位差)进行解析以获取地球瞬时自转角速度，其测量原理与传统的天文几何测量技术完全不同。它基于狭义相对论和 Sagnac 效应原理，直接对地球瞬时自转角速度的变化进行测量[7]，而不需要通过观测地球之外的参考目标源来获取地球自转变化信息。利用光学陀螺仪精确测量地球自转已逐步应用于地球极移[8]、固体潮观测[9]、旋转地震波探测[10]、引力磁效应[11]、广义相对论[12]等科学研究领域[13-15]。

考虑到用于世界时测量的激光陀螺仪、光纤陀螺仪几何尺寸较大，边长或直径在 1m 以上，目前最大的超过了 20m，已不属于传统的陀螺仪范畴，一般不再具有陀螺仪应该具备的多种动态性能[16]，国外研究机构近年来也称大型激光陀螺仪为激光干涉仪(Ring Laser Interferometer)[17]，因此本书中将用于世界时测量的光纤陀螺仪称为 Sagnac 光纤干涉仪或光纤干涉仪(Fiber Optic Interferometer，FOI)。考虑到激光干涉仪通常指的是测量位移量的专用名词，因此用于世界时测量的激光陀螺仪在本书中仍统一称为大型激光陀螺仪(Ring Laser Gyroscope，RLG)。

随着光纤陀螺仪技术的不断发展和成熟，利用光纤环取代传统的环形激光谐振腔所构建的光纤陀螺仪也可达到与激光陀螺仪相同乃至更高的测量灵敏度。2013 年，意大利国家计量院的Clivati教授利用商用互联网光纤通信网络构建了面积达 20km^2、光纤总长度达到 47km 的超大面积 Sagnac 光纤干涉仪，并用于监测地球自转变化[18]。该研究充分利用城市光纤通信网覆盖面积大的特点，使光纤干涉仪在理论上达到很高的测量精度[19]。但由于该光纤干涉仪光纤环路受到非互易性测量环境、地表振动、温度不均匀等多重因素的影响，最终其对地球自转角速度测量精度并未达到预期效果。在我国，2018 年以来，北京航天控制仪器研究所与中国科学院国家授时中心合作探索，设计研制了大型光纤干涉仪，并用于开展地球自转变化监测以及 UT1 测量等研究工作[20]。

2011 年，德国的 Nilsson 教授团队在"地球自转，参考系统和天体力学：大地测量学和天文学联合"(Earth Rotation, Reference Systems and Celestial Mechanics:Synergies of Geodesy and Astronomy)会议上曾撰文认为[21]，随着光学陀螺仪技术的不断进步和测量精度的不断提高，单独利用高精度 Sagnac 光学干涉仪测量解算 UT1 参数将可达到与 VLBI 等测量方法相当的精度水平，说明该方法具有良好的发展前景和价值[22]。由于 Sagnac 光学干涉仪可对地球自转变化以及各种地球物理效应进行实时监测，可通过对干涉仪输出的原始测量信号进行相应的误差分析与校正，分离提取出地球的瞬时自转角速度信息，从而实现对 UT1 参数的实时解算。利用光学干涉仪连续高精度测量还可提高 UT1 参数解算获取的时间分辨率，从而有效解决现有 UT1 参数获取滞后以及时间分辨率较低等问题，有潜力发展成为除天文测量技术之外的又一种新型的 UT1 测量技术。

1.2.3 世界时在航天领域的应用

1.2.3.1 测绘卫星、导航卫星精密定轨方面的应用

测绘卫星按照测绘体系需求主要分为基础测绘卫星、详细测绘卫星和精确测绘卫星等三类，各种测绘卫星需求的技术指标典型值如表 1-1 所示。例如，平面测绘中，当绘制 1∶10000 比例尺地形图时，平面定位精度、地面像元分辨率需要分别达到 10m、0.6～1m；而当绘制 1∶5000 比例尺地形图时，相应的指标参数则需提高到 3m、0.1～0.3m，对应的精密定轨精度要求最高可达 0.01m 量级（1σ）。由于世界时的测定精度直接影响卫星轨道测量精度，精确测绘的卫星对世界时测量精度也提出了更高要求[23]。

表 1-1 基础测绘、详细测绘和精确测绘等三类卫星性能要求对比

能力类型		基础测绘	详细测绘	精确测绘
探测范围		全球	重点地区	目标区
无控地面目标定位	平面	≤50m	≤25m	≤10/3m
	高程	≤6m	≤3m	≤1m
地面像元分辨率		3～5m	≤2m	0.6～1m/0.1～0.3m
地形图比例尺		1∶50000	1∶25000	1∶10000/1∶5000
卫星定轨精度		1m 量级（1σ）	0.1m 量级（1σ）	0.01～0.1m 量级（1σ）
世界时测量精度需求		ms 量级	近似 ms 量级	0.1ms 量级/0.01ms 量级

我国的北斗卫星导航系统是重要的空间基础设施，为社会生产、生活提供全天候的精准时空信息服务，是经济社会发展的重要信息保障，也是航天装备体系结构的重要组成部分，发挥着环境保障和信息支援的关键作用。北斗卫星导航定位原理是通过测量多颗卫星与用户的伪距与相位来计算用户的位置，卫星的轨道确定和预报精度直接影响用

户的实时导航和定位精度。另外，北斗导航卫星的公共误差修正计算、时间同步处理、电离层延迟的计算等也都需要高精度的轨道信息，因此导航卫星的定轨精度是北斗卫星导航系统能否达到预定性能的重要因素[24]。

为了保证北斗卫星导航系统的精度，目前地球静止轨道（Geosynchronous Orbit，GEO）卫星在运控阶段的定轨精度要求达到米级以下，对于中地球轨道（Medium Earth Orbit，MEO）和倾斜地球同步轨道（Inclined GeoSynchronous Orbit，IGSO）的定轨精度要求达到分米级甚至厘米级。

1.2.3.2 载人登月等深空探测领域的应用

在载人登月任务以及火星等地外天体探测任务中，均需实时进行轨道定轨的工作，以保证入轨精度。对月球、火星等星体探测的跟踪观测主要基于地面测站进行，而地面测站和在轨飞行的探测器处于不同的时空参考框架内，因此需要进行坐标转换，将测站坐标和探测器坐标统一到相同坐标系下。在坐标转换过程中，坐标转换参数的精度直接影响着转换结果的精度，进而影响定轨精度。

在月球、火星等地外星体探测领域，EOP 误差主要指极移参数和世界时参数的误差。其中世界时参数的特点是含有不同周期、不同振幅项，各项的原因复杂，不易预报，必须通过观测得到。世界时的误差将产生航天器的轨道误差，影响载人登月任务的轨道精度。精确的世界时参数可缩短飞行器的定轨时间，减少能量消耗，提高深空探测效率。

1.3 世界时测量技术发展概况

1.3.1 传统世界时测量的局限性

当前 IERS 组织仅可实现一天获取一个世界时数值，对于在一天以内任意时刻的世界时参数还难以实现实时测量与获取，并且数据获取受制于美国与欧洲，自主性较差。随着我国航天等领域技术的不断发展，对世界时的时效性及测量精度要求越来越高，有的应用甚至需要实时的世界时计算结果，通过 IERS 获取的每天一个世界时数值已难以满足应用需求。

地球定向参数激发源众多，且激发源又含有多种不确定性和时变性，既包含长期的趋势性变化、周期性变化，也包含短期的高频变化。利用现有观测系统难以实现全天候连续实时的地球定向参数观测，为了解决这一问题，亟待对已有 EOP 资料数据进行丰富，提出新的测量手段。

1.3.2 目前世界时测量的关键技术

(1)基于数字天顶望远镜的世界时测量技术

数字天顶望远镜属于传统天文观测手段，其基本原理是利用天顶望远镜对天顶方向视场范围内的恒星进行拍照，将拍摄的星象照片与参考星的视位置进行匹配，测量出地球自转角的变化，进而实现世界时测量解算。该方法是在可见光波段实现观测，因此受天气的影响较大，难以实现长期连续不间断观测。

(2)基于 VLBI 的世界时测量技术

目前，世界时测量主要由 IERS 将全球各个 VLBI 分析中心的结果进行综合得到。VLBI 的基本原理为：多个 VLBI 观测站同时跟踪观测宇宙的天然射电天体或有无线电信标的人造天体，各观测站将观测数据实时传送至 VLBI 数据中心，然后进行数据回放和互相关计算，再利用得到的互相关谱数据，计算信号到达各观测站的时间差及其变化率，计算地球旋转角速度以及角位置等信息。每个观测站需要的设备包括：高效大型射电天线、低噪声高灵敏度接收机系统、VLBI 高速数据采集系统、高稳定度原子钟以及高精度远程时间对比系统等。

目前，VLBI 测量方法是世界时参数测量较准确且常见的方法，但该方法的实时性相对较差，且需要全球布站，信息发布权掌握在 IERS 国际组织中，自主可控能力较弱。

(3)基于 SLR 的世界时测量技术

SLR 的原理是通过测定激光脉冲在地面观测站与卫星之间的往返时间间隔，并结合光速计算得到地面观测站到卫星的距离。SLR 的观测值可用于世界时的测量。目前，全球数十个国家研制的 SLR 系统组成了国际激光测距服务(International Laser Ranging Service，ILRS)组织的观测网。采用 SLR 方法可获得极移、日长等参数。

(4)基于 GNSS 的世界时测量技术

利用 GNSS 可测定世界时，但 GNSS 的观测量通常是无方向的，只能确定世界时的变化或速率，因此，该方法只能求得日长的变化值，难以直接测量世界时的绝对值。

GNSS 与 VLBI、SLR 相比，其测得的地球定向参数值长期稳定性不够，因此，为获得更加稳定的解，通常需要用 VLBI 和 SLR 的解对其进行一定的改正。

(5)基于大型激光陀螺仪的世界时测量技术

1998 年以来，德国慕尼黑技术大学 Schreiber 教授在德国 Wettzell 天文观测站建造一个名为 G-ring、大小为 4m×4m 的环形激光陀螺仪，如图 1-2 所示。2020 年报道其角速度测量精度最高约为 $2×10^{-13}$rad/s[7]，即 $4.12×10^{-8}$°/h，是当前国际上精度最高的激光陀螺仪。2023 年，G-ring 陀螺仪实现了以 1～3 小时为间隔的更新速率下世界时误差小于 2ms[17]。

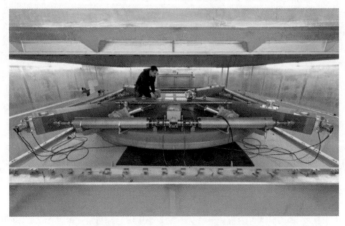

图 1-2 德国 G-ring 激光陀螺仪

意大利 Hurst 等于 2008 年开展大型激光陀螺仪 G-Pisa 研究，用于地球自转监测，包括地极运动、大气和海洋角动量、地球固体潮汐与海潮负荷等内容，并开展基础物理效应(参照系拖动和其他相对论岁差)方面的研究[10]。Virgilio 等讨论在地球上采用大型光学 Sagnac 干涉仪探测引力波与磁场之间效应(Gravito-Magnetic Effect)的理论和可行性[11,12]，并于 2012 年开始 GINGER 计划(Gyroscope in General Relativity)，实现了 3.6m×3.6m 的正方形激光陀螺仪 GINGERino，如图 1-3 所示。2018 年，GINGERino 在 400s 积分时间达到 $3×10^{-11}$rad/s(即 $6.2×10^{-6}$°/h)的角速度测量精度，连续运行时间长达 90 天[25]。

图 1-3 意大利 GINGERino 测量地球自转的装置

2016 年，德国慕尼黑大学的 Igel 教授团队建设了 ROMY 项目（位于慕尼黑市附近），ROMY 是由四个大型激光陀螺仪构成倒立金字塔（边长 12m）形状的测量系统，主要用于测量世界时和旋转地震等，2021 年报道其角速度测量精度最高约为 $2×10^{-12}$ rad/s[26]，即 $4.12×10^{-7}$°/h，详细介绍见 4.5 节。

(6) 基于大型 Sagnac 光纤干涉仪的世界时测量技术

随着光纤陀螺仪的角速度测量精度逐渐提升，同样基于 Sagnac 干涉测量原理的高精度光纤干涉仪测量世界时成为一种新的方法。同传统测量方法相比，与地球固连的大型光纤干涉仪在随地球自转运动的过程中可直接实时测量地球瞬时自转角速度，通过建立地球自转角速度与世界时的对应转换关系可实现高时间分辨率的世界时测量解算。同时，整个测试系统无须联网观测，单台站即可实现对世界时的实时测量，稳定性和安全隐蔽性好。此外，相对于大型激光陀螺仪，光纤干涉仪还具备精度潜力更高、机械加工相对简单、经济性更好等优点[20]。

光纤干涉仪测量世界时的基本原理如下：

世界时（UT1）是以地球自转运动为基础的时间，它与地球自转速率直接相关，具体表示为

$$t_{UT1}(t) = t_{UT1}(t_0) + \frac{1}{\Omega_0}\int_{t_0}^{t}\Omega(t)\mathrm{d}t \tag{1-6}$$

式中，$t_{UT1}(t)$ 表示 UTC 的 t 时刻对应的 UT1 值，t 与 t_0 分别表示不同时刻，$\Omega(t)$ 为光纤干涉仪实测的地球自转角速度，Ω_0 为地球平均自转角速度值（约为 15.0410669°/h），其对应的转动周期为 1 恒星日。

通常，UT1 在 UTC 时刻的值以修正的形式（UT1-UTC）给出，下文中以 δ_{UT1} 表示（UT1-UTC），设地球自转角速度变化量 $\Delta\Omega(t)=\Omega(t)-\Omega_0$，则式（1-6）可改写为

$$\delta_{UT1}(t) = \delta_{UT1}(t_0) + \frac{1}{\Omega_0}\int_{t_0}^{t}\Delta\Omega(t)\mathrm{d}t \tag{1-7}$$

式中，$\delta_{UT1}(t)$ 表示在 UTC 的 t 时刻对应的 UT1 的修正值。

高精度光纤干涉仪的优点是可实时监测并提供地球自转角速度的测量值，利用其输出的角速度测量值可计算出地球自转角速度的变化量 $\Delta\Omega(t)$，对 86400s（即 1 天）内的 $\Delta\Omega(t)$ 积分就可得到 UT1 的日变化量 ξ，表述如下

$$\xi = T - \frac{1}{\Omega_0}\int_{0}^{T}\Omega(t)\mathrm{d}t = 86400\mathrm{s} - \frac{1}{15.0411}\int_{0}^{86400}\Omega(t)\mathrm{d}t \tag{1-8}$$

利用高精度光纤干涉仪测量数据，理论上可实现每秒计算并提供世界时参数的计算结果，该方法可提高世界时获取的时间分辨率，同时也可依据用户的不同需求提供任意时刻的世界时参数，不同时间段内的计算结果可用对应时间段内 δ_{UT1} 的变化量 ξ 的形式给出。

日长（Length of Day，LOD）是指一个平太阳日中包含的 UTC 秒数，即 86400s 间隔内，所包含的 UTC 秒数，表示为

$$\mathrm{LOD} = \frac{\mathrm{dUTC}}{86400} \tag{1-9}$$

通常也用日长变化（ΔLOD）来描述地球自转角速率的时变性，ΔLOD 与地球自转角速率变化 $\Delta\Omega$ 之间的关系为

$$\Delta\mathrm{LOD} = -\frac{\Delta\Omega}{\Omega_0}\times 86400 \tag{1-10}$$

因而当 ΔLOD 的测量精度达到 1ms 时，干涉仪的相对角速度测量精度需要达到 1.15×10^{-8}。以北京（纬度 40°N）为例，北京的地球自转角速度天向分量约为 9.668°/h，可计算出干涉仪的角速度测量精度需达到 1.11×10^{-7}°/h（日精度）。

从上述分析可看出，干涉仪角速度测量精度越高，即 $\Delta\Omega$ 变化小，时间误差越小，世界时测量越准确。

1.3.3　国外世界时测量技术的发展现状

目前,国际地球自转与参考系服务组织(IERS)将全球各个甚长基线干涉测量技术(VLBI)观测分析中心的结果进行综合,为用户提供世界时预报服务,通常以周报和月报的形式播报,周报精度最高达到 0.02ms。

尽管 IERS 提供常规的面向全球的世界时预报服务,但世界主要强国如美国、俄罗斯等国家仍然保持其独立的世界时测定和预报工作。

美国独立的世界时是海军天文台(USNO)测量计算并发布的,其主要通过独立自主的 VLBI 网进行测量,精度优于 IERS 发布的世界时精度,可达到 0.01ms。目前,已实现延迟一天发布在其网络服务器,供美国各相关机构使用。

俄罗斯的世界时测量与播报服务工作由位于俄罗斯圣彼得堡的应用天文学研究所(Institute for Applied Astronomy,IAA)负责,俄罗斯共有三个 VLBI 台站,IAA 测量的世界时精度为 0.03ms。

1.3.4　我国世界时测量技术的发展现状

北京时间是以国际原子时(Temps Atomique International,TAI)为基础,并通过加入对地球自转的修正来得到协调世界时。而 UT1 是一种以地球自转周期为基础的时间标准,由于地球自转角速度的不稳定性,它与原子时存在微小差异。

随着科学技术的发展,我国 20 世纪中叶开展了包含世界时在内的 EOP 参数自主测量方法与技术的研究工作。从事世界时研究的单位包括中国科学院国家授时中心、中国科学院上海天文台、中国科学院测量与地球物理研究所、武汉大学等。目前,国内所播报的世界时由中国科学院国家授时中心唯一承担。

我国从事时间研究的机构主要涉及量子频标、时间保持、守时理论与方法、高精度时间传递与精密测定轨、时间频率测量与控制、时间用户系统与终端、导航与通信等研究工作,中国的授时系统包括短波授时、低频授时、长波授时、长河二号无线电导航系统授时、北斗卫星授时、电话授时、网络授时和光纤授时等,如图 1-4 所示。

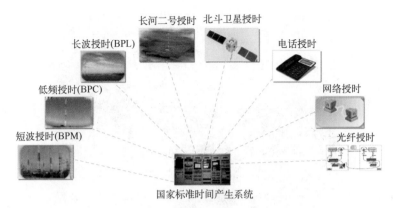

图 1-4 中国的授时系统组成

　　我国拥有三亚、长春、喀什三个高精度的地球定向参数测量站点以及西安数据处理中心[27]，并建立了基于 VLBI2010 规范的宽带 VLBI 网系统[28]。

　　为了在区域网内实现全球网的精度，国内研究机构近年来研究多手段融合处理方法，结合甚长基线干涉测量、数字天顶望远镜、全球连续监测评估系统（International GNSS Monitoring and Assessment System，iGMAS）、大型光学陀螺仪等技术，联合解算得到高精度、高实时性、自主安全的 UT1，构建我国独立自主的 UT1 解算与服务中心[29]，从 2022 年 4 月开始提供服务。

　　2020 年，北京航天控制仪器研究所研制了大型 Sagnac 光纤干涉仪 BFOI-1000（干涉仪直径为 1m），零偏稳定性为 3.36×10^{-5}°/h（100s，1σ）[20]，积分时间为 1h 的零偏稳定性最好结果为 5.5×10^{-6}°/h（1σ），估算世界时解算精度在 20ms/day 水平。

　　2023 年，北京航天控制仪器研究所研制了大型 Sagnac 光纤干涉仪 BFOI-1500（干涉仪直径为 1.5m），如图 1-5 所示，积分时间为 1h 的零偏稳定性最好结果为 9.7×10^{-7}°/h（1σ），达到了国内外已报道 Sagnac 光纤干涉仪用于角速度测量的世界最好水平[23]，联合中国科学院国家授时中心实现了世界时的测量与解算，并完成了与 IERS 公报 C04 时间序列的对比验证。在连续 15 天的世界时观测中，基于该光纤干涉仪的世界时测量误差优于 7ms/day。

　　待进一步突破光纤干涉仪的大尺寸光路设计技术、微弱信号高灵敏检测技术、噪声抑制技术、环境误差抑制技术等关键技术后，未来光纤干涉仪精度有望实现 10^{-8}°/h（1σ）水平。

图 1-5　北京航天控制仪器研究所大型 Sagnac 光纤干涉仪 BFOI-1500

第 2 章

时 间 系 统

20 世纪以前，人们认为地球自转是均匀的，所以选择地球自转为时间基准。以此为基准的官方时间有世界时（是太阳时的一种）或天文应用的恒星时（Sidereal Time，ST）。随着天文观测精度和时钟精度的不断提高，天文学家发现基于地球自转的世界时并不是均匀的时间系统，选用不均匀的时间系统作为时间计量标准是不合适的，于是天文学家引入基于地球公转运动的时间——历书时（Ephemeris Time，ET）作为时间计量基准，历书时是在牛顿经典力学框架下用天体动力学理论定义的力学时间系统[30]。但历书时取决于天文观测精度，其实现精度大约为毫秒级水平，显然这样的时间系统难以满足现代科技发展的需要。原子跃迁振荡频率十分稳定，天文学家用历书时时间尺度标定原子跃迁振荡频率，建立原子时（Atomic Time，AT）时间尺度。原子时可细分为国际原子时、协调世界时、卫星导航系统时间等。本章主要介绍恒星时、太阳时、世界时、历书时、原子时、脉冲星时、相对论框架下的时间系统等内容。

2.1 恒星时

地球自转是一种连续性的周期性运动。早期由于受观测精度和计时工具的限制，人们认为地球自转周期是不变的，所以被选作时间基准。恒星时和太阳时是以地球自转作为时间基准的，其主要差异在于测量自转时所选取的参考点不同。

恒星时是以春分点作为参考点的。春分点连续两次经过上中天的时间间隔为一恒星日。以恒星日为基础均匀分割而获得恒星时系统中的"时"、"分"和"秒"。恒星时在数值上等于春分点相对于本地子午圈的时角。由于恒星时是以春分点通过本地上子午圈为起点，所以它是一种地方时[2]。

由于章动的影响，真天极将围绕平天极做周期性运动，因此春分点有真春分点和平春分点之分。相应的恒星时也有真恒星时和平恒星时之分。真恒星时也即真春分点的地方时角，记为 LAST（Local Apparent Sidereal Time），平恒星时也即平春分点的地方时角，记为 LMST（Local Mean Sidereal Time），两者之差即为真春分点和平春分点之差，因此有

$$LAST - LMST = \Delta\psi \cdot \cos\varepsilon \tag{2-1}$$

式中，$\Delta\psi$ 为黄经章动，ε 为黄赤交角。

地方恒星时中有两个较为特殊的例子：格林尼治真恒星时（Greenwich Apparent Sidereal Time，GAST）和格林尼治平恒星时（Greenwich Mean Sidereal Time，GMST）。这两者与 LAST 和 LMST 之间的关系为

$$\text{LAST} - \text{GAST} = \text{LMST} - \text{GMST} = \lambda \tag{2-2}$$

式中，λ 为天文经度。

恒星时是以地球自转为基础，并与地球自转角度相对应的时间系统，在天文学中已被广泛应用。

2.2 太阳时和世界时

2.2.1 太阳时

太阳时一般有真太阳时和平太阳时两种概念，平太阳时又延伸出民用时、世界时等。

（1）真太阳时

真太阳时（Solar Time，ST）是以太阳中心作为参考点，太阳连续两次通过某地的上子午圈的时间间隔称为一个真太阳日。以其为基础均匀分割后得到真太阳时系统中的"时"、"分"和"秒"。因此，真太阳时是以地球自转为基础、以太阳中心作为参考点而建立起来的一个时间系统[2]。真太阳时在数值上等于太阳中心相对于本地子午圈的时角。由于地球围绕太阳的公转轨道为一椭圆，如图 2-1 所示，根据开普勒行星运动三定律，其运动角速度是不相同的，在近日点处，运动角速度最大；远日点处，运动角速度最小。由于地球公转位于黄道平面，而时角是在赤道平面量度，所以真太阳时的长度是不相同的，即真太阳时不具备作为一个时间系统的基本条件。

（2）平太阳时

在日常生活中，人们已习惯用太阳来确定时间，安排工作和休息。为了弥补真太阳时不均匀的缺陷，人们便设想用一个假想太阳来代替真实太阳。这个假想太阳也和真实太阳一样在做周年视运动，但有两点不同：第一，其周年视运动轨迹位于赤道平面而不是黄道平面；第二，它在赤道上的运动角速度是恒定的，等于真太阳的平均角速度。通常称这

个假太阳为平太阳。以地球自转为基础，以上述的平太阳中心作为参考点而建立起来的时间系统称为平太阳时[2]。即这个假想的平太阳连续两次通过某地上子午圈的时间间隔称为一个平太阳日。以其为基础均匀分割后可获得平太阳时系统中的"时"、"分"和"秒"。平太阳时在数值上就等于平太阳的时角。

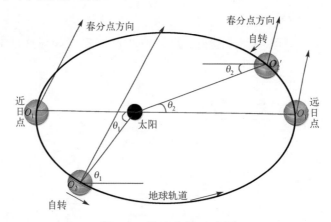

图 2-1　地球公转示意图

平太阳时虽然已克服了真太阳时的缺陷，但使用起来不太方便。因为平太阳时是从平正午开始起算的，在同一个白天中，若上午为 10 月 17 日，下午便为 10 月 18 日，实际日期记录将比较混乱。1925 年，天文学家们决定将起始点从平正午移至平子夜。1925 年之前平太阳时仍沿用中午起始，称为天文日开始，在格林尼治子午圈的平太阳时角称为格林尼治平太阳时（GMT），1925 年后改用子夜起算，其连接点规定为：1924 年 12 月 31.5 日为新的平太阳时，即 1925 年 1 月 1.0 日（子夜起算）。引入子夜起算的时间称为格林尼治民用时（GCT）[30]。

2.2.2　世界时

为日常生活和工作中使用方便，需要有一个统一的标准时间。1884 年，在华盛顿召开的国际子午线会议决定将全球分为 24 个标准时区，从格林尼治零子午线起，向东西各 7.5° 为 0 时区，然后向东每隔 15° 为一个时区，即为东 1~12 区，向西每隔 15° 为一个时区，即为西 1~12 区。在同一时区，统一采用该时区中央子午线的地方民用时，称为区时[2]。中国幅员辽阔，从西向东横跨 5 个时区，目前都采用首都北京所在东八区的区时，称为北京时间。采用区时后，在一个局部区域内所使用的时间是相对统一的，不同时区间也可方便地进行换算。

格林尼治零子午线处的平太阳时(即零时区的区时)称为世界时。世界时是以地球自转为基础的，随着科学技术的发展，人们发现：

①地球自转轴在地球内部的位置是在变化的，即存在极移现象；

②地球自转的角速度也是不均匀的，它不仅包含长期减缓的趋势，而且还会有一些短周期的变化和季节性的变化，情况比较复杂。

上述原因使得世界时不再严格满足建立时间系统的基本条件。为了弥补上述缺陷，从 1956 年起，便在世界时 UT 中加入极移修正 $\Delta\lambda$ 和地球自转角速度的季节性修正 ΔT_s，由此得到的世界时分别称为 UT1 和 UT2，而未经修正的世界时则用 UT0 来表示[2]。它们之间存在下列关系

$$\begin{aligned} UT1 &= UT0 + \Delta\lambda \\ UT2 &= UT1 + \Delta T_s \end{aligned} \quad (2\text{-}3)$$

式中，极移修正 $\Delta\lambda$ 的计算公式为

$$\Delta\lambda = \frac{1}{15}(X_P \sin\lambda - Y_P \cos\lambda)\tan\varphi \quad (2\text{-}4)$$

式中，λ、φ 分别为天文经度和天文纬度，X_P、Y_P 为地极坐标。

地球自转的季节性修正 ΔT_s 为

$$\Delta T_s = 0.022\sin 2\pi t - 0.012\cos 2\pi t - 0.006\sin 4\pi t + 0.007\cos 4\pi t \quad (2\text{-}5)$$

式中，t 以贝塞尔年(Besselian Year)为单位，$t = (MJD(t) - 51544.03)/365.2422$，$MJD(t)$ 为儒略日(Julian Day)。

式(2-5)是 1962 年起国际上采用的经验公式。显然，在 UT2 中含有地球自转角速度的长期的变化项和不规则的变化项，所以它仍不是一个严格的均匀的时间系统。由于世界时与太阳时保持密切的联系，因而在天文学和人们的日常生活中被广泛采用。但这种时间系统仍难以满足很多高科技、高精度的应用领域。

2.3　历书时

历书时是一种以牛顿天体力学定律来确定的均匀时间，也称为牛顿时。由于 UT2 中含有地球自转角速度变慢的长期性影响和不规则变化影响，因而不是一种十分均匀的时间系统。而行星绕日(严格说是太阳系的

质心)公转的周期则要稳定得多，所以国际天文学联合会(International Astronomical Union，IAU)决定，从 1960 年开始，采用历书时取代世界时作为描述天体运动，编制天体历书中所采用的时间系统。历书时的秒长定义为回归年长度的 1/31556925.9747(地球绕日公转时，两次通过春分点的时间间隔为 1 回归年，1 回归年=365.2422 平太阳日)。历书时的起点定义为 1900 年初太阳的平黄经为 279°41′48.04″的瞬间，即起始历元定在 1900 年 1 月 1 日 12 时[31]。将观测得到的天体位置与用历书时计算得到的天体历表比较，就能内插出观测瞬间的历书时。

2.4 原子时

2.4.1 原子时的定义

随着人们对时间准确度和稳定度的要求不断提高，以地球自转为基准的恒星时和平太阳时、以行星和月球公转为基准的历书时已难以满足要求。从 20 世纪 50 年代起，人们便一直致力于建立以物质内部原子运动为基础来描述的原子时。

当原子发生能级跃迁时，会发射或吸收电磁波。这种电磁波的频率非常稳定，而且这种现象又很容易复现，所以是一种较好的时间基准。1967 年 10 月，第 13 届国际计量大会通过如下定义：位于海平面上的铯 133(^{133}Cs)原子基态两个超精细能级间在零磁场环境跃迁辐射振荡 9192631770 周所持续的时间为 1 个原子时秒[32]。

2.4.2 国际原子时

国际原子时(TAI)是由原子钟来确定和维持的，但由于电子元器件及外部运行环境的差异，同一瞬间每台原子钟所给出的时间并不严格相同。为避免混乱，有必要建立一种更为可靠、更为均匀、能被世界各国所共同接受的统一的时间系统——国际原子时。目前，国际原子时是由国际计量局(BIPM)依据全球约 90 个时间实验室(截至 2022 年 12 月)中近 500 台自由运转的原子钟所给出的数据[33]，采用 ALGOS 算法得到自由原子时(Echelle Atomique Libre，EAL)，再经时间频率基准钟进行频率修正后求得。每个时间实验室每月都要把 UTC(k) − clock(k,i) 的值发给 BIPM。其中，UTC(k) 为该实验室所维持的区域性的协调世界时，k 是该实验室的编号，i 为各原子钟的代码。它反映了实验室内各台原子钟与该实验室统一给出的区域性协调世界时之间的差异，是表征原子钟性能的一项重要指标。EAL 则是所有原子钟的加权平均值。BIPM 就是根据这些数据通过特定算法得到高稳定度、高准确度的时间尺度 TAI 的。

2.4.3　协调世界时

稳定性和复现性都较好的原子时能满足高精确度时间间隔测量的要求，因此被很多部门采用。但像天文导航、大地天文测量等与地球自转密切关联的领域，离不开世界时。由于原子时是一种均匀的时间系统，而地球自转存在不断变慢的长期趋势，这就意味着世界时的秒长将可能变得越来越长，所以原子时和世界时之间的差异将越来越明显，估计到 21 世纪末，两者之差将达到 2min 左右。为同时兼顾上述用户的要求，国际无线电科学协会于 20 世纪 60 年代建立了协调世界时（UTC）。协调世界时的秒长严格等于原子时的秒长，而协调世界时与世界时 UT 间的时刻差规定需要保持在 0.9s 以内，否则将采取闰秒的方式进行调整，增加 1s 称为正闰秒，减少 1s 称为负闰秒。闰秒一般发生在 6 月 30 日及 12 月 31 日。闰秒由国际计量局提前两个月通知各国时间服务机构[2]，全世界统一在北京时间 08：00：00 进行闰秒。

从 1979 年 12 月起，UTC 已取代世界时作为无线电通信中的标准时间。目前许多国家均已采用 UTC，并按 UTC 时间来发播时号。需要使用世界时的用户可根据 UTC 和（UT1−UTC）值来间接获得 UT1。

产生不同国家或地区标准时间的守时实验室都可用自己的原子钟来建立和维持一个"局部"UTC。它们都将自己的成果提交 BIPM，由 BIPM 经统一处理后形成全球统一的、国际公认的 UTC。为加以区分，由各时间实验室单独建立和维持的 UTC 后面需要加上一个括号，注明机构名称。如由美国海军天文台 USNO 所建立和维持的 UTC 记为 UTC(USNO)。而由 BIPM 建立和维持的全球统一的 UTC 则无须括号说明。由各机构自行建立的"局部"UTC 与全球统一的国际公认的 UTC 之间存在微小的差异[UTC−UTC(K)]（K 为实验室英文名称缩写）。BIPM 在每个月 15 日前发布上个月的 UTC−UTC(K)数据，因此，UTC 的滞后时间通常为 15～45 天。

2.4.4 卫星导航系统时间

全球卫星导航系统包括美国 GPS 系统、俄罗斯的 GLONASS 系统、欧洲的 Galileo 系统以及中国的北斗系统,上述卫星导航系统分别有各自的卫星导航系统时间。

(1) GPS 时

GPS 时 (Global Positioning System Time,GPST) 是全球定位系统 GPS 使用的一种时间系统。它是由 GPS 的地面站和 GPS 卫星上的原子钟共同建立和维持的一种原子时。其起点为 1980 年 1 月 6 日 0 时。在起始时刻,GPS 时与 UTC 对齐,这两种时间系统所给出的时间是相同的。由于 UTC 存在闰秒,每发生一次闰秒,这两种时间系统的偏差就会变化 1 个整秒。1980 年 1 月 6 日,UTC 与 TAI 已相差 19s,GPST 与 TAI 之间会有 19s 的差异。但 TAI 是由 BIPM 使用分布于全球的近 500 台原子钟来共同维持的原子时,而 GPST 是由全球定位系统中的数十台原子钟来维持的一种局部性的原子时,这两种时间系统之间除了相差 19s 外,还会有微小的差异 C_0。由于 GPS 已被广泛应用于时间比对,用户通过上述关系即可获得高精度的 UTC 或 TAI 时间,国际上有专门单位公布 C_0 值和闰秒数值[2]。

(2) GLONASS 时

与 GPS 时相类似,GLONASS 为满足导航和定位的需要也建立了自己的时间系统,通常将其称为 GLONASS 时。该系统采用的是莫斯科时 (第三时区区时),与 UTC 间有 3 个小时的时区差。GLONASS 时也存在跳秒,且与 UTC 保持一致。同样由于 GLONASS 时是由该系统自己建立的时间尺度,因此它与由 BIPM 建立和维持的 UTC 之间 (除时区差外) 还会存在细微的差别 C_1。用户可据此将 GLONASS 时化算为 UTC,也可将其与 GPS 时建立联系关系式。同样,C_1 值也有专门机构测定并公布[2]。

(3) 北斗时

北斗时间系统 (BDT) 是一种原子时,以国际单位制 (SI) 秒为基本单位连续累计,不加闰秒,起始历元为 UTC2006 年 1 月 1 日 0 时,采用周和周内秒的计数形式。BDT 与 UTC 之间的闰秒信息在卫星播放的导航电文中播报。BDT 与 TAI 的关系为

$$BDT = TAI - 33s \tag{2-6}$$

北斗时是由其地面主控站生成和维护的原子时。北斗时通过中国科学院国家授时中心建立与国际 UTC 的溯源。BDT 与 UTC 时间在秒内物理偏差小于 50ns，模型校正精度为 5ns（可信度为 95%），BDT 与 UTC 的闰秒数以及时间偏差参数通过卫星导航广播，电文每小时更新一次[2]。

表 2-1 为各卫星导航系统时间与 UTC 和 TAI 间的关系。

表 2-1　卫星导航系统时间与 UTC 和 TAI 间的关系

卫星导航系统	UTC-系统时间	TAI-系统时间	C_i 允差
GPS	UTC-GPST=0h-n+19s+C_0	TAI -GPST=19s+C_0	C_0 要求小于 1μs，典型值小于 20ns
GLONASS	UTC-GLST=-3h+C_1	TAI -GLST=-3h+n+C_1	C_1 要求小于 1ms
Galileo	UTC-GST=0h-n+19s+C_2	TAI -GST=19s+C_2	C_2 要求小于 50ns
BDS	UTC-BDT=0h-n+33s+C_3	TAI-BDT=33s+C_3	C_3 要求小于 50ns

注：表 2-1 中 n=TAI-UTC，为闰秒数。

2.5　脉冲星时

脉冲星是一种快速自转的中子星。恒星演化到晚期，内部的能量几乎消耗已尽，辐射压剧烈减小，难以提供正常的热压力，从而导致星体坍塌。中等质量恒星星体坍缩时，原子中的电子被压缩到原子核中与质子生成中子，这种星称为中子星。中子星的体积较小，半径一般只有 10～20km，是宇宙中最小的恒星，但质量却和太阳等恒星相近。整个中子星是由紧紧挨在一起的原子核所组成，其中心密度可达 10^{15}g/cm^3，表面温度可达 1 亿摄氏度，中心温度则高达 600 亿摄氏度，中心压力可达 10^{28} 个大气压，磁场强度达 10^8T 以上。在这种难以想象的极端物理条件下，星体将产生极强的电磁波，包括微波、红外线、可见光、紫外线及 X 射线、γ 射线等，其平均辐射能量为太阳的 100 万倍[2]。这些带电粒子将从中子星的两个磁极喷射而出，形成一个方向性很强的辐射束，其张角一般仅为数度。中子星的自转轴与磁轴一般并不一致，随着中子星的自转，这些辐射束也将在空间旋转，如果辐射束正好扫过地球，那么地球上的观测者就能周期性地观测到这些"脉冲信号"，通常将这些快速旋转的中子星称为脉冲星[34]。

脉冲星是自然界中一种具有非常稳定周期性的自转天体，可利用它们的自转周期作为计时基准，来建立一种高精度的时间系统。目前测量脉冲星的脉冲信号到达时间(Time of Arrival，TOA)的技术已较为成熟[35]。500 米口径球面射电望远镜(Five-hundred-meter Aperture Spherical radio Telescope，FSAT)是由我国建造的当前世界上最大的单口径射电望远镜，该项工程已于 2016 年 9 月竣工，发现数以千计的新脉冲星和建立综合脉冲星时是 FAST 的重要科学任务之一。FAST 设计指标表明，其在脉冲星方面优越的探测性能，将会显著提升当前脉冲星观测的精度。当前，国际上已经利用现有射电望远镜组建了国际脉冲星计时阵列，由其维持的综合脉冲星时在长期稳定度上已经可以与原子钟相媲美[36]。

2.6　相对论框架下的时间系统

在 1984 年前，在天体位置的计算和天文历表的编制中统一采用历书时(ET)。历书时的建立基础是牛顿力学。在牛顿力学中，时间 t 是与空间的位置与能量无关的一个独立变量，它既可作为行星绕日运行的运动方程中的自变量，也可作为卫星绕地球运行的运动方程中的自变量。随着观测技术和计时精度的不断改善，这种经典理论与观测结果之间的矛盾开始显现。人们逐渐认识到，高精度的观测必须有高精度的理论模型与之相适应，越来越认识到在相对论框架中研究时间精确计量的必要性。

2.6.1　相对论框架下几种时间系统的定义

1976 年，第 16 届 IAU 大会做出决议，正式在天文学领域中引进了相对论时间尺度，在广义相对论框架下，根据具体的时空度规则定义坐标时，坐标时不能直接由测量来实现，而需根据爱因斯坦场方程等数学关系式计算求得。在该会议中分别给出了地球动力学时(Temps Dynamigue Terrestre，TDT)和太阳系质心动力学时(Temps Dynamigue Barycentrigue，TDB)的具体定义。在 1991 年召开的第 21 届 IAU 大会上，决定将地球动力学时(TDT)改称为地球时(TT)，并引入了地心坐标时(Temps Coordinate Geocentrigue，TCG)和太阳系质心坐标时(Temps Coordinate Barycentrigue，TCB)[37]。以下介绍这些时间系统的定义、用途及相互关系。

(1) 地球动力学时(TDT)

地球动力学时是用于解算围绕地球质心旋转的天体(如人造卫星)的运动方程,编算其星历时所用的一种时间系统。地球动力学时是建立在国际原子时的基础上的,其秒长与国际原子时的秒长相同[38]。地球动力学时与国际原子时间有下列关系

$$TDT = TAI + 32.184s \tag{2-7}$$

式(2-7)的起始时刻在 1977 年 1 月 1 日 0 时,TDT 与 ET 相等,而此时 ET 与 TAI 已相差 32.184s。采用式(2-7)后,可保证 TAI 推得的 TDT 与 ET 保持相互衔接,使求得的卫星星历保持连续。需要说明的是,某一时间系统建立和规定使用的时间与该时间系统的起点有时并不一致。在第 16 届 IAU 大会的决议中,将 TDT 的单位从秒改为天文学中的时间单位"日",并定义 TDT 的 1 日=86400 秒(SI)。

按照 IAU 的相关决议,TDT 的功能目前已经被 TT 所取代,TT 是定义在不旋转的地心坐标系里的坐标时。

(2) 太阳系质心动力学时(TDB)

TDB 的唯一用途就是 DE 系列历表的时间引数。它的物理定义就是理想的标准时钟沿着地球的平轨道运动而给出的时间,它只受到来自太阳的引力势 $U_0 = \dfrac{GM_0}{a}$,其运动速度为地球的平均绕日轨道速度 v_0[38]。TDB 与 TCB 之间只存在一个固定的钟速差,而 TDB 与 TT/TAI 之间存在多种周期性的差异,包括地球表面相对于地心的自转运动、地球椭圆轨道相对于平均圆轨道的差异、无摄轨道与椭圆摄动轨道的差异,所共同产生的引力势变化和速度变化。

(3) 地心坐标时(TCG)

地心坐标时是原点位于地心的天球坐标系中所使用的第四维坐标——时间坐标。它是把 TDT 从大地水准面上通过相对论转换到地心的计量变量。

(4) 质心坐标时(TCB)

质心坐标时是在太阳系质心坐标系中引力势处为零的虚拟条件下,一组坐标速度为零的标准时钟所显示的时间。TCB 属于坐标时,适用范围是整个太阳系的定义域内。TCB 常被用于恒星星表的时间引数。

2.6.2　不同时间系统间的转换关系

通常把观测者直接由标准钟所确定的时间称为原时。原时是可用精确的计时工具来直接测量的，如平太阳时、历书时、原子时等。在广义相对论框架下，根据具体的时空度规则可定义坐标时，如 TT、TCG、TCB 等。不同时间系统的转换关系具体如下[31]。

（1）TT 与 TCG 间的转换关系

TT 采用的是 TAI 的秒长，是在受到以下相对论效应影响的情况下来定义的：

①在大地水准面上的地球引力位而产生的广义相对论效应 δt_1；

②在地球上的太阳及其他行星的引力位而产生的广义相对论效应 δt_2；

③由于地球绕日公转的运动速度 V_e 而产生的狭义相对论效应 δt_3。

理论上位于不同高程处的地面用户所受到地球引力位与大地水准面上的地球引力位是有差异的，从而会导致这两处所产生的广义相对论引力红移效应不相同，这种差异一般可忽略不计。如海拔为 100m 处与大地水准面上的时间差异在 10^{-14} 量级。通常 TAI 适用于全球所有的地面用户。当然，对于个别精度要求较高或海拔较高的特殊用户需要进行修正。

而 TCG 是用于讨论绕地球运行的卫星等天体的运动规律、编制相应的星历的一种时间系统。卫星离地面的高度可达数千至数万千米，由地球引力而产生的广义相对论效应必须根据每个卫星的具体情况分别加以考虑，而不能统一采用大地水准面上的数值 δt_1。由于在地球附近的卫星仍然会受到太阳和其他行星的引力位的作用，也会随着地球一起绕日公转，且卫星高度与日地距相比可忽略不计，所以可认为 TCG 中仍含有 δt_2 和 δt_3 项。TCG 和 TT 的差异仅在于是否含 δt_1 项。将广义相对论效应的公式代入后，可推导得 TCG 与 TT 间的关系式为

$$\text{TCG} - \text{TT} = \frac{W_0}{c^2}\Delta t = L_G \cdot \Delta t = L_G \cdot (t_i - t_0) \tag{2-8}$$

将 $W_0 = 62636856.0\text{m}^2/\text{s}^2$，$c = 299792458\text{m/s}$ 代入式（2-8）后，可求得 $L_G = 6.969290134 \times 10^{-10}$。式中，$t_i$ 为任一时刻，t_0 为起始时刻 1977 年 1 月 1 日 0 时，用儒略日表示为 JD=2443144.5，用简化儒略日表示则为

MJD=43144.0。规定在起始时刻，TCG=TT。于是，式 (2-8) 可写为

$$TCG - TT = L_G(MJD - 43144.0) \times 86400s \qquad (2-9)$$

（2）TCB 和 TCG 间的转换关系

如前所述，TCG 中虽然已不含由于地球在大地水准面上的引力位 W_0 所造成的广义相对论效应 δt_1，但仍含有由于太阳和其他行星在地球处的引力位所产生的广义相对论效应 δt_2，以及由于地球绕日公转的运动速度 V_e 而产生的狭义相对论效应 δt_3。TCB 是用于讨论行星绕日公转的运动规律、编制行星星历时所用的一种时间系统。在该时间系统中不应含有 δt_2 和 δt_3 项，这就是两种坐标时之间的差别[37]。

太阳和其他行星在地球处的引力位 U_0 所产生的广义相对论效应 δt_2 为

$$\frac{\delta t_2}{\Delta t} = \frac{U_0}{c^2} \qquad (2-10)$$

U_0 中最主要的是太阳的引力位，因而 U_0 可近似地表示为 $U_0 \approx \dfrac{GM_0}{r}$，式中，$G$ 为万有引力常数，M_0 为太阳的质量，$GM_0 = 1.32712438 \times 10^{20} \text{m}^3/\text{s}^2$，$r$ 为日地间的距离，其平均值为 $1.49597892 \times 10^8 \text{km}$。

（3）TT 与 TDB 之间的转换关系

TDB 是一种用于计算行星绕日公转运动的运动方程、编制相应的行星星历的时间系统。在这种时间系统中，也不应含有由地球引力位（在大地水准面处）而产生的广义相对论效应 δt_1、由太阳和其他行星的引力位（在地球处）而产生的广义相对论效应 δt_2 以及由地球的公转速度 V_e 而产生的狭义相对论效应 δt_3。但 IAU 在引入动力学时 TDT(TT) 和 TDB 时，为了不让这两种时间系统出现较大的差异，规定这两种时间系统间不存在长期变化项而只允许存在周期项。通常 TT 和 TDB 之间是不允许存在系统性的时间尺度比的，而只允许在不同时刻 TDT(TT) 与 TDB 间存在微小的周期性的差异，但在一个周期内，这两种时间系统的"平均钟速"是相同的。因此，在讨论 TDT(TT) 和 TDB 间的关系式时，可仿照上述过程，先将 TT 转换成 TCG，然后将 TCG 转换成 TCB，最后把长期项去掉，只留下周期项[37]。

综上，在相对论框架下，归纳各种时间系统的关系如图 2-2 所示，图中展示了各时间系统的转换和计算关系。

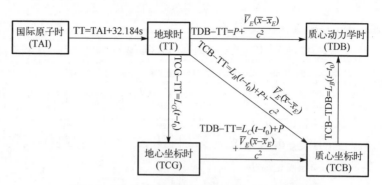

图 2-2　各种时间系统间的转换关系示意图

第 3 章
地球的空间姿态与世界时
参数的作用

地心天球坐标系可视为一个惯性坐标系，卫星轨道计算通常在这一坐标系中进行。空间定位技术通常利用人造天体或自然天体来确定地面站或运动物体在地球上的位置，因而本章介绍地心天球坐标系与国际地球坐标系间的转换关系。此外，为了清晰阐述天球坐标系和地球坐标系中轴的指向变化状况，本章详细介绍岁差、章动、极移和世界时等地球空间姿态参数，最后阐述地球的空间姿态参数及世界时对航天器定轨等的影响。

3.1 地球空间姿态

3.1.1 地球空间姿态概述

从天体测量的角度而言，地球的空间姿态指的是固体地球相对于遥远天球背景的姿态，其由五个参数来描述，即岁差、章动、极移 (X_P, Y_P) 二分量、世界时，合称地球定向参数 (EOP)。其中岁差和章动描述了地球自转轴在天球背景上的指向，其变化主要是由于受到太阳、月球、太阳系内行星的引力摄动和引力矩的影响而产生，可用模型精确计算；极移描述了地球自转轴相对于地球本体的运动。岁差、章动、极移二分量为描述地球空间姿态的轴向参数；世界时描述了地球绕瞬时自转轴的旋转角度，属于旋转参数，其变化是由地球内部质量迁移、潮汐摩擦、固体地球与水圈、大气圈的相互作用等诸多因素引起的。

地球自转可理解为地球绕一根穿过地球质量中心的轴线的旋转运动，而这根轴线无论在地球本体内或者在惯性空间中都在不停地改变位置，这样的轴线一般称为地球瞬时自转轴，它与地球表面的交点称为地球参考极。地球自转包括三方面的内容：①地球瞬时自转轴方向相对于惯性空间的变化，称为岁差章动，其中变化的长期部分为岁差，其周期约为 2.58 万年，短周期性摆动的部分称为章动，其周期约为 18.6 年；②地球瞬时自转轴方向相对于地球本体的变化称为极移，其周期约为 1 年左右；③地球绕瞬时自转轴的旋转运动，其周期为 1 天。

需要注意的是，根据第 26 届 IAU 大会的决定[2]，2009 年之前岁差按照引力的来源进行划分，包括日月岁差和行星岁差；2009 年之后按照被摄动的动力学平面进行划分，分为黄道岁差和赤道岁差。

3.1.2　岁差

岁差，更精确地是指春分点岁差，是由于赤道平面和黄道平面的运动而引起的。其中，由于赤道运动而引起的岁差称为赤道岁差，由于黄道运动而产生的岁差称为黄道岁差。赤道岁差原来一直被称为太阳、月球岁差，而黄道岁差则一直被称为行星岁差。随着观测精度的不断提高，行星的万有引力对地球赤道隆起部分的差分力矩而导致的赤道面的进动必须顾及，而不能像以前那样忽略不计[39]。在第 26 届 IAU 大会之前人们是按照摄动力矩的来源进行划分，这之后则是按照受摄动力矩影响的动力学平面进行划分。

3.1.2.1　赤道岁差

太阳、月球以及行星对地球上赤道隆起部分的差分引力矩而导致赤道平面的进动(或者说天极绕黄极在半径为 ε 的小圆上的顺时针方向旋转)，称为赤道岁差。牛顿曾从动力学角度对赤道岁差的形成机制进行了解释。

赤道岁差示意图如图 3-1 所示，图中的椭球为地球椭球，O 为地球的质心。PP' 为过地球自转轴的一条直线，即天轴，qq' 表示地球赤道平面，KK' 为过黄极的直线，垂直于地球绕日公转的平面——黄道平面，A_1 和 A_2 为地球赤道隆起部分的重心，中间的部分为一圆球。这样，可人为地将地球分为三个部分。图 3-1 中的 M 表示月球(或太阳、行星)，OR 为月球对地球球形部分的万有引力，A_1B_1 和 A_2B_2 分别为月球对两个赤道隆起部分的万有引力。将 A_1B_1 和 A_2B_2 分别进行分解，其中一个分力与 OR 方向平行，即图中的 A_1C_1 和 A_2C_2；另一个分力与 OR 方向垂直，即图 3-1 中的 A_1G_1 和 A_2G_2。三个互相平行的力 OR、A_1C_1 和 A_2C_2 可直接相加，其和即为月球对整个地球在地心至月心方向上的万有引力。而力偶 A_1G_1 和 A_2G_2 则会产生一个垂直于纸面的旋转力矩 OF，方向为垂直纸面向外。该旋转力矩与地球自转力矩 OP 可按平行四边形法则进行矢量相加。这就表明在太阳和月球行星对赤道隆起部分的万有引力的作用下，地球自转轴总是要垂直于纸面(即过天轴和黄极的平面)向外的方向运动。由于太阳、月球的引力是连续的，因而北天极将在天球上围绕北黄极在半径为黄赤交角 ε(也即北天极和北黄极间的圆心角，其值约为 $23°26'$)的小圆上连续向西运动，其运动速度为 $50.39''$/年。由于天球赤道面始终是垂直于天轴的，所以当天轴从 OP 移动至 OP_1 时，天球赤道也将相应地产生移动，从而使平春分点的位置也相应地向西移动，其移动速度也为 50.39″/年[39]。

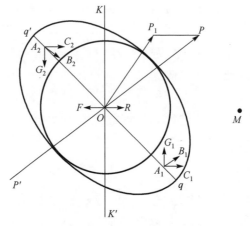

图 3-1　赤道岁差示意图

由于赤道岁差会使春分点在黄道上向西移动，其移动量（相对于参考历元 J2000.0 时的平春分点）可表示为

$$\psi' = 5038.77844''T + 1.07259''T^2 - 0.001147''T^3 \tag{3-1}$$

式中，T 为参考历元 J2000.0（$\mathrm{JD} = 2451545.0$）至观测历元 t 之间的儒略世纪数，即 $T = \dfrac{\mathrm{JD}(t) - 2451545.0}{36525}$，JD 为观测时刻的儒略日。

3.1.2.2　黄道岁差

除了赤道岁差外，太阳系中的其他行星对地月系统的绕日轨道产生摄动力，影响地月系质心绕太阳公转的轨道平面，使黄道面产生变化，进而使春分点产生移动，通常将这种岁差称为黄道岁差。黄道岁差不仅会使春分点在天球赤道上每年约东移 0.1″，而且还会使黄赤交角 ε 发生变化。由于黄道岁差而使春分点在天球赤道上的东移量 λ' 以及黄赤交角 ε 的计算公式为

$$\lambda' = 10.5526''T - 2.38064''T^2 - 0.001125''T^3 \tag{3-2}$$

$$\varepsilon = 23^0 26'21.448'' - 46.815''T - 0.00059''T^2 + 0.001813''T^3 \tag{3-3}$$

式中，T 的含义同前。

3.1.2.3　总岁差和岁差模型

在赤道岁差和黄道岁差的共同作用下，春分点的运动状况如图 3-2 所示。图中，Q_0Q_0' 为参考时刻 t_0 时刻的平赤道，E_0E_0' 为 t_0 时刻的黄道，其交点 γ_0 为该时刻的平春分点。QQ' 为任一时刻 t 时的平赤道，EE' 为该时刻的黄道，其交点 γ 为 t 时刻的平春分点。由于太阳、月球岁差，平赤道将从 Q_0Q_0' 移至 QQ'，春分点 γ_0 也将相应地西移至 γ_1。由于行星岁差，黄道将从 E_0E_0' 移至 EE'，从而使平春分点最终又将从 γ_1 东移至 γ，其中，$\gamma_0\gamma_1 = \psi'$，$\gamma_1\gamma = \lambda'$。从图 3-2 中看出，由于赤道岁差和黄道岁差的综合作用，平春分点将从 γ_0 移至 γ，从而使天体的黄经发生变化，其变化量 l 为[2]

$$l = \psi' - \lambda' \cos\varepsilon \tag{3-4}$$

式中，l 为黄经总岁差，ε 为黄赤交角。

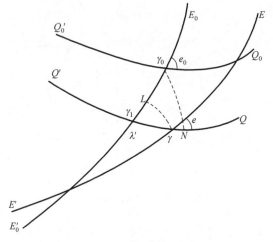

图 3-2　总岁差示意图

迄今为止，已相继建立了多个岁差模型，如 IAU 1976 岁差模型（L77 模型）、IAU 2000 岁差模型、IAU 2006 岁差模型（P03 模型）等。

3.1.3　章动

3.1.3.1　章动的基本概念

如果太阳、月球对地球隆起部分的万有引力而产生的旋转力矩 $\boldsymbol{OF}$ 是一个恒量，那么地轴 OP 将围绕 OK 轴在一个圆锥面上匀速旋转，即北天极 P 将围绕黄极 K 在半径为 ε（黄赤交角引起）的小圆上匀速地向西运动，如

图 3-3 所示。但实际情况并非如此，因为月球和太阳相对于地球的位置在不断地变化，例如，太阳、月球与地球赤道面之间的夹角以及它们离地球的距离都会发生变化。此外，行星相对于地球的位置也在不断变化，从而导致黄道面产生周期性的变化。这将使北天极、春分点、黄赤交角等在总岁差的基础上产生额外的周期性的微小摆动，通常将这种周期性的微小摆动称为章动。在上述各种因素中，最主要的因素是月球绕地球公转的白道平面与地球赤道平面之间的夹角会在 18°17′～28°35′以约 18.6 年为周期而来回变化。产生这种变化的原因为：月球绕地球公转的过程中，不仅受到地球的万有引力影响，同时还会受到太阳和其他天体的万有引力影响。在这些摄动力的作用下，月球的公转平面——白道将产生进动。白道平面与黄道平面的交线会沿着黄道平面每年向顺时针方向（从黄极看）旋转 19°20.5′，约 18.6 年旋转一周。白道面和黄道面之间的夹角为 5°09′，白道面的运动会使白赤交角在 23°26′±5°09′的范围内变动，周期也为 18.6 年[40]。

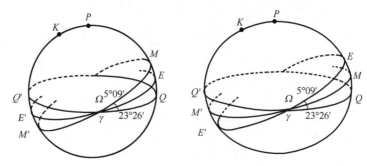

图 3-3　白赤交角变化示意图

在岁差和章动的综合作用下，真正的北天极运动轨迹示意图如图 3-4 所示，不再沿着图中的小圆向西移动，而将沿着图中波浪形的曲线运动。

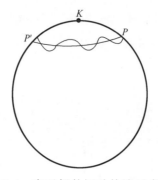

图 3-4　真天极的运动轨迹示意图

为简化分析，可将实际上很复杂的天极运动分为两个部分：第一部分为岁差运动，即暂不考虑旋转力矩复杂的周期性的运动而将其视为常量。此时，北天极将围绕北黄极在半径为 ε 的小圆上向西移动，其运动速度以及这种运动对天体坐标的影响均已在上一节中加以讨论并得以解决。以下只考虑岁差运动时的天极，称为平天极，与平天极对应的天球赤道称为平赤道，将平赤道与黄道的交点称为平春分点（指升交点）。第二部分是真正的天极围绕平天极在一个椭圆上作周期运动。该椭圆的长半径约为 $9.2''$，短半径约为 $6.9''$，周期为 18.6 年。将该椭圆称为章动椭圆，如图 3-5 所示。实际上，除白赤交角变化这一主要因素外，还存在许多因素，都会使天极产生幅度和周期不等的周期性振动，例如，由于月球和地球的公转轨道皆为椭圆，月地距和日地距将随着时间的变化而变化，从而引起旋转力矩的周期性变化。所以真正的天极并不是在一个光滑的椭圆上绕平天极运动，其运动轨迹是一条十分复杂的曲线，其中包含了许多小的周期性运动。因此，一般将章动称为章动序列。

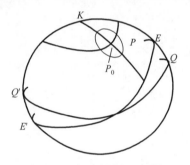

图 3-5　章动椭圆示意图

3.1.3.2　黄经章动和交角章动

图 3-6 为天球中的章动示意图，K 为黄极，P_0 和 P 分别为平天极和真天极，γ_0 和 γ 分别为平春分点和真春分点。图中还给出了平天球赤道和真天球赤道、平黄赤交角和真黄赤交角。当真天极围绕平天极作周期性的运动时，真春分点相对于平春分点、真赤道相对于平赤道也都作相应的周期运动，黄赤交角也会产生周期性的变化。由于真天极绕平天极运动而引起春分点在黄道上的位移 $\overset{\frown}{\gamma_0\gamma}$ 称为黄经章动，用符号 $\Delta\psi$ 表示；所引起的黄赤交角的变化称为交角章动，用符号 $\Delta\varepsilon$ 表示，$\Delta\varepsilon = \varepsilon - \varepsilon_0$。

黄经章动 $\Delta\psi$ 和交角章动 $\Delta\varepsilon$ 的数值可用章动模型（章动理论）求得。随着人们对地球结构和特性的了解不断深入，以及观测精度的提高和观测资料的累积，至今已建立了不少的章动模型，如 IAU 1980 年章动模型、IERS 1996 年章动模型、IAU 2000 年章动模型等[40]。以下介绍 IAU 1980 年章动模型和 IAU 2000 年章动模型。

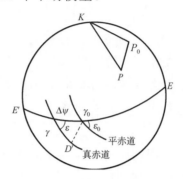

图 3-6　章动示意图

（1）IAU 1980 年章动模型

1980 年章动模型可表示为

$$\begin{cases} \Delta\psi = \sum_{i=1}^{106} (A_i + A_i'T)\sin f_i \\ \Delta\varepsilon = \sum_{i=1}^{106} (B_i + B_i'T)\cos f_i \end{cases} \tag{3-5}$$

式中

$$f_i = \sum_{j=1}^{5} N_j F_j = N_1 l + N_2 l' + N_3 F + N_4 D + N_5 \Omega \tag{3-6}$$

$$\begin{cases} F_1 = l = 134.96340251° + 1717915923.2178''T \\ \qquad + 31.8792''T^2 + 0.051635''T^3 - 0.000244704''T^4 \\ F_2 = l' = 357.052910918° + 129596581.0481''T \\ \qquad - 0.5532''T^2 + 0.000136''T^3 - 0.00001149''T^4 \\ F_3 = F = L - \Omega = 93.27209062° + 1739527262.8474''T \\ \qquad - 12.7512''T^2 - 0.001037''T^3 + 0.00000417''T^4 \\ F_4 = D = 297.85019547° + 1602961601.2090''T \\ \qquad - 6.3706''T^2 + 0.006593''T^3 - 0.00003169''T^4 \\ F_5 = \Omega = 125.04455501° - 6962890.2665''T \\ \qquad + 7.4722''T^2 + 0.007702''T^3 - 0.00005969''T^4 \end{cases} \tag{3-7}$$

式中，l 为月球的平近点角，l' 为太阳的平近点角，D 为日月间的平角距，Ω 为月球升交点的平黄经，T 为距 J2000.0 的儒略世纪数，$T = \dfrac{\mathrm{JD}(t) - 2451545.0}{36525}$，$L$ 是月球的平黄经。黄经章动中的振幅项 A_i 及其变化率 A_i'、交角章动中的振幅项 B_i 及其变化率 B_i'、计算幅角 f 时所用到的乘系数 $N_i(i=1,2,\cdots,5)$ 以及各周期项的周期均可通过查询 IAU 1980 章动序列系数来获取。利用式 (3-5) 所求得的 $\Delta\psi$ 和 $\Delta\varepsilon$ 是相对于观测历元的平极和平春分点的。

　　1980 年 IAU 章动理论是基于改进的刚性地球理论和地球物理模型 1066A 提出的[40]，它考虑了固体地核、液体外核以及从大量的地震资料中导出的一组弹性参数的影响。高精度的 VLBI 观测资料表明，IAU 1976 年岁差模型和 1980 年章动理论存在不足之处。由上述模型所求得的协议天极的位置与高精度的 VLBI、月球激光测距（Lunar Laser Ranging，LLR）所测得的位置之间存在差异 $\delta\Delta\psi$ 和 $\delta\Delta\varepsilon$。这些差异值由 IERS 加以监测并在公报中予以公布（天极偏差）。在用 IAU 1980 年章动理论所求得的章动值上加上 $\delta\Delta\psi$ 和 $\delta\Delta\varepsilon$ 后，即可求得正确的章动值（与高精度的 VLBI、LLR 观测一致的章动值）为

$$
\begin{cases}
\Delta\psi = \Delta\psi_{(\mathrm{IAU1980})} + \delta\Delta\psi \\
\Delta\varepsilon = \Delta\varepsilon_{(\mathrm{IAU1980})} + \delta\Delta\varepsilon
\end{cases}
\tag{3-8}
$$

（2）IAU 2000 年章动模型

　　国际天文协会已决定用 IAU 2000A 岁差/章动模型来取代 IAU 1976 年岁差模型和 1980 年章动模型。IAU 2000A 模型是根据 Wobble 章动问题理论和最新的 VLBI 观测资料，用最小二乘拟合方法来估计其中的七个参数而建立的。该模型考虑了地幔的非弹性效应、海潮效应、地幔等液态外核间的地磁耦合效应以及固体内核与液态外核间的地磁耦合效应，还考虑了在这类公式中通常被略去的非线性项的影响。

　　IAU 2000A 章动序列由 678 个日月章动项和 687 个行星章动项组成[2]，仍然采用黄经章动 $\Delta\psi$ 和交角章动 $\Delta\varepsilon$ 的形式给出。其中，日月章动为

$$
\begin{cases}
\Delta\psi = \displaystyle\sum_{i=1}^{678} (A_i + A_i'T)\sin f_i + (A_i'' + A_i'''T)\cos f_i \\
\Delta\varepsilon = \displaystyle\sum_{i=1}^{678} (B_i + B_i'T)\cos f_i + (B_i'' + B_i'''T)\sin f_i
\end{cases}
\tag{3-9}
$$

式中，幅角 f_i 的含义同前，即

$$f_i = N_1 l + N_2 l' + N_3 F + N_4 D + N_5 \Omega \tag{3-10}$$

N_1、N_2、N_3、N_4 和 N_5 的值可通过查表给出，l、l'、F、D 和 Ω 的计算公式见式（3-7）。

IAU 2000A 章动序列中的行星章动为

$$\begin{cases} \Delta \psi' = \sum_{i=1}^{678} A_i \sin f_i + A_i'' \cos f_i \\ \Delta \varepsilon' = \sum_{i=1}^{678} B_i \cos f_i + B_i'' \sin f_i \end{cases} \tag{3-11}$$

$$\begin{aligned} f_i = \sum_{j=1}^{14} N_j' F_j' &= N_1' l + N_2' l' + N_3' F + N_4' D + N_5' \Omega \\ &+ N_6' L_{Me} + N_7' L_{Ve} + N_8' L_E + N_9' L_{Ma} + N_{10}' L_J + N_{11}' L_{Sa} \\ &+ N_{12}' L_{Ur} + N_{13}' L_{Ne} + N_{14}' p_A \end{aligned} \tag{3-12}$$

式中，$F_1' \sim F_5'$ 即 l、l'、F、D 和 Ω 的含义及计算公式同前，$F_6' \sim F_{14}'$ 的含义分别为水星、金星、地球、火星、木星、土星、天王星、海王星、冥王星的平黄经，计算公式为

$$\begin{cases} F_6' = L_{Me} = 4.402608842 + 2608.7903141574T \\ F_7' = L_{Ve} = 3.176146697 + 1021.3285546211T \\ F_8' = L_E = 1.753470314 + 628.3075849991T \\ F_9' = L_{Ma} = 6.203480913 + 334.0612426700T \\ F_{10}' = L_J = 0.599546497 + 52.9690962641T \\ F_{11}' = L_{Sa} = 0.874016757 + 21.3299104960T \\ F_{12}' = L_{Ur} = 5.481293872 + 7.4781598567T \\ F_{13}' = L_{Ne} = 5.311886287 + 3.81133035638T \\ F_{14}' = p_A = 0.024381750T + 0.00000538691T^2 \end{cases} \tag{3-13}$$

式中，平黄经均以弧度为单位，T 为计算时刻离 J2000.0 的儒略世纪数，从理论上应使用 TDB，但实际上可用 TT 代替，由此产生的章动误差小于 0.01μas（微角秒），可忽略不计。IAU 2000A 章动计算的精度优于 0.2mas（毫角秒）。对于精度要求仅为 1mas 的用户，无须使用如此复杂的计算公式。这些用户可使用 IAU 2000B 岁差/章动模型。IAU 2000B 章动序列中只含 77 个日月章动项以及在所考虑的时间间隔内的行星章动偏

差项。在 1995～2050 年间，它的计算结果与 IAU 2000A 的计算结果之差不大于 1mas[2]。

显然，IAU 2000 章动模型仍有待于进一步的改进和发展。相信随着 VLBI 等空间大地测量的观测精度的进一步提高，新的观测资料的不断积累，更高精度的太阳系行星与月球历表的发布以及地球模型理论的修正和优化，可建立更准确的章动模型。

由于岁差章动的动力学模型相对简单，目前已可在很长的时间跨度上进行准确预报，IERS 所发布的 EOP 公报中的岁差章动序列实际上是对上面提到的理论模型的修正数。对航天工程用户而言，可直接调用 SOFA 库中的相关模块进行计算。

3.1.4　极移

由于地球表面上的物质运动(如海潮、洋流、大气运动等)、地球内部的物质运动(如地幔对流等)，地球自转轴在地球体内的位置会缓慢变化。地球自转轴与地面的交点称为地极。地球自转轴在地球体内的位置在不断变化，因而地极在地面上的位置也相应地在不断移动。地极的移动称为极移，通常用北极点的移动来反映地球自转轴在地球体内的运动。

3.1.4.1　极移的发现

早在 17 世纪，瑞士数学家欧拉(Euler)在《刚体地球的自转理论》一书中就证明：如果没有外作用，刚性地球的自转轴将在地球体内围绕形状轴作自由摆动，其周期为 305 个恒星日。但由于观测精度的限制，上述理论未能用实际观测值验证。1885 年，德国科学家屈斯特纳(Küstner)发现了柏林天文台的纬度值也存在类似的周期性变化。其后，他证明了上述变化是地球自转轴在地球本体内的摆动而引起的。为了验证上述观点的正确性，柏林天文台于 1891～1892 年间组织人员在柏林 ($\lambda = -13°20'$)、布拉格 ($\lambda = -14°24'$) 和夏威夷火奴鲁鲁 ($\lambda = +157°15'$) 同时进行了纬度测量。结果发现，柏林和布拉格两地的纬度变化的幅度和相位几乎完全相同，而这两地与夏威夷的纬度变化的大小基本一致，而符号正好相反，从而验证了屈斯特纳的观点的正确性，以及通过多个测站上的纬度观测值来监测极移的可能性[2]。

3.1.4.2 平均纬度、平均极和极坐标

(1)测站的平均纬度

由于极移、测站的纬度在不断地变化,如何定义测站的平均纬度在极移研究中具有重要的意义,它将直接关系到平均极的定义及瞬时地极的坐标。平均纬度一般有两种不同的定义方法。

①取 6 年内测站的瞬时纬度的平均值作为测站的平均纬度,其中 6 年为美国人钱德勒(Chandler)提出的钱德勒周期与年周期的最小公倍数。其数值在长时间内将保持基本稳定,因此称为固定平纬[2]。

②将某一历元的纬度值扣除周期项的影响后的取值作为该历元的平均纬度,并称为历元平纬。通常历元平纬的稳定性比固定平纬较差。

(2)平均极

由于平均纬度的定义不同,相应的平均极也有两种不同的定义方法。

①固定平极:由数个纬度观测台站的固定平纬所确定的平均极称为固定平极。例如,国际协议原点(Conventional International Origin,CIO)就是根据 ILS 中的五个国际纬度站在 1900~1905 年间的固定平纬来确定的。

②历元平极:由一个或数个观测台站的历元平纬所确定的平均极称为历元平极。例如,我国采用的 JYD1968.0 就属于历元平极。

我国采用的地极原点曾有多次变化。1952 年前采用 ILS 系统,即用国际协议原点 CIO 作为地极原点;1952~1960 年间,则采用前苏联的历元平极;1961~1967 年间,改用国际时间局的地极原点;1968 年后,又采用 JYD1968.0,西安大地坐标系的 Z 轴就是指向 JYD1968.0 的。随着空间大地测量技术的发展,经典光学观测手段逐渐被淘汰,JYD1968.0 精度偏低、系统维持困难等问题逐渐凸显,同时考虑到与国际接轨的需要,再次变更地极原点也是大势所趋[2]。

(3)瞬时极的坐标

任意时刻 t_i 的瞬时地极的位置通常是以地极坐标(X_P,Y_P)来表示,X_P 和 Y_P 是在一个特定的坐标系统中的两个坐标。该坐标系的原点选在国际协议原点上,X 轴为起始子午线,Y 轴为 $\lambda=270°$ 的子午线,如图 3-7 所示。理论上,该坐标系是一个球面坐标系,但由于极移的数值较小(<1″),因而也可把它看成是一个平面坐标系。目前由 IERS 测定并公布的地极坐标就采用上述坐标系。

目前我国主要采用 JYD1968.0 地极坐标系统，该系统的原点为 1968.0 的历元平极，仍采用起始子午线作为 X 轴，但 Y 轴采用 $\lambda=90°$ 的子午线(与图 3-7 中的 Y 轴方向相反)，使用时应特别注意。

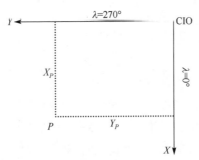

图 3-7　瞬时极的坐标示意图

3.1.4.3　极移的测定

地极移动后，地面测站的经纬度及方位角皆会随之变化。利用球面三角公式可推得相应的计算公式为

$$\begin{cases} \Delta B = B - B_0 = X_P \cos L + Y_P \sin L \\ \Delta L = L - L_0 = (X_P \sin L + Y_P \cos L) \tan B \\ \Delta A = A - A_0 = (X_P \sin L - Y_P \cos L) \sec B \end{cases} \tag{3-14}$$

式中，B、L 和 A 分别为测站瞬时地球坐标系中的纬度、经度和方位角，即地极位于 P 时的纬度、经度和方位角；B_0、L_0 和 A_0 分别为测站在协议地球坐标系中的纬度、经度和方位角；X_P、Y_P 为瞬时极的坐标。在已知极移值 (X_P, Y_P) 的情况下，可利用式(3-14)将任意时刻所实际测得的 B、L 和 A 统一归算至协议地球坐标系。同样，专门机构也可依据在地面上所设置的若干个站上的观测值反过来测定极移值。

以下对测定极移的机构及历史演变过程进行介绍。

(1)国际纬度服务组织

国际纬度服务组织(International Latitude Service，ILS)是于 1895 年正式成立的，由其中央局和若干国际纬度站组成。中央局设在日本岩手县水泽市的国际纬度站上。ILS 于 1899 年正式投入工作，是世界上第一个测定极移的国际机构。ILS 最初在北纬 39°08′的纬圈上建立了六个国际纬度站，1935 年后减少为五个纬度站[2]。

为了尽可能消除各种系统误差的影响(如星表的误差、仪器的系统误差等），以便能获得较好的结果，各国际纬度站都采用相同类型的仪器，用相同的方法对相同的恒星进行观测，但由于 ILS 采用经典的光学观测技术来测定纬度，且测站数又较少，所以测定的地极坐标精度较差，其误差大于 1m。

(2)国际极移服务组织

1960～1961 年，国际天文协会(IAU)以及国际大地测量与地球物理联合会(International Union of Geodesy and Geophysics，IUGG)决定将 ILS 扩大改组为国际极移服务组织(International Polar Motion Service，IPMS)，其中央局仍设在日本岩手县水泽市。IPMS 最初仍然是利用全球 50 个天文台站的纬度测量资料来解算瞬时地极坐标，并将其称为 $(X_P,Y_P)_{IPMS.L}$，其中 L 表示纬度，即这些极坐标是依据纬度观测求得的。此后，IPMS 又加入了上述台站的测时资料与测纬资料一起来综合求解地极坐标，并将求得的地极坐标记为 $(X_P,Y_P)_{IPMS.L+T}$。由于 IPMS 仍采用经典的光学观测手段，因而它所提供的地极坐标精度也只有 1m 左右。1988 年后，IPMS 被国际地球自转服务组织所取代[40]。

(3)国际时间局

国际时间局(Bureau International del'Heure，BIH)是 1911 年成立的国际性时间服务机构，总部设在法国巴黎。1919 年 IAU 成立后，即由 IAU 来主持 BIH 工作。1965 年后，由 IAU 和 IUGG 等五个国际组织联合组成 BIH 的指导机构。BIH 的主要任务是收集、处理世界各天文台站的资料，提供地球定向参数 UT1 和地极坐标 (X_P,Y_P)，并以月报和年报的形式予以公布。1962～1971 年间，采用经典的光学仪器来测时、测纬。1972 年起，加入了卫星多普勒资料，此后又逐步加入了 SLR、LLR 等空间大地测量资料。由于所用的观测资料与数据处理方法的不同，由 IPMS 和 BIH 所给出的地极坐标间存在明显的差异。为解决这种混乱局面，1983 年，IAU 和 IUGG 决定组建国际地球自转服务来取代 IPMS 和 BIH[31]。

(4)国际地球自转与参考系服务组织

国际地球自转与参考系服务组织(IERS)于 1988 年由 IUGG 与 IAU 共同建立，用以取代 BIH 的地球自转部分和原有的国际极移服务组织(IPMS)，于 1988 年 1 月 1 日正式开始运作。其主要任务是利用 VLBI 资料和 SLR 资料联合解算极移和 UT1，维持国际天球参考框架(International Celestial Reference Frame，ICRF)和国际地球参考框架(International Terrestrial Reference Frame，ITRF)，并提供它们之间的坐标转换参数。IERS 在公报和年报中给出瞬时地极坐标(X_P, Y_P)、世界时 UT1、岁差和章动模型及其参数、地壳形变参数、各射电源的坐标以及参与 IERS 的各台站的站坐标及其变率。采用经典的光学观测技术时，所测定的地极坐标的精度约为±1m。加入卫星多普勒测量资料后，所测定的地极坐标的精度约为±30cm，UT1 的精度约为±1ms，日长变化的精度约为±0.2ms。采用 VLBI、SLR、GPS 等空间大地测量资料后，其精度可达到或优于下列水平：地极坐标 5cm，UT1±0.2ms，日长±0.06ms。目前，IERS 在确定极移时，已不再采用经典的光学观测资料，而只采用 VLBI、SLR、GPS 等空间大地测量资料。根据 IERS 公布的 EOP 数据[41]，2020 年以来实际测定的瞬时地极的位置图如图 3-8 所示。

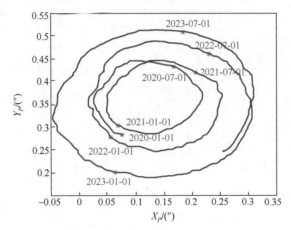

图 3-8　2020 年以来地球瞬时地极(X_P, Y_P)变化情况

　　IERS 采用的地极原点是其所提供的瞬时地极相对应的坐标原点，即 IERS 的参考极（IERS Reference Polar，IRP）。据估计，IRP 与 CIO 之间的不一致性约为 0.03″左右[2]。类似地，IPMS、BIH 等从理论上也都采用了 CIO 作为地极，但严格意义上，其地极也都是它们所提供的地极坐标的坐标原点，即参考极。

　　由于对影响极移的各种因素的作用机制及变化规律等还缺乏深刻的认识，因而极移值还只能靠仪器来实际测定，而难以用模型来准确地加以预报。关于极移的不同分量、变化规律以及影响因素分析见 9.3 节详细叙述。

3.1.5 世界时

世界时 (UT1) 曾作为国际标准时间在全世界广泛使用，目前该功能已被原子时所取代。但世界时还具有重要的空间属性，它是以时间单位表示的地球自转角信息，描述了地球绕瞬时自转轴的旋转角度。近年来，海洋、地下水以及大气等地球物理数据资料较为丰富，可更加深入地研究、了解并认识地球自转变化，从而揭示地球自转的变化规律。以下介绍地球自转不均匀引起的世界时在各种时间尺度上的变化及其激发源。

按国际通行惯例，UT1 目前是以 UTC 时号修正数的形式出现，通常写作 dUT1，dUT1=UT1−UTC，由于 UTC 闰秒的存在，dUT1 在 ±0.9s 的范围内变化。LOD 表示地球相对于平太阳自转一周所包含 TAI 秒数−86400s。dUT1 和 LOD 的关系可表示为

$$\frac{\mathrm{d}(UT1-UTC)}{\mathrm{d}UT1}=1-\frac{\mathrm{d}UTC}{\mathrm{d}UT1}=1-LOD=-\Delta LOD \tag{3-15}$$

若 ΔLOD<0，那么表示地球自转速率变快，相反，如果 ΔLOD>0，则代表地球自转速率变慢。

对 ΔLOD 观测资料分析发现，地球自转速率有长期变慢趋势，同时存在周期性、准周期性变化以及不规则变化。已有研究表明，LOD 既包含季节性变化、亚季节性变化、年际变化、十年变化和长期缓慢变化，同时也包含周日、半周日高频变化[42]。

(1) 长期缓慢变化

利用古代有关天体会合、日食、月食、月掩星等天象的观测记录，能够推断地球自转速率存在长期变化趋势。潮汐摩擦是导致地球自转速率长期变慢的主要诱因，它使地球自转角动量逐渐减少。日长每世纪增加 1.7ms 左右。古代天文资料显示，在近 3000 年里，地球自转速率还存在 "千年波动"，利用天体测量方法估算出波动大小为 8ms/千年，这可能与核幔耦合的长期效应有关[42]。

(2) 十年尺度波动

日长变化具有几十年、几百年时间尺度上的变化特征。日长的十年时间尺度变化是一种准周期现象。有关十年尺度变化的激发机制存在诸多争议，主流研究显示，日长的十年尺度波动主要是由流体核与核幔之间的相互作用导致的[42]。

（3）年际变化

日长的年际变化是指时间尺度为 2～7 年的变化，振幅可达到 0.5ms。分析认为，日长的主要年际变化具有非常显著的时变特性，即振幅和周期均随着时间不断变化。已有观测资料证实，海洋、大气对日长年际变化的激发作用较为明显，并且主要是和海洋、大气参数的两种振荡存在关联[43]，它们分别是南方涛动和大气平流层的准 2 年振荡。

（4）季节与亚季节性变化

日长的季节性变化主要包括振幅为 0.35ms 左右的周年变化、振幅为 0.3ms 左右的半周年变化。亚季节性变化指的是周期小于 3 个月的高频波动，其中研究最多为周期在 40～50 天的振荡[42]。日长季节性变化、亚季节性变化的激发源基本相同，大气是二者的主要激发因素。

（5）周日与半周日变化

周日变化与半周日变化是日长高频变化中相对有规则的部分，振幅为 0.1ms 左右。利用现代空间大地测量技术的观测资料能够验证日长序列中周日、半周日信号的存在。日长半周日和周日变化的主要激发源为海洋潮汐洋流，此外，大气潮、非潮汐海洋和三轴地球对日长半周日和周日变化也有一定程度的激发作用。

综上，表 3-1 列出了世界时（UT1–UTC）在各种时间尺度上的变化及其可能的激发因素。

表 3-1　世界时（UT1–UTC）在多种时间尺度上的变化及其主要激发源

序号	时间尺度	主要激发源
1	长期缓慢变化	潮汐摩擦、冰期后反弹
2	十年尺度波动	地球内部核幔间的耦合作用
3	年际变化	厄尔尼诺、大气平流层的准 2 年振荡
4	季节性变化	大气和海洋季节性作用，太阳、月球半年的潮汐作用
5	亚季节性变化	大气高频振荡
6	周日、半周日变化	海洋和大气负荷潮引起的地球质量的重新分布以及海洋、大气与地球的潮汐摩擦产生的耗散作用

地球自转是地球物理与天文因素综合作用的结果，其中大部分是由地球物理因素引起，如大气、海洋和地下水。受多种激发因素的影响，其具有长期变慢、季节性变化和不规则变化等特点。

根据 IERS 组织公布的 UT1 信息[41]，得到 2019～2022 年世界时（UT1–UTC）变化如图 3-9 所示，可看到世界时变化的不规则性。根据世界时(UT1–UTC)变化计算出世界时每日变化量如图 3-10 所示，世界时的每日变化量在±2ms 以内，并根据地球自转每个周期(以 360°计算)，计算每日地球自转角速度变化最大约 3.47×10^{-7}°/h。

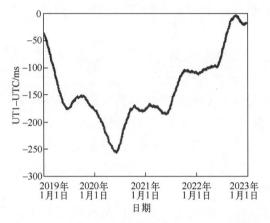

图 3-9　2019～2022 年世界时(UT1–UTC)变化

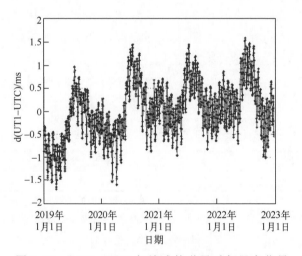

图 3-10　2019～2022 年地球的世界时每日变化量

3.2　地球测量参考系及坐标转换

空间飞行器与地面测控站分别处于不同的参考系内，在建立空间飞行器的轨道观测模型时需要进行坐标转换，将测站坐标和空间飞行器坐标统一到相同参考系下。在坐标转换过程中，世界时(UT1)等坐标转换参数的精度直接影响着转换结果的精度，最终影响飞行器的定轨精度。

3.2.1　天球坐标系

天球坐标系是用以描述自然天体和人造天体在空间的位置或方向的一种坐标系。依据所选用的坐标原点的不同可分为站心天球坐标系、地心天球坐标系和太阳系质心天球坐标系等。在经典的天文学中，由于观测者至天体间的距离难以精确测定，而只能精确测定其方向，因而总是将天体投影到天球上，然后再用一个球面坐标系来描述该天体的投影点在天球上的位置及其运动状况。在这种球面坐标系中，通常选取一个大圆作为基圈，该基圈的极点称为基点；过基圈的两个极点的大圆皆与基圈垂直。选取其中一个圆作为主圈，其余的大圆称为副圈。主圈与基圈的交点则称为主点。过任一天体 S 的副圈平面与主圈面之间的夹角称为赤经，从球心至天体的连线与基圈平面间的夹角称为赤纬。赤经和赤纬就是表示天体位置的两个球面坐标系的参数。需要说明的是：①天文学中所说的天体位置往往是指天体的投影点在天球上的位置，只反映了天体在空间的方向，而不是指天体在空间的三维位置。②有些星表是提供视差项的，视差就是描述天体距离的，以角度的单位给出。③这里的赤经和赤纬，有些场合称经度和纬度，只是球面坐标系中两个数学上的参数名称，与地球上的经度和纬度的概念并不完全相同。这种建立在天球上的球面坐标系就是天球坐标系，也称天文坐标系[31]。

由于适用环境的不同，天球坐标系中的基圈和主圈有多种不同的选择，例如，在地平坐标系中选择地平圈作为基圈，以天顶作为基点，选择子午圈作为主圈，以南(北)点作为主点，用高度角 h(或天顶距 z)和天文方位角 a 来描述天体的方位；在黄道坐标系中选用黄道作为基圈，以黄极作为基点，选择过春分点的黄经圈作为主圈，以春分点作为主点，用黄经 ι、黄纬 β 来描述天体在空间的方位；在赤道坐标系中则选用天球赤道作为基圈，以北天极作为基点，选用过春分点的子午圈作为主圈，以春分点作为主点，用赤经 α、赤纬 δ 来描述天体在空间的方位。天球赤道坐标系在空间大地测量中被广泛采用。

在天文学中，常用的天球坐标系有地平坐标系、时角坐标系、赤道坐标系、黄道坐标系以及银道坐标系等。在空间大地测量中，有许多人造天体在空间的三维位置是可同时被精确确定的，因而有必要对天球坐标系加以扩充，采用球面极坐标或空间直角坐标的形式来描述天体在空间的位置及其运动状况。在测站上对天体进行观测时，观测值经常采用球面极坐标的形式,如在测站地平坐标系中,用 ρ 表示从测站至天体的距离,用天文方位角 a 和高度角 h 表示天体的方向。采用球面极坐标还能方便地同时处理自然天体(仅知道其方向)和人造天体(同时需确定距离和方向)的资料。为方便起见,有时也会采用空间直角坐标的形式来表示天体在空间的位置,采用空间直角坐标的形式还能方便地进行坐标系统间的转换。此时,复杂的坐标转换只需通过几次坐标系的旋转就能完成。

3.2.1.1 协议天球坐标系

为了方便地表示天体在空间的位置或者方位,编制天体的星历表,就需要在空间建立一个固定的坐标系(空固坐标系),该坐标系的三个坐标轴需指向三个固定的方向。为了建立一个全球统一的、国际公认的空固坐标系,IAU 采用 J1950.0(JD2433282.5)时的平北天极作为协议天球坐标系的基点,以该历元的平天球赤道作为基圈,以 J1950.0 时的平春分点作为该天球坐标系的主点,以过该历元的平天极和平春分点的子午圈作为主圈,所建立的 J1950.0 的平天球坐标系作为协议天球坐标系,又称国际天球参考系(International Celestial Reference System,ICRS)。任一时刻的观测成果需加岁差和章动修正归算至协议天球坐标系后,才能在一个统一的坐标系中进行比较。随着时间的推移,IAU 决定从 1984 年起,ICRS 改用 J2000.0(JD2451545.0,2000 年 1 月 1 日 12h)时的平天球坐标系作为国际天球参考系统,以减少岁差修正时的时间间隔[44]。

3.2.1.2 国际天球参考系和国际天球参考框架

国际天球参考系需要由具体的机构(如 IERS)通过一系列的观测和数据处理,并采用一定的形式来予以实现。坐标(参考)系统具体实现称为坐标(参考)框架。ICRS 是由 IERS 建立的国际天球参考框架(ICRF)来实现。依据坐标原点的不同,ICRS 可分为太阳系质心天球参考系(Barycentric Celestial Reference System,BCRS)和地心天球参考系(Geocentric Celestial Reference System,GCRS)两类。BCRS 的坐标原点位于太阳系质心,GCRS 的原点位于地球质心。坐标轴的指向由甚长基线干涉测量所确定的一组河外射电源在 J2000.0 的天球赤道坐标来予以定义。该坐标框架的稳定性基于河外类星体的方位在长时间内可保持足够稳定。

3.2.2　地球坐标系

地球坐标系也称大地坐标系。采用这个名称，主要是为了与天球坐标系、协议地球坐标系(Conventional Terrestrial System，CTS)、国际天球参考框架等术语相对应。由于该坐标系与地球固连在一起，随地球一起自转，因此也被称为地固坐标系。地球坐标系的主要任务是用以描述地面点在地球上的位置，也可用以描述卫星在近地空间中的位置。

3.2.2.1　参心坐标系和地心坐标系

根据坐标原点所处的位置不同，地球坐标系可分为参心坐标系和地心坐标系。

(1)参心坐标系

参心坐标系是以参考椭球的几何中心为基准的大地坐标系，其坐标原点位于参考椭球体的中心，Z 轴与地球自转轴平行，X 轴和 Y 轴位于参考椭球的赤道面上，其中 X 轴平行于起始天文子午面，Y 轴垂直于 X 轴和 Z 轴，组成右手坐标系。在空间大地测量技术出现以前，大地坐标系都是依据某一局部区域的天文、大地、重力资料在保证该区域的参考椭球面与(似)大地水准面吻合得最好的条件下建立的。采用上述常规大地测量方法所建立的大地坐标系的坐标原点一般不会与地心重合，属参心坐标系。

参心坐标系虽可反映出本地区内点与点之间的相互关系，满足一般用户的需要,但难以满足空间技术和远程武器发射等领域的用户的需求，也难以被世界各国公认作为全球统一的大地坐标系。

(2)地心坐标系

地心坐标系的原点位于地球(含大气层)的质量中心，Z 轴位于地球赤道面上，其中 X 轴指向经度零点，Y 轴垂直于 X 轴和 Z 轴，组成右手坐标系。地心坐标系可同时满足不同领域的用户需要，且易于为全球各国所接受而作为全球统一的大地坐标系。由于具有测站间无须保持通视、全天候观测、精度高等优点，GPS 等空间定位技术已被广泛用于大地坐标系(框架)的建立和维持。而利用这些方法所获得的站坐标或基线向量都属于地心坐标系，如果再将其转换成参心坐标，不仅费时费力，还容易造成精度的损失，因而采用地心坐标系已成为人们的一种常用选择。

3.2.2.2 地球坐标系的两种常用形式

在空间大地测量中，经常使用下列两种形式的地球坐标系：空间直角坐标系和空间大地坐标系。采用空间直角坐标系的优点是：它不涉及参考椭球体的概念，在处理全球性资料时可避免不同参考椭球体之间的转换问题，而且求两点间的距离和方向时，计算公式十分简捷。但用空间直角坐标来表示点位很不直观，因为它和人们习惯上用的大地纬度 B、大地经度 L 和大地高度 H 表示点位的方法不同，若给定某点 (X, Y, Z)，难以立即找出在图上的位置。对于海上船舶，通常只需二维坐标 B 和 L，而不需要 H。因而在用卫星为船舶进行导航时，通常仍采用大地坐标系。为了用卫星大地测量的资料来检核和加强天文大地网，求出转换参数，有时也需要把资料统一到大地坐标系中去，所以大地坐标系也是经常用到的一种坐标系。

3.2.2.3 国际地球参考系和国际地球参考框架

国际地球参考系(International Terrestrial Reference System，ITRS)和国际地球参考框架(ITRF)是目前国际上精度最高并被广泛应用的协议地球参考系和参考框架。ITRS 是由 IERS 来负责定义，并用 VLBI、SLR、GPS、DORIS 等空间大地测量技术来予以实现和维持的。ITRS 的具体实现称为 ITRF。该坐标框架通常采用空间直角坐标 (X, Y, Z) 的形式来表示。ITRF 是由一组 IERS 测站的站坐标 (X, Y, Z)、站坐标的变化率 $(\Delta X/年, \Delta Y/年, \Delta Z/年)$ 以及相应的地球定向参数来实现的。该框架是目前国际上公认的精度高、被广泛采用的地球参考框架。随着测站数量的增加、测站精度的提高、数据处理方法的改进以及观测资料的不断累积，IERS 也在不断对框架进行改进和完善，不同的版本用 ITRFyy 的形式表示，其中 yy 表示建立该版本所用到的资料的最后年份。如 ITRF94 表示该版本是 IERS 利用直到 1994 年年底所获得的各类相关资料建立起来的。1994 年以后的 TRF 版本分别是 ITRF94、ITRF96、ITRF97、ITRF2000、ITRF2005、ITRF2008、ITRF2014。随着框架精度的提高而渐趋稳定，版本的更新周期在逐渐增长。

2022 年 4 月，IERS 发布了最新的国际地球参考框架 ITRF2020。由于采用了更长的时间序列、更加完善的处理模型和更加优化的处理策略，ITRF2020 的精度要优于 ITRF2014。相对于 ITRF2014，ITRF2020 在原点和尺度参数实现策略上有显著改进，并第一次明确给出了季节性信号的原点、尺度和定向[45]：①采用分段对准策略改进了原点和尺度参数实现方法；②分别给出了在地球质量中心和地球形状中心框架下的季节性信号的原点、尺度和定向实现，以及地球质量中心和地球形状中心框架下的谐波参数模型。此外，参与 ITRF2020 构建的各独立技术数据处理也有显著进步。

3.2.3　国际地球参考系与地心天球参考系的坐标转换

依据坐标原点的不同，ICRS 可分为太阳系质心天球参考系（Barycentric Celestial Reference System，BCRS）和地心天球参考系（GCRS）两类。BCRS 主要用于研究行星的运动规律，编制行星星表，当然也可用于研究在太阳系中飞行的空间飞行器的运动规律并进行导航定位等工作。由于 GCRS 的三个坐标轴在空间的指向固定不变，各种人造卫星大多围绕地心飞行，因而是一个较好的准惯性系（由于坐标原点的绕日公转会产生向心加速度，所以不是一个严格的惯性系，但其影响较小，且能加以修正），所以卫星的轨道计算一般都是在 GCRS 中进行的。但绝大部分的卫星应用（如卫星导航定位、卫星遥感等）最终都与地球坐标系有关，通常将面临大量的 GCRS 与 ITRS 间的坐标转换问题。

BCRS 和 GCRS 间的坐标转换涉及太阳系质心和地心间的坐标差，可从行星星表（如 DE405）中查取。以下主要介绍 ITRS 与 GCRS 间的坐标转换方法。

随着观测精度的不断提高和长时期的高采样率的观测值的不断积累，有必要对时空坐标系做出更严格的定义。目前传统的建立在牛顿力学基础上的时空坐标系（在这种时空坐标系中，广义相对论也只是以“相对论修正”这么一种摄动修正的形式出现，以便对牛顿运动方程进行修正），已被建立在广义相对论框架下的用度规张量来描述的新的时空坐标系（如 TCB、TCG、BCRS、GCRS 等）所取代。建立在“动力学”基础上的传统天球赤道坐标系也已被建立在“运动学”基础上的新的天球坐标系所取代。这是因为传统的天球赤道坐标系存在下列问题：

①传统天球赤道坐标系中的 X 轴是指向春分点的，而春分点是两个运动的平面（黄道面和赤道面）的一个交点。任一时刻的黄道面可依据行星（地球）运动方程来求得。天文常数的变化、运动方程中所顾及的摄动因素的多少等都将影响运动方程的解，进而影响春分点的位置，导致坐标系的不连续，因而有人将这种坐标系称为“动力学”坐标系。

②传统天球赤道坐标系的 Z 轴是指向北天极的，由于用任何观测值都难以确定瞬时自转极 IRP，所以 IAU 1980 年章动理论是相对于天球星历极 CEP 的，于是受迫周日极移就会被包含到天球章动中去，而显得含混不清。此外，由于 CEP 及相应的赤道平面在 GCRS 中的运动规律是用岁差和章动模型来描述的，因而 CEP 及春分点 γ 的位置对岁差和章动模型十分敏感，一旦模型有了变化，它们的位置就会产生突变，坐标系就会不连续。

③在传统天球坐标系中，地球自转是用格林尼治恒星时 GST 来衡量的。而格林尼治恒星时是经度零点与春分点之间的旋转夹角。它不仅取决于地球的自转，同时也会受到用以描述春分点的运动规律的岁差和章动模型的误差的影响（在一个较长的时期内，这种模型误差会不断累积）。因此，理论上 GST 并不能严格地反映地球自转。

3.2.3.1　基于无旋转原点 NRO 的坐标转换方法

国际地球参考系(ITRS)转换至地心天球参考系(GCRS)的坐标转换公式为

$$[GCRS]=Q(t)\times R(t)\times W(t)\times[ITRS] \tag{3-16}$$

式中，$Q(t)$ 是由于天球中间极 CIP 在 GCRS 中的运动而产生的转换矩阵，$R(t)$ 是由于地球旋转（将 TIO 方向旋转至 CIO 方向）所产生的旋转矩阵，$W(t)$ 是由于天球中间极 CIP 在 ITRS 中的运动而产生的旋转矩阵。这样，ITRS 与 GCRS 间的坐标转换就可依据 t 时刻 CIP 在地心天球坐标系中的位置 X 和 Y（即岁差、章动参数）、地球旋转角 θ 以及 CIP 在 ITRS 中的位置 X_P 和 Y_P 等五个参数来完成。式(3-16)中，$R(t)\times W(t)\times[ITRS]$ 被称为时刻 t 的中间参考系（即瞬时天球坐标系）。要完成两个坐标原点均位于地心的坐标系 GCRS 和 ITRS 之间的坐标转换，只需要有三个转移参数（欧拉角）即可实现。但由于这三个欧拉角没有明确的物理意义，难以通过天文观测或空间大地测量来精确测定，因而必须通过上述中间参考系来完成坐标转换。

3.2.3.2　基于春分点的经典坐标转换方法

从 ITRS 转换至 GCRS 的另一种方法是基于春分点的经典转换方法，可表示为

$$[GCRS]=P(t)\times N(t)\times R(t)\times W(t)\times[ITRS] \tag{3-17}$$

与前面的转换方法不同之处在于，$\boldsymbol{Q}(t)$ 矩阵直接用 IAU 2000 岁差/章动模型来计算岁差参数、黄经章动以及交角章动，再用它们来组成岁差矩阵 $\boldsymbol{P}(t)$ 和章动矩阵 $\boldsymbol{N}(t)$。另一个差别在于用格林尼治（视）恒星时 GST 取代地球旋转角 θ 来计算旋转矩阵 $\boldsymbol{R}(t)$。采用经典方法进行坐标转换的过程可用图 3-11 来表示。其中，极移矩阵 $\boldsymbol{W}(t)$、岁差矩阵 $\boldsymbol{P}(t)$ 和章动矩阵 $\boldsymbol{N}(t)$ 均已进行过介绍，以下再对地球自转矩阵 $\boldsymbol{R}(t)$ 做一些说明。由于经典的坐标转换方法不再以天球中间原点 CIO 和地球中间原点 TIO 为参照点，而是以真春分点和格林尼治起始子午线（经度零点）为参照点，因此，在地球自转矩阵 $\boldsymbol{R}(t)$ 中，要用格林尼治（视）恒星时 GST 去取代地球旋转角 θ。

图 3-11　基于春分点的 ITRS-GCRS 坐标转换示意图

3.3　地球的空间姿态参数及世界时对航天器定轨等的影响

3.3.1　地球的世界时参数对航天器定轨等的影响

导航卫星精密定轨从 20 世纪 70 年代开始，是基于天体力学和卫星轨道摄动理论，根据卫星的动力学模型建立卫星的动力学方法和根据观测模型建立卫星的观测方程，从而达到解算卫星的轨道参数等目的。

随着卫星导航技术的发展，精密定轨从观测手段、测量模型、动力学模型到估计方法得到了广泛和细致的研究，其定轨精度不断提高。国外在导航卫星数据处理方面的著名机构包括美国国家大地测量局、欧洲定轨中心、德国地学研究中心、美国斯克里普斯海洋学研究所、美国麻省理工学院等。国内导航卫星精密定轨技术最早起源于 GPS 卫星需求，上海、昆明、武汉等地建立了 GPS 跟踪站，可获取 GPS 卫星数据，为 GPS 精密定轨和各项应用奠定了基础。

2005 年，我国北斗二代工程一期开始了北斗卫星精密定轨研究，从

2007 年试验卫星上天到 2012 年底区域网建设完成，我国北斗卫星精密定轨在实时性、高精度、可靠性和稳定性方面都达到了国际先进水平。目前我国从事导航卫星精密定轨技术研究工作的单位主要有中国科学院上海天文台、中国科学院国家授时中心、中国科学院测量与地球物理研究所、武汉大学、西安卫星测控中心等[24]。

在卫星导航系统中，为满足导航定位的实时性，地面主控站需提前预报导航卫星在地固坐标系下的轨道坐标，提前注入到导航卫星存储，导航卫星不断将其广播给用户进行导航定位。主控站生成预测轨道时，先利用精密定轨得到轨道初值，通过轨道外推得到惯性系下轨道坐标，再利用坐标系转换得到地固系下预报轨道坐标。坐标系转换时需要使用世界时预报值，这会对轨道预报精度产生影响。

在导航卫星精密定轨中，经常使用惯性坐标系和地固坐标系。由轨道预报所获得的卫星位置和速度一般是在 J2000.0 惯性坐标系下的，而广播星历参数和历书参数是在地固坐标系下的，因此，需要首先将惯性坐标系下的位置和速度转换到地固坐标系。

惯性坐标系与地固坐标系的转换关系示意图如图 3-12 所示。

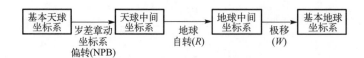

图 3-12　惯性坐标系与地固坐标系的转换关系示意图

岁差和章动通常采用模型进行计算，其中章动模型的部分参数需要基于 JPL 星历进行计算，地球极移和自转矩阵的计算需要地球定向参数。

将岁差、章动合并到一起，则惯性坐标系到地固坐标系的转换模型可写为

$$r_{\mathrm{CTS}} = W(t) \times R(t) \times PN(t) r_{\mathrm{CIS}} \tag{3-18}$$

式中，下角 CTS 表示协议地球坐标系，CIS 表示地心惯性坐标系。

地固坐标系到惯性坐标系的转换模型可写为

$$r_{\mathrm{CIS}} = PN^{\mathrm{T}}(t) R^{\mathrm{T}}(t) W^{\mathrm{T}}(t) r_{\mathrm{CTS}} \tag{3-19}$$

式中，$PN(t)$ 为岁差、章动矩阵，$R(t)$ 为地球自转矩阵，$W(t)$ 为极移矩阵，上角 T 表示转置矩阵(也是逆矩阵)。

这四个矩阵将协议地球极下的地固坐标系转换到平春分点和天球历书极下的 J2000.0 平赤道坐标系下。参考 t 定义为

$$t = (\mathrm{TT} - 2451545.0)/36525 \tag{3-20}$$

式中，TT 为观测时刻的质心动力学时(地球时)，2451545.0 对应 2000 年 1 月 1 日 12 点整。

极移矩阵为

$$W(t) = R_1(Y_P) \cdot R_2(X_P) \tag{3-21}$$

式中，X_P、Y_P 为极移坐标，即天球历书极 CEP 相对 IERS 参考极(IRP)或国际协议原点(CIO)的坐标。它为 IAU 1980 年章动理论所依据的参考极。采用 CEP 后，它在 J2000.0 天球坐标系或者在地固坐标系中的运动没有周日或近周日变化，在惯性坐标系中只受到日月受迫章动(可计算部分)，在地固坐标系中相对于 CIO 极的运动只包含极移(完全由观测决定)，从而使计算部分不包含难以计算的自由章动，而观测部分又不包含可预测部分。正是因为采用了 CEP，所以无须再对 UT1 进行近周日受迫周期运动的修正，即

$$R(t) = R_3(-\mathrm{GAST}) \tag{3-22}$$

式中，GAST 为 t 时刻对应的格林尼治真恒星时，它可由观测时刻的世界时 UTC 计算得到。

世界时零时对应的格林尼治平恒星时为[2]

$$\begin{aligned}
\mathrm{GMST}_{\mathrm{0hUT1}} = {} & 6\mathrm{h}\,41\mathrm{min}\,50.54841\mathrm{s} + 8640184.812866\mathrm{s} \cdot T_u' \\
& + 0.093104\mathrm{s} \cdot T_u'^2 - 6.2 \times 10^{-6}\mathrm{s} \cdot T_u'^3
\end{aligned} \tag{3-23}$$

式中，$T_u' = d_u'/36525$，d_u' 为过 J2000.0 UT1 的天数，其值为 ± 0.5、± 1.5 等。

$$\mathrm{GMST} = \mathrm{GMST}_{\mathrm{0hUT1}} + r[(\mathrm{UT1} - \mathrm{UTC}) + \mathrm{UTC}] \tag{3-24}$$

式中，$\mathrm{UT1} - \mathrm{UTC}$ 由 IERS 公报得到，此外

$$r = 1.002737909350795 + 5.9006 \times 10^{-11} T_u' - 5.9 \times 10^{-15} T_u'^2 \tag{3-25}$$

$$\mathrm{GAST} = \mathrm{GMST} + \Delta\psi\cos\varepsilon_A + 0.00264'' \sin\Omega + 0.000063'' \sin 2\Omega \tag{3-26}$$

式中，Ω 为太阳的升交点赤经，$\Delta\psi$ 为黄经章动，ε_A 为黄赤交角。

$$PN(t) = P \cdot N \tag{3-27}$$

$$P = R_3(\zeta_A) \cdot R_2(-\theta_A) \cdot R_3(z_A) \tag{3-28}$$

$$N = R_1(-\varepsilon_A) \cdot R_2(\Delta\psi) \cdot R_1(\varepsilon_A + \Delta\varepsilon) \quad (3\text{-}29)$$

式中，$\Delta\varepsilon$ 为交角章动。

IAU 1976 年岁差模型的岁差角计算公式为

$$\zeta_A = 2306.2181''t + 0.30188''t^2 + 0.017998''t^3 \quad (3\text{-}30)$$

$$\theta_A = 2004.3109''t - 0.42665''t^2 - 0.041833''t^3 \quad (3\text{-}31)$$

$$z_A = 2306.2181''t + 1.09468''t^2 + 0.018203''t^3 \quad (3\text{-}32)$$

$$\varepsilon_A = 84381.448'' - 46.8150''t - 0.00059''t^2 + 0.001813''t^3 \quad (3\text{-}33)$$

$$\Delta\psi = \Delta\psi(\text{IAU1980}) + \delta\Delta\psi \quad (3\text{-}34)$$

$$\Delta\varepsilon = \Delta\varepsilon(\text{IAU1980}) + \delta\Delta\varepsilon \quad (3\text{-}35)$$

式中，$\delta\Delta\varepsilon$ 和 $\delta\Delta\psi$ 可由 IERS 公报得到，$\Delta\psi(\text{IAU1980})$ 和 $\Delta\varepsilon(\text{IAU1980})$ 根据 IAU 1980 年章动理论可得

$$\Delta\psi(\text{IAU1980}) = \sum_{i=1}^{106} (A_i + A_i' t) \sin\left(\sum N_i F_i\right) \quad (3\text{-}36)$$

$$\Delta\varepsilon(\text{IAU1980}) = \sum_{i=1}^{106} (B_i + B_i' t) \cos\left(\sum N_i F_i\right) \quad (3\text{-}37)$$

式中，系数 A_i、B_i、A_i'、B_i'、N_i 可由章动表系数文件得到，F_1 为月球平近点角，F_2 为太阳平近点角，F_3 为平黄经和月球轨道升交点平黄经之差，F_4 为日月平角距，F_5 为月球轨道升交点平黄经，且有

$$\begin{aligned} F_1 = l &= 134.96340251° + 1717915923.2178''t + 31.8792''t^2 \\ &\quad + 0.051635''t^3 - 0.00024470''t^4 \end{aligned} \quad (3\text{-}38)$$

$$\begin{aligned} F_2 = l' &= 357.52910918° + 129596581.048''t - 0.5532''t^2 \\ &\quad - 0.000136''t^3 - 0.00001149''t^4 \end{aligned} \quad (3\text{-}39)$$

$$\begin{aligned} F_3 = F = L - \Omega &= 93.27209062° + 1739527262.8478''t - 12.7512''t^2 \\ &\quad - 0.001037''t^3 + 0.00000417''t^4 \end{aligned} \quad (3\text{-}40)$$

$$\begin{aligned} F_4 = D &= 297.85019547° + 1602961601.2090''t - 6.3706''t^2 \\ &\quad + 0.006593''t^3 - 0.00003169''t^4 \end{aligned} \quad (3\text{-}41)$$

$$\begin{aligned} F_5 = \Omega &= 125.0445501° - 6962890.2665''t + 7.4722''t^2 \\ &\quad + 0.007702''t^3 - 0.00005939''t^4 \end{aligned} \quad (3\text{-}42)$$

实际计算时，黄经章动和交角章动采用的是 IAU 理论模型计算值，与实际观测有一定误差，即忽略了 $\delta\Delta\varepsilon$ 和 $\delta\Delta\psi$ 的影响，由此引起的星座整体旋转为

$$\mathfrak{M} = \begin{bmatrix} 1 & -\delta\Delta\psi\cos\overline{\varepsilon}_A & -\delta\Delta\psi\sin\overline{\varepsilon}_A \\ \delta\Delta\psi\cos\overline{\varepsilon}_A & 1 & \delta\Delta\varepsilon \\ \delta\Delta\psi\sin\overline{\varepsilon}_A & \delta\Delta\varepsilon & 1 \end{bmatrix} \qquad (3\text{-}43)$$

式中，$\overline{\varepsilon}_A = \varepsilon_A + \Delta\varepsilon$，黄经章动 $\delta\Delta\psi$ 的误差通常为几到几十毫角秒，交角章动 $\delta\Delta\varepsilon$ 的误差为几毫角秒。这些误差，引起星座有最大几十毫角秒的整体旋转。

考虑到岁差、章动引起的航天器轨道误差较小，对上述分析进行简化。在国际天球参考系转换到国际地球参考系过程中，由世界时（UT1）与极移 (X_P, Y_P) 参数引起的轨道偏差可表示为[46,47]

$$\begin{bmatrix} \Delta X \\ \Delta Y \\ \Delta Z \end{bmatrix} = \begin{bmatrix} Y\Delta\theta + Z\Delta X_P \\ -X\Delta\theta - Z\Delta Y_P \\ -X\Delta X_P + Y\Delta Y_P \end{bmatrix} \qquad (3\text{-}44)$$

$$\Delta\theta \approx 2\pi \times 1.002738 \times (\Delta\alpha_{\text{UT1}} - \Delta\alpha_{\text{UTC}}) \qquad (3\text{-}45)$$

式中，ΔX、ΔY、ΔZ 为空间三个方向的轨道偏移量，X、Y、Z 为航天器在国际地球参考坐标系中的坐标，ΔX_P 和 ΔY_P 为极移测量误差，$\Delta\theta$ 为地球自转角测量误差，$\Delta\alpha_{\text{UT1}}$ 和 $\Delta\alpha_{\text{UTC}}$ 分别为世界时（UT1）和协调世界时（UTC）的误差。

当极移测量误差为 0 时，式（3-44）可简化为

$$\begin{bmatrix} \Delta X \\ \Delta Y \\ \Delta Z \end{bmatrix} = \begin{bmatrix} Y\Delta\theta \\ -X\Delta\theta \\ 0 \end{bmatrix} \qquad (3\text{-}46)$$

从式中可以看出，世界时（UT1）的精度直接影响航天器的轨道误差。此外，相同的世界时精度下，轨道高度越高（即轨道坐标值越大），轨道误差越大。

3.3.2 不同轨道的航天器对世界时参数的测量精度需求

(1) 导航卫星对世界时参数的测量精度需求

导航卫星精密定轨通常是基于天体力学和卫星轨道摄动理论，建立

卫星的观测方程，从而实现解算卫星的轨道参数。

在我国北斗卫星导航系统精密定轨方面，系统建设早期，由于地面跟踪站很少且集中于国内，北斗 M1 卫星定轨精度能达到米级；2011 年以来，随着国内跟踪站点的增加以及境外跟踪站的加入，基于该网络数据，北斗系统精密轨道确定及其应用广泛展开。目前北斗 IGSO 和 MEO 卫星定轨精度均已优于 10cm，而 GEO 卫星轨道精度略低，优于 50cm[24]，对世界时参数测量需求约在 0.1～0.01ms。

(2)测绘卫星等对世界时参数的测量精度需求

对地测绘卫星通常是针对某种确定的测绘需求任务来研制的，目前我国已有或在研的测绘卫星之间的关系及应用如图 3-13 所示。从图中可以看出，1：5000 比例尺立体测绘卫星应用于精确测绘，并辅助开展对地侦察。它是测绘体系中的重要组成部分，可与其他测绘数据进行融合，提高测绘效能。

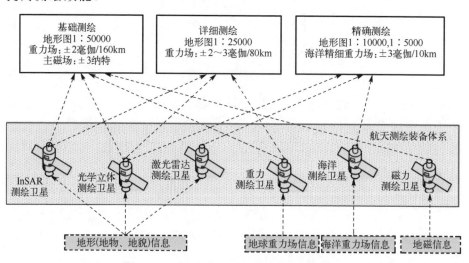

图 3-13   各测绘卫星之间的关系示意图

根据不同应用需求，现有高分辨率测绘卫星对定轨精度的要求如表 3-2 所示。地面像元分辨率要求越高，对定轨精度和世界时测量精度需求越高。

(3)深空探测领域对世界时参数的测量精度需求

在载人登月任务以及火星等地外天体探测任务中，均需实时进行轨道定轨，保证入轨精度。从地面测站所处的协议地固系转换到月球、火星探测器所处的协议惯性系需要地球定向参数(EOP)，目前 EOP 参数由国际地球自转与参考系服务组织(IERS)提供，但 IERS 提供的高精度 EOP 参数不是实时的，在月球、火星等星体探测器实时定轨过程中只能使用预报值，预报值的精度较低，并随时间增长而误差增大。

表 3-2　高分辨率测绘卫星的定轨精度以及世界时测量精度要求

卫星类别	光学、微波	光学	光学
测绘比例尺	1：50000	1：10000	1：5000
地面像元分辨率	3～5m	0.6～1m	0.1～0.3m
定轨精度	1m(1σ)	0.1m(1σ)	0.01m 量级(1σ)
世界时测量精度需求	ms 量级	0.1ms 量级	0.01ms 量级

1965 年，美国 Rangers VII 和 VIII 月球探测任务中发现 EOP 参数误差造成了所有深空站的纬度解算有较大的误差，因此在后续的深空任务中对 EOP 参数进行了校正[48]。1995 年，美国学者 Estefan 和 Folkner 利用火星探路者任务中的多普勒数据，分析了 EOP 参数误差对探测器定轨精度的影响。结果表明，EOP 参数误差对火星探路者号探测器的星际巡航阶段的轨道确定有较大影响[48]。2010 年以来，国内对嫦娥系列探测器、火星探测器行星际飞行段定轨情况进行了研究，从考察参数的角度分析了 EOP 参数精度对定轨精度的影响[48]。

在深空探测领域，极移和周日自转转换时的误差主要指极移参数和周日自转参数等 EOP 参数误差。极移和日长的特点是它们含有不同周期、不同振幅项，各项的原因复杂，不易预报，必须通过观测得到，因此对实时处理有一定滞后性。世界时的测量误差将产生航天器的赤经误差，即 1ms 的世界时误差将产生 73nrad 赤经误差，对应于地月距离上的位置误差约为 26m，影响载人登月任务的轨道精度。以天问一号火星探测器的定轨为例，如果世界时测量误差为 1ms，对应于两亿公里远的探测器的位置误差将达 15 公里[49]。

根据上述不同轨道航天器的定轨误差，可计算其与世界时精度的对应关系，如表 3-3 所示。可以看出，减小航天器的定轨误差需要提升世界时的测量精度，优于 0.1ms 的世界时精度基本可达到大多数航天器定轨的要求。

表 3-3　不同轨道航天器的定轨误差与世界时精度的对应关系

近地卫星等飞行器定轨误差/m	地月轨道误差/m	世界时精度/ms
46	2600	±100
4.6	260	±10
0.46	26	±1
0.046	2.6	±0.1
0.0046	0.26	±0.01

第 4 章

典型的世界时高精度

测量技术

　　世界时(UT1)是以地球自转运动为参考的时间计量系统，UT1 反映了地球在空间的自转角，是实现天球与地球参考框架坐标互换的重要参数，在卫星、飞船、深空探测等精密的空间技术应用领域，UT1 都是必不可少的。UT1 的测量精度水平直接影响航天器跟踪测量的精度、精密定轨精度和有关的科学应用的分析精度。目前高精度的世界时测量方法主要有数字天顶望远镜(DZT)、甚长基线干涉测量(VLBI)、卫星激光测距(SLR)、全球导航卫星系统(GNSS)，以及大型光学陀螺仪(RLG、FOG)等方法。本章分别介绍各个世界时测量方法的基本原理、测量方法、关键技术以及技术应用情况，最后阐述大型光纤干涉仪技术的主要特点、潜在优势与应用前景。

4.1　数字天顶望远镜技术

4.1.1　基本原理

　　数字天顶望远镜(DZT)的基本原理是利用天顶望远镜对进入仪器天顶方向视场范围内的恒星进行拍照，将拍摄的星象照片与利用星表计算的参考星的视位置进行匹配，得到观测瞬间测站铅垂线在天球坐标系的指向。数字天顶望远镜测量原理示意图如图 4-1 所示。

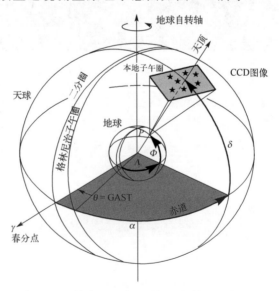

图 4-1　数字天顶望远镜测量原理示意图

通过观测得到 t 时刻测站铅垂线的瞬时赤道坐标 α 和 δ，设观测 t 时刻测站的瞬时天文经纬度分别为 λ 和 φ，其中 $\varphi=\delta$，观测瞬间 t 时刻的格林尼治视恒星时为 S_G，则测站瞬时天球坐标和瞬时地球坐标之间的关系为

$$S_G = \alpha - \lambda \tag{4-1}$$

式中，S_G 可由观测时刻的国际标准时间 UTC 与 UT1 转换计算得到，即

$$S_G = \theta_{\text{ERA}}(\text{UTC} + \Delta\text{UT1}) - \theta_{\text{EO}} \tag{4-2}$$

式中，θ_{EO} 为零点差，地球自转角 θ_{ERA} 的表达式为

$$\theta_{\text{ERA}}(T_u) = 2\pi(0.7790572732640 + 1.0027378119135448T_u) \tag{4-3}$$

式中，$T_u=\text{JD}_{\text{UT1}}-2451545.0$，$\text{JD}_{\text{UT1}}$ 可由观测的 UTC 时刻结合 IERS 发布的参数 ΔUT1 计算，因此已知 UT1，可根据式 (4-1) 和式 (4-2) 解算得到测站纬坐标 (λ, φ)。

当在某测站进行观测时，恒星时 S 与格林尼治恒星时 S_G 之间的关系为

$$S = S_G + \lambda \tag{4-4}$$

将极移对于测站的影响代入式 (4-4)，即可得到

$$S_G = S - \lambda_0 - (X_P\sin\lambda_0 + Y_P\cos\lambda_0)\tan\varphi_0 \tag{4-5}$$

将极移 (X_P, Y_P) 及测站在国际地球参考系 (ITRF) 下的坐标 (λ_0, φ_0) 代入式 (4-5)，则可根据单台站观测结果 (λ, φ) 求得 UT1 的值，计算表达式为

$$\text{UT1} = \frac{1}{k}[S - S_G - \lambda_0 - (X_P\sin\lambda_0 + Y_P\cos\lambda_0)\tan\varphi_0 - \text{EqE}] \tag{4-6}$$

式中，$\text{EqE} = \Delta\psi\cos\varepsilon$ 为赤经章动，也叫二分差。

由于 DZT 测量受天气的影响较大，通过多测站组网测量的方式，一方面可提高 DZT 测量序列的精度，另一方面还可通过不同站点间的数据互补，降低由天气等原因导致的测量序列中断的概率，增强数据的连续性及可用性[50]。若利用多个测站同时联合观测，则可利用最小二乘方法实现地球自转参数的解算。

4.1.2 测量方法

数字天顶望远镜系统主要由硬件系统、软件系统和外部基础数据、观测室几部分组成。其中 DZT 测量系统的硬件系统主要由 CCD 相机、

高精度电子倾斜仪、转台底座、光学望远镜筒及遮光罩、GNSS 授时模块、控制箱及工控机组成，除此之外还需 UPS 电源及 PDU 等保持系统工作的基础组件。

软件系统主要包括数据采集软件及数据解算软件，通过利用数据采集软件实现对测站天顶方向视场内星点的图像采集、曝光时刻、测站经纬度及曝光时刻望远镜倾斜状态数据采集，将其数据共同记录在 FITS 文件中[51]。全部采集工作完成后，利用数据解算软件对 FITS 文件中的信息进行解析得到测站天顶点天文坐标。

除软硬件外，还需要配备一定的外部数据作为解算的基础，如电子倾斜仪参数、星表数据、历表信息，针对 DZT 测量中的不同应用需求，还需要测站在 ITRF 下的精确坐标信息。

4.1.3 技术应用

(1) 数字天顶望远镜用于天文定位

定位导航与人类的生活生产密切相关，早在数千年前，古人开始通过观测自然天体的规律运动来确定自身所处的大致方位并指引航向。随着科学技术的发展，新的技术不断出现。现有的定位方法主要有卫星定位、惯性导航、陆基无线电定位、天文定位等。

①卫星定位是空间技术发展的产物，具有全天候、高精度、操作简单等优点。但 GPS 的主控站位于美国，在国际紧急情况时，如果导航电文受到干扰，势必会影响导航定位精度，过度依赖卫星定位存在隐患和风险。

②惯性导航定位作为一种自主定位方式，有广阔的应用空间。但因定位误差随时间积累，难以作为独立的高精度导航系统使用。

③陆基无线导航系统作用距离有限，存在服务盲区，远程导航精度较低。

④天文定位是最传统的定位方法，天文定位虽然没有卫星定位精度高，但在特殊情况下其安全性和重要作用是卫星定位、陆基无线电定位等定位系统难以比拟的。其中数字天顶望远镜具有体积小、重量轻、可搬运、生存能力强等优点，通过观测恒星可快速获取观测点的天文经纬度，可较好地用于天文定位导航，并具有较高的定位精度[52]。

(2) 数字天顶望远镜用于测定垂线偏差

地面上一点的铅垂线与法线之间的夹角称为垂线偏差。垂线偏差反映了大地水准面的起伏，其大小随地理位置及地形的不同而不同。平原地区垂线偏差值一般为 $3''\sim5''$，山区约为 $20''\sim30''$。垂线偏差是大地测量学领域中的重要物理量，可用于地球重力场的确定及大地水准面精化。另外，已知某一点的垂线偏差，就可将测量所得到的天文经纬度与大地经纬度进行转换。天文经纬度与大地经纬度之间的转换参数，是导弹、火箭发射时必不可少的参数，发射点垂线偏差的精确度直接影响导弹的命中精度及火箭发射的准确度。

(3) 数字天顶望远镜用于自主 ERP 测量

地球自转参数 (Earth Rotation Parameters, ERP) 是表示地球自转速率和自转轴空间指向及其变化的参数，主要包括地球极点 (X_P, Y_P) 的位移和速率、UT1–UTC 时间差，以及由天文观测确定的一天的时间长度与 86400s 之间的差值 LOD。目前 ERP 数据的获得主要是通过国际合作方式实现。国际地球自转与参考系服务 (IERS) 通过综合归算全球的 VLBI、SLR、GPS 等测量仪器的数据计算 ERP，以月报 (Bulletin-B) 和周报 (Bulletin-A) 形式发布，供全球免费使用。其中最重要的周报由美国海军天文台发布[53]。若国际形势发生变化，我国可能难以从 IERS 及时获取 ERP 数据。数字天顶望远镜的出现可在应急时刻快速提供精度略低的 ERP。

(4) 数字天顶望远镜测量铅垂线变化与地震关系之间的研究

测站天文经纬度的连续测量结果，反映了地方铅垂线的变化。地方铅垂线的变化与地震孕育过程密切相关，地震前天文时纬残差异常波动的现象于 1976 年唐山大地震后被发现。初步分析表明时纬残差异常可能来自地方铅垂线变化对观测结果产生的影响。之后，我国学者在这方面继续进行了一系列的研究，取得了许多有价值的研究成果[54]。数字天顶望远镜的出现为继续开展地方铅垂线变化与地震前预测研究提供了条件。数字天顶望远镜具有成本低、可无人值守的特点，为利用多台数字天顶望远镜在地震多发区进行组网定点连续观测提供了条件，通过更多的观测数据研究存在的问题，深入了解何种地质构造上的何种类型的地震更容易引起时纬残差出现异常，寻找地方铅垂线变化与地震三要素之间的定量或半定量的关系，使监测时纬异常早日成为一种预报地震的方法。

4.2　甚长基线干涉测量技术

甚长基线干涉测量(VLBI)技术是当前天文学使用的一种高分辨率、高测量精度的观测技术，在天体物理方面，主要应用于类星体、射电星系核等致密的毫秒级射电源的结构研究和天球坐标精确测定等。在天体测量和空间大地测量领域，VLBI 技术在建立天球参考系、测定全部的地球定向参数和地固参考系的基准点等方面具有不可替代的作用。

20 世纪下半叶以来，高精度的计时工具和频率标准的出现(如氢原子钟)使得研究人员能在 A、B 两地，用两台氢原子钟来取代原来的本机振荡器产生所需的相同频率信号。同时，高密度记录设备的出现可使 A、B 两地的射电望远镜分别把接收到的信号和当地的氢原子钟产生的信号同时记录在数据记录终端上，然后再送往相关处理器进行事后处理。由于两台氢原子钟能够保持严格同步，钟信号又与观测值一起记录在数据存储终端上，这样就可通过事后回放的记录来求出射电信号到达两台射电望远镜的时间差，即观测时延。于是连线干涉测量中用于连接混频器与本机振荡器、混频器与相关器的电缆可取消，从而使两个相互独立的射电望远镜实现干涉与成像。两台站间的距离不再受电缆线的限制，可在地球乃至空间尺度实现组网，从而达到较高的测角能力。

当采用甚长基线干涉测量时，两台射电望远镜之间的距离不受限制，使得虚拟射电望远镜的接收天线口径达到数千公里甚至上万公里。例如，两地之间距离 D=7400km，观测的射电信号波长为 λ=3.6cm，可获得 θ''=0.001″的角分辨率。VLBI 系统基本组成示意图如图 4-2 所示。

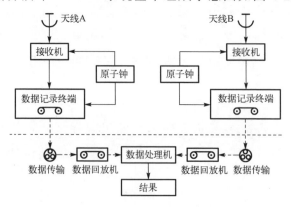

图 4-2　VLBI 组成示意图

VLBI 所具有的超高分辨率为射电源毫角秒乃至微角秒尺度的精细结构研究提供了强有力的工具。VLBI 对射电源坐标以及组成虚拟射电望远镜两端观测站的相对位置非常敏感，能够同时分辨台站之间位置的细微变化。因而，VLBI 不仅在天体物理领域，而且在天体测量、大地测量等领域也有广泛应用[31]。

4.2.1 基本原理

VLBI 基本原理是：相距甚远、具有独立本振的两台或多台天线同时观测某河外射电源，测量同一波前先后到达两天线的时间差，如图 4-3 所示。由于河外射电源与测站距离遥远，从射电源到达两天线的射电波可认为是平面波，根据观测目的的不同，观测的数据既可用于射电源的高分辨率成像，也可用于精确测量天体位置、台站坐标以及地球定向参数。

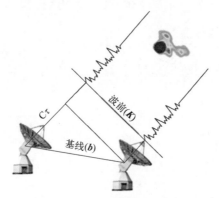

图 4-3   VLBI 测量原理

信号到达两望远镜的时间差即为 VLBI 主要的观测量。根据几何关系，同一信号到达两测站的几何时延可表示为

$$\tau = -\frac{\boldsymbol{b} \cdot \boldsymbol{K}}{c} = \frac{\boldsymbol{b} \cdot \cos\theta}{c} \tag{4-7}$$

式中，τ 为两观测站的时间延迟，基线向量 $\boldsymbol{b}$ 为两观测站的距离，由两站在地心天球参考框架下（GCRS）的坐标向量相减得到，$\boldsymbol{K}$ 为射电源单位方向向量，可由射电源在天球参考框架下的赤经、赤纬得到，θ 为观测方向（天线指向）与两测站之间连线的几何夹角，c 为光速。

对式（4-7）求导，得

$$d\tau = -\frac{\boldsymbol{b}}{c}\sin\theta \cdot d\theta \qquad (4\text{-}8)$$

VLBI 通过测量两测站天线接收到的信号时延，从而达到测角的目的。从式(4-8)可看出，测角精度($d\theta$越小，测角精度越高)与时延测量精度$d\tau$成正比，测角精度与两测站间基线长度b成正比，因此，增加测站之间的基线长度，或者提高时延测量精度，都可提高系统的测角精度。如果进行多源多次观测，可从求出的时延和时延率(时延随时间的导数)中得到射电源的位置和基线向量，进而推算出极移、世界时等地球定向参数。

4.2.2 测量方法

4.2.2.1 VLBI 系统组成

VLBI 系统是由 VLBI 观测站和 VLBI 数据处理中心组成。其中 VLBI 观测站包括天线和馈源、射频接收机、下变频器、VLBI 数据采集与记录终端、氢原子钟等设备。

①天线和馈源：主要功能是对准并跟踪目标射电源，接收射电源发出的电磁波信号，将其变成束缚电磁波(在波导等器件中传输)。

②射频接收机：主要功能是将天线接收到的射频信号进行放大。

③下变频器：对信号进行混频，将高频射电信号转化为低频信号。

④VLBI 数据采集与记录终端：主要功能是将下变频器输出的信号选取若干频段，按照奈奎斯特(Nyquist)采样，进行数据采集，并记录在硬盘上，供后续的数据相关处理使用。

⑤氢原子钟：主要功能是向 VLBI 系统的接收机、下变频器和数据采集终端等，提供高稳定度的时频信号。

VLBI 数据处理中心主要包括数据通信接口设备、相关处理机、通用计算机、相应的专用软件，以及数据管理系统等有关设备。其中 VLBI 相关处理机是 VLBI 数据处理中心的关键设备，它是复杂的高速信号处理系统，主要功能是检测干涉条纹，计算各频率通道的互相关函数值或相应的互功率谱，并将其输出。

4.2.2.2 VLBI 测量 UT1 原理

UT1 测量的实质是在惯性参考系下对不规则变化的地球自转角的精确测定。测量 UT1 需要依赖东西方向分布的 VLBI 台站，观测遥远的河外射电源，通过相关处理和后处理，可精确测定河外射电源信号先后到达两个台站的时间差（即时延）。对实际的 UT1 观测，射电源信号到达接收机的时延主要包括几何时延、对流层时延、电离层时延等。在观测时延中扣除对流层时延、电离层时延等非几何时延后，可得到纯几何时延测量值[55]。

由于时延模型的计算需在天球坐标系下进行，因此需要对观测时刻的观测站坐标进行转换，将其从国际地球参考系（ITRS）转换到地心天球参考系（GCRS），转换矩阵为

$$[\text{GCRS}] = \boldsymbol{Q}(t) \times \boldsymbol{R}(t) \times \boldsymbol{W}(t) \times [\text{ITRS}] \tag{4-9}$$

式中，$\boldsymbol{Q}(t)$、$\boldsymbol{R}(t)$、$\boldsymbol{W}(t)$ 分别为天极在 GCRS 中的运动（岁差章动旋转矩阵）、地球绕极轴旋转（地球自转角旋转矩阵）、极点在 ITRS 中运动形成的转换矩阵（极移旋转矩阵）。从而几何时延可被表述为

$$\tau = -\frac{\boldsymbol{K} \times \boldsymbol{Q}(t) \times \boldsymbol{R}(t) \times \boldsymbol{W}(t) \times \boldsymbol{b}}{c} \tag{4-10}$$

若源矢量 $\boldsymbol{K}$、基线矢量 $\boldsymbol{b}$、极移、岁差章动等均为已知量，则 VLBI 几何时延与 UT1 的依赖关系为

$$\frac{\partial \tau}{\partial(\text{UT1})} = -\frac{1}{c}\boldsymbol{K} \times \boldsymbol{Q}(t) \times \frac{\partial \boldsymbol{R}(t)}{\partial(-\text{ERA})} \times \frac{\partial(-\text{ERA})}{\partial(\text{UT1})} \times \boldsymbol{W}(t) \times \boldsymbol{b} \tag{4-11}$$

$$\frac{\partial \boldsymbol{R}(t)}{\partial(-\text{ERA})} = \begin{bmatrix} -\sin(-\text{ERA}) & \cos(-\text{ERA}) & 0 \\ -\cos(-\text{ERA}) & -\sin(-\text{ERA}) & 0 \\ 0 & 0 & 0 \end{bmatrix} \tag{4-12}$$

$$\frac{\partial(-\text{ERA})}{\partial(\text{UT1})} = -1.00273781191135448 \tag{4-13}$$

$$\text{ERA} = 2\pi(0.7790572732640 + 1.00273781191135448 T_u) \tag{4-14}$$

式中，T_u 为 J2000.0 起算的 UT1 的儒略日计数（T_u = Julian UT1 date −2451545.0）。通过测定多组已知精确位置的射电源，得到测量时延，然后通过建立时延模型与误差方程，再通过平差算法即可精确测定地球自转角 ERA，由于 ERA 和 UT1 是简单的线性关系，同理也可同样求得其余 EOP 参数。

在 VLBI 实际运行中，射电源产生的信号传输到观测站的过程会受到电离层、对流层等影响。在原始时延观测量中包含着测站之间的（原子）

钟差、仪器设备时延、地球潮汐影响，以及广义和狭义相对论效应等影响，因此在 VLBI 数据分析时，需对观测时延进行系统误差改正，得到最终的时延及时延率，最后通过解算软件求解 UT1 等 EOP 参数[27]。

研究表明[56,57]，单基线无法同时解出 UT1 和极移 (X_P, Y_P) 的三个参数，需要至少两条以上互不平行的基线才能同时解出三个参数，即 VLBI 技术至少需要三个测试站点(不在一条直线上)，才可以实现世界时等参数的测量。

4.2.2.3　VLBI 测量 UT1 流程

以中国科学院国家授时中心的 13m 宽带 VLBI 观测系统为例，对 VLBI 观测解算 UT1 的流程做简要描述。首先，位于我国不同位置的多个测站(如三亚、长春、喀什等)同时根据观测纲要开始观测，采集并记录观测数据，将观测数据上传至西安数据处理中心；然后对观测数据进行相关处理及后处理，得到经过时延校准的射电源时延序列；最终将时延序列转换为分析软件所需的 NGS 数据格式文件，使用 VieVS 软件进行最小二乘方法解算，得到 UT1 等 EOP 参数，流程图如图 4-4 所示[58]。

图 4-4　VLBI 测量 UT1 流程

在观测纲要中，要根据射电源分布、源流量及天线方位、俯仰角等信息选取射电源，确定观测时间、观测频率以及观测带宽。相关处理的主要功能是检测干涉条纹，计算各频率通道的互相关函数值或相应的互功率谱。然后使用后处理软件对数据进行带宽综合，扣除电离层、对流层、设备时延等影响，得到最终的时延序列。

4.2.3　关键技术

4.2.3.1　VLBI 观测纲要

在 VLBI 观测开始前，首先需结合天线特性、有效观测频段及站点环境等因素，进行 UT1 观测策略的制定，选取符合观测的射电源，制定观测纲要。

观测纲要应制定天线的观测目标及观测时间，还包含天线设备(变频器频率等)、记录设备(记录通道数、采样位数等)等相应的配置，具体如

表 4-1 所示。观测纲要的制定是一个复杂的优化过程，需要在理论上的最佳效果、网络数传效率和自然环境等因素的影响下寻找一种折中的方案。通常，VLBI 观测纲要的制定需要使用特殊的软件，目前国际上主流的观测纲要制定软件有 IVS 使用的标准纲要软件 SKED 及 VieVS 最新开发的纲要软件 Vie_sched [59]。

表 4-1　VLBI 观测纲要的主要参数

参数	内容
天线	天线转速、天线参考点处 ITRF 坐标
接收机	接收机本振频率、中频频率范围、系统等效流量密度
观测参数	数采设备通道数及使用通道、采样率、带宽、极化、通道模式
数据格式	MK4/MK5/VSI
射电源	射电源名、ICRF 坐标、流量密度
扫描范围	每个扫描范围的起止时刻、观测目标、参与台站、观测模式等

在制定观测纲要时，需根据天线实际情况重点考虑观测目标源的选取、天线遮挡以及观测目标源天区覆盖问题。国际上 UT1 测量主要采用 X 波段和 S 波段的射电源进行双频观测，其优点是可通过双频观测消除电离层影响，但其对天线系统要求较高，要求天线配备双频接收机。在实际的观测中，需结合天线实际情况选择合适的射电源频段进行观测。

在理想情况下，天线俯仰的正常转动范围为 $7° \sim 90°$，但实际上受站点环境影响，在观测时会出现部分遮挡情况，为有效规避遮挡区域的观测，在纲要制定中需对其进行标注。

天区覆盖描述了 VLBI 天线在观测过程中所扫描到的不同天空区域射电源数量。目前，对流层是 VLBI 的主要误差源之一，其不可预测的波动被认为是影响测地结果的重要因素，为了降低对流层对测量结果的影响，在观测时，应使天线在不同方向和不同俯仰处扫描到尽可能多的射电源。

4.2.3.2　VLBI 相关处理与后处理

VLBI 观测数据首先被送往数据处理中心进行处理，以获得进一步分析研究所需的时延和时延率数据。数据处理过程分两步进行，首先将两台站所接收到的信号进行分析，获得每个积分周期的相关函数；然后再进行条纹搜索和拟合，获得时延和时延率等观测值。

目前的相关处理按照算法原理的不同可分为 FX 型和 XF 型两种类型，划分的依据是处理流程中快速傅里叶变换（Fast Fourier Transform，FFT）和交叉相乘（X）的先后顺序：FX 型是先作 FFT，后交叉相乘累加；XF 型是先交叉相乘累加，后 FFT。两者的处理结果是相同的，图 4-5 展示了 FX 型相关处理工作流程。

①时延补偿：为了将回放的两路数据流进行对准，必须对两路数据进行时延补偿，补偿测站地心时延。

②条纹旋转：为了降低条纹的频率，消除信号传输过程中的多普勒频移和基带时延补偿的影响，需要用"人工条纹"对两路信号进行补偿。

③傅里叶变换：对两路数据流分别以 FFT 点数为单位进行 FFT 运算，FFT 点数根据所要求的频率分辨率而确定。

④两路数据相乘和积分：将两路数据对应的数据单元的复数数据点两两对应相乘。为了提高信噪比，通常对数据单元进行积分，积分时间根据时延补偿和条纹旋转的精度而确定。

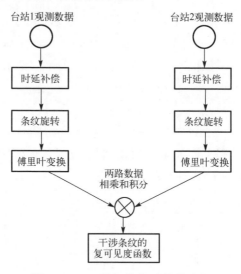

图 4-5   FX 型相关处理数据流程

相关处理后，得到互功率谱的复数数据，然后对其进行后处理，扣除大气、电离层及设备等影响后，得到最终的时延序列。在后处理中通常采用校准源来进行设备时延校准，使用 GNSS 的对流层产品或者配套的气象站数据进行大气改正，对于单频观测则需要采用 GNSS 的电离层模型来进行电离层改正。

4.2.3.3　VLBI 解算 UT1

VLBI 解算 UT1 的流程如图 4-6 所示，VLBI 观测数据经相关处理和后处理得到扣除电离层、对流层、设备等影响的观测时延，同站坐标、射电源及参考框架转换等信息得到的理论时延进行相减，然后利用最小二乘方法对残差进行拟合，最终可解算得到 UT1 等 EOP 参数以及钟差参数等。

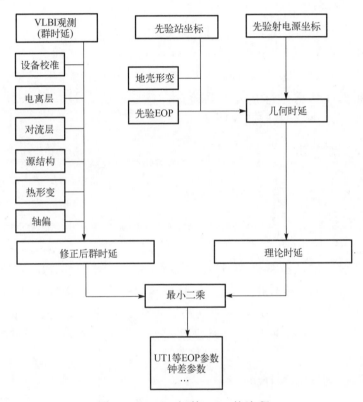

图 4-6　VLBI 解算 UT1 的流程

目前国际上主流的 VLBI 科学解析软件为 VieVS、nuSolve 软件。VieVS 软件由维也纳工业大学地球物理与测量学研究所开发。它包含了国际地球自转服务约定的最新模型，用于 VLBI 数据处理和分析。VieVS 主要由三部分构成，第一部分为 VIE INIT（INIT 代表初始化），负责读取数据，如 EOP 先验文件、台站坐标、天线参数等；第二部分为 VIE MOD（MOD 代表建模），计算理论延迟和其偏导数，实现了 IERS 约定的模型；第三部分为 VIE LSM（LSM 代表最小二乘估计），负责最小二乘估计待解参数，估计诸如 EOP、站点坐标和钟差等参数[60]。

nuSolve 是一个专门用于处理空间大地测量和天体测量数据的软件。该软件旨在服务 VLBI2010 系统，以及未来的 VLBI 技术。与以往的 VLBI 数据分析软件不同，nuSolve 具有高效和可扩展的特点，可高性能地处理大规模数据集。软件由数据预处理、模型计算、参数估计和误差分析四个模块组成，模块化的架构使其易于维护和扩展，且能够处理不同的 VLBI 数据格式[61]。

中国科学院国家授时中心正在研发 VLBI 科学解析软件，在借鉴当前主流 VLBI 数据解算软件(如 VieVS 和 nuSolve)的基础上，采用 Python 语言编程，使软件效率更为高效。目前已推出版本 1，基于 VLBI 观测数据实现了 UT1 等地球定向参数解算，该软件解算 UT1 精度与 VieVS、nuSolve 等软件解算精度相当[62]。

4.2.4 技术应用

4.2.4.1 参考框架的维持与实现

参考框架是参考系的具体物理实现，进而定量地描述目标的坐标或运动。VLBI 的重要成就是参考框架的建立，包括国际天球参考框架(ICRF)和国际地球参考框架(ITRF)的建立。VLBI 技术联合激光测距技术(SLR)、全球卫星导航系统(GNSS)技术和卫星多普勒定轨定位系统(DORIS)技术，进一步提高目前的国际地球参考框架(ITRF2020)的精度至 1cm。基于该参考框架，对地球以及太阳系的运动描述达到了前所未有的精度水平。

(1)国际天球参考框架

用一组射电源的位置表来实现天球参考系是目前国际一致认可的做法，称为天球参考框架。这些射电源由分布在全球的许多 VLBI 站进行长期观测，其坐标值经过多家数据分析中心的解算结果综合而得到。

近 40 年有多个机构利用 VLBI 技术建立河外射电源星表。现在精度达到 1mas 的射电源已超过 400 颗，这当中有相当多的射电源仍然被定期观测。同时，MERLIN 阵和 VLA 天线阵巡天观测已经以略低的位置精度发现了上千颗射电源，为更高精度参考框架的建立提供了丰富的候选源。河外射电源参考框架的应用包括深空导航、地球定向参数测量、大地测量和天体测量。除了对动力学系统稳定性研究的需要，其他许多应用也都要求构成参考框架的天体有好的稳定性和高的精度。

新一代国际天球参考框架——ICRF3 已由 IVS 和 IERS 于 2018 年 8 月 20 日在第 30 届 IAU 大会上发布，并通过 IAU 决议于 2019 年 1 月 1 日起作为基本天球参考框架。2019 年 8 月，将 ICRF3 作为未来大地测量和天文测量的应用标准，并把实现 ICRF3 与 ITRF 和 EOP 之间的高度一致性作为未来的首要目标[63]。ICRF3 包含 4536 颗河外射电源，其中的 303 颗被认定为定义源，定义源的位置的最高测量准确度可达 2 µs。

(2)国际地球参考框架

建立地球参考框架的目的是提供一个地球参考系具体化的实现方法，以便用它定量描述目标在地球上的位置和运动。采用国际协议推荐的模型和有关常数系统，通过一定的观测确定一组位于地球表面上的基本点的坐标。这组基本点应有一定的数量和易观测性，以便于确定其他点的坐标。这组基本点及其坐标就构成了一个协议的地球参考框架(CTRF)，它是 CTRS 的具体实现，实际应用中 CTRS 就是指 CTRF。目前 CTRF 主要是由拥有空间大地测量技术(VLBI、SLR、LLR、GPS)的台站构成。高精度的 CTRF 还应当包括一个历元指标和一个坐标变换的速度场模型，以便把 CTRF 从某一个历元变换到另一个历元。目前 CTRF 主要是 IERS 通过处理并址观测数据(VLBI、SLR、LLR、GPS)所建立的国际地球参考框架(ITRF)。

空间 VLBI 出现后，由于空间 VLBI 站与其他人造卫星一样，通过其轨道运动与地球质心建立起动力学的联系，因而利用空间 VLBI 站与地面 VLBI 站组成基线观测，便可测定地面站的地心坐标。若能使世界上所有 VLBI 天线都参加空间 VLBI 的观测，则可利用空间 VLBI 技术本身独立地建立一个完整的地球参考框架。

4.2.4.2 VLBI 用于电离层探测

电离层是指从地面 70km 以上直到大气层顶端(约 1000km)的大气层。在电离层中，太阳紫外线、X 射线、γ 射线和高能粒子的作用，使大气的分子发生电离，从而具有密度较高的带电粒子。电离的强度由大气中的电子密度反映出来，电子密度取决于太阳辐射的强度和大气的密度。大气温度沿高度的分布存在着极值，使得电离气体也存在着不均匀性，而且也存在极值。根据实验观察，电离极值的分布按高度主要分为 D 区(50~90km)、E 区(90~140km)、F_1 区(140~210km)、F_2 区(210~

1000km）以及 H 区（1000km 以上）。夜晚 D 区和 F_1 区消失，E 区和 F_2 区电子密度减弱。由于电离层含有较高密度的电子，该层对电磁波传播属于弥散性介质，即传播速度与频率有关。电磁波经电离层时，受离子的作用产生一种附加的辐射波，这就是电离层的折射。

在 VLBI 观测中，射电波穿过电离层时，传播路径将发生弯曲，从而产生一个附加时延。由于电离层状态变化很快，白天的影响比夜晚大一个数量级，所以利用模型来进行修正难以取得良好的效果。可利用电离层的电波时延与频率的平方成反比这一特性，用双频同时观测（或快速切换）的方法来对电离层进行研究。

4.2.4.3　VLBI 技术用于深空探测器和地球卫星测定轨

（1）深空探测器的测定轨与定位

随着我国航天事业的发展，对深空探测飞行器的定轨精度要求越来越高，传统的飞行器跟踪定位是由多普勒测速和雷达测距技术来实现的。这两种无线电技术可直接测量飞行器相对于观测站的视向距离或视向速度。随着卫星高度的增加、测量信号的减弱、测量精度的制约和系统误差的变大，定轨精度也就会越来越差。VLBI 技术可利用探测器的无线电信号来进行干涉测量，确定探测器的位置及运动信息，有效解决距离太远、信号太弱等问题，实现对探测器的定位。我国已采用 VLBI 技术对月球探测器进行测定轨，利用上海、北京、昆明、乌鲁木齐等四个 VLBI台站，采用 VLBI 技术组网，确定月球探测器的位置。

此外，为了尽可能地削弱电离层、中性大气的时延影响，提高定位精度，在利用 VLBI 进行定位时，除了选择较精确的大气模型外，还可采用差分 VLBI 技术。所谓差分 VLBI 技术，即通过交替观测目标天体和参考天体，将共同误差从观测量中消除，从而提高定位精度。

自 VLBI 技术问世以来，美国航天局的喷气动力实验室（Jet Propulsion Laboratory，JPL）发展了双差单向测距（Delta Differential One-way Ranging，ΔDOR）和双差单向测速（Delta Differential One-way Doppler，ΔDOD）两种差分 VLBI 技术。差分 VLBI 具有只需观测下行单向信号、角度和角度变化率测量精度高的优点；利用两条近似正交的基线进行差分 VLBI 观测，可得到飞行器在天球面上的二维投影位置和速度分量。因此，差分 VLBI 技术是无线电测距测速的有益补充，在深空导航中得到了广泛的应用。

（2）地球卫星测定轨

我国基于 VLBI 技术进行改进和发展，研制了投入应用的 GEO 卫星无源测定轨系统，包括北京、哈尔滨、深圳和喀什等四个测轨站[64]。GEO 卫星无源测定轨的基本原理是通过干涉测量得到卫星到各站的距离差（时延），在该距离差的数据基础上，先进行对流层误差等系统误差改正，然后进行动力学统计定轨和轨道预报。

2021 年，我国使用该系统对星下点经度为 134°E 的某 GEO 通信卫星进行了观测。通过相关处理得到各基线的时差数据，扣除钟差和大气时延等粗差。通过对同观测弧段内对某北斗卫星的观测数据，修正时差数据中设备时延等系统误差，然后使用修正后的时差数据进行定轨处理。对时差数据、定轨残差和重叠弧段轨道差的分析表明，该系统测定轨残差的均方根值（Root Mean Square，RMS）优于 0.7m，定轨精度（重叠弧段轨道误差）为 17.78m[64]，在 GEO 卫星的测定轨应用中具备了较高的水平。

◢4.3　激光测距技术

1963 年，在第三届国际量子电子学会上，科学家们基于激光器的高功率、窄线宽、能量集中、脉冲宽度小等特点，提出利用激光光源测量卫星距离的可能性。1964 年 10 月，美国通用电器公司和戈达德飞行中心先后成功地利用红宝石激光器测到了由美国宇航局于当月发射的世界上第一颗带激光后向反射镜的人造地球卫星——探险者 22 号的距离[2]。随着这一次实验的成功，卫星激光测距（SLR）技术得到了快速发展，由当初希望的曙光变成了如日中天的主要现代高技术空间大地测量手段之一。1969 年 11 月，阿波罗 11 号载人宇宙飞船在月球登陆，美国人阿姆斯特朗（Armstron）在月球上放置了第一个月球后向反射镜，之后，激光测月技术和有关研究工作也与激光测卫同样得到发展[2]。

自从卫星激光测距仪的出现后，测距资料的应用就受到了人们广泛的重视，卫星激光测距技术也因此得到了多方面的迅速发展，随着其观测精度和密度的不断提高及资料积累的增加，加上计算机技术及计算软件的飞速发展，卫星激光测距资料的应用也更加广泛和深入。

4.3.1　基本原理

卫星激光测距实际上就是利用时间间隔计数器来测量激光脉冲在地面激光发射站与卫星反射器之间的传播时间，再经过光速转换为距离。利用公式可

表示为

$$d = \frac{\Delta t}{2}c \qquad (4\text{-}15)$$

式中，d 为卫星激光测距仪与卫星后向反射镜之间的距离，Δt 为时间间隔计数器记录的激光脉冲从发射到接收的时间间隔，c 为光速。

4.3.2 测量方法

4.3.2.1 激光测距系统组成

激光测距系统主要包括空间部分和地面部分，空间部分为带后向反射镜的卫星，地面部分主要包括激光发生系统、激光光学发射和接收系统(图 4-7)、光学系统转台、激光脉冲接收处理系统、时间间隔计数器、时间系统、标校系统、计算机控制记录系统、基座、电源系统、保护系统，最后为数据传输系统[31]。

图 4-7 激光测距实物

激光发生系统产生激光脉冲并进行能量放大，激光脉冲脉宽决定了仪器所能达到的理论测量精度。同时，脉宽越窄也意味着单位时间内激光功率越高，测量距离越远。激光光学发射和接收系统为激光扩束、聚焦、光路变换的光路系统。光学系统转台为光路系统提供目标指向的承载系统。激光脉冲发射接收处理系统作用为光电转换、放大、分析，并输出时间间隔计数器触发、停止信号。时间间隔计数器用于时间间隔计数。时间系统提供频率基准和 UTC 时间记录。标校系统为系统提供地面标校，通常在地面某处或仪器内部设定一靶标，利用其他仪器精确测定靶标与测距仪光学中心的距离，通过每次观测前后对这一靶标进行观测来对激光测距仪进行校准。计算机控制记录系统用于轨道预报，指向参数生成、各系统运行控制、数据记录、数据预处理、按所需格式生成传输资料等。由于激光测距仪系统总是在不断地维护、维修、更新，为确保测量的延续性，通常会设定一基座作为永久的测量点。电源系统为系统运行提供能源，激光器需要特别的电源供应系统。保护系统主要防止激光误射载人飞行器。数据传输系统早期为电传，现在为互联网，用于从 ILRS 获取卫星预报初始参量、观测事项及观测数据的传输，有关的数据格式也可从 ILRS 获取。

4.3.2.2　激光测距定轨原理

假定在某一时刻 t 时，经卫星激光测距仪测得观测站距卫星的观测距离为 ρ_0，由于人造卫星运动主要是在地球引力场(包括其他力的摄动)的作用下围绕地球作二体运动，根据卫星的运动理论，可得到某一时刻地面观测站到卫星的距离，即理论计算距离为 ρ_c，如图 4-8 所示，在理论中，为了得到 ρ_c，必须已知卫星和测站到地心的距离 r、R。

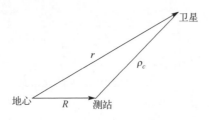

图 4-8　激光测距定轨原理示意图

r 是通过卫星的运动方程积分得到的，由于卫星绕地球的运动受到多种摄动力的作用，而与之相应的摄动力学模型并不完善，加上积分运动方程所需的卫星初始状态和算法上带来的误差，使得计算的卫星星历表不准确。另外，测算的空间位置 R 是由台站的大地坐标系转换到空间坐标系中的，这就要考虑到大地坐标的准确度以及地球极移、地球自转、章动、岁差等的误差。因此，理论计算的距离值与相应时刻的观测值是不会完全相同的，即 $\rho_0 - \rho_c$ 不为零的原因除了观测偶然误差和计算本身的误差外，只能是计算 ρ_c 的各种理论模型的误差、某些采用的初始值、常数及采用的坐标值等不准确而引起的，假定这些不准确值与采用值相比较小，则经线性化后可得到输出模型为

$$\rho_0 - \rho_c = \sum_{i=1}^{6} \frac{\partial \rho}{\partial x_i} \Delta x_i + \sum_{j=1}^{M} \frac{\partial \rho}{\partial p_i} \Delta p_i + \sum_{k=1}^{3} \frac{\partial \rho}{\partial E_k} \Delta E_k + \sum_{l=1}^{N} \sum_{m=1}^{3} \frac{\partial \rho}{\partial X_{lm}} \Delta X_{lm} + v \qquad (4\text{-}16)$$

式中

$$\rho_0 = \frac{\Delta t}{2} c \tag{4-17}$$

$$\rho_c = |r - R| \tag{4-18}$$

式中，c 为光速，$\dfrac{\partial \rho}{\partial x_i}$ 为距离 ρ 对六个轨道根数（或卫星的三维坐标和三维速度）的偏导数，$\dfrac{\partial \rho}{\partial p_i}$ 为距离 ρ 对力学模型和观测参数的偏导数，$\dfrac{\partial \rho}{\partial E_k}$ 为距离 ρ 对地球自转参数的偏导数，$\dfrac{\partial \rho}{\partial X_{lm}}$ 为距离 ρ 对测站的三个坐标的偏导数，Δx_i 为卫星的初始坐标和速度的校正值，Δp_i 为模型参数的校正值，ΔE_k 为地球自转参数的校正值，ΔX_{lm} 为台站坐标采用的校正值，v 为残差。

可见，$\rho_0 - \rho_c$ 包含有丰富的天文、大地测量、地球动力学信息以及观测系统信息，如式(4-16)中各校正值是相互独立、不相关的，各项理论值可通过精密定轨得到改进。

经过 50 多年的发展，SLR 已取得了巨大的成绩。观测的精度由最初第一代的几米提高到现在的几厘米甚至几毫米，观测站由原来的只由美国国家航空航天局（National Aeronautics and Space Administration，NASA）支持的几个站发展到现在的分布于全球近 30 个国家的 50 多个观测台站，观测的卫星也由最初的一颗（探险者 22 号）增加到现在的几十颗[65]。

SLR 技术通过地面的许多 SLR 站点观测 LAGEOS 系列激光地球动力学卫星，然后将多站点数据进行联合解算，以实现世界时等 EOP 参数的测量。由于各 SLR 站测试水平不一，数据质量差异较大，因此合理选用高性能 SLR 站点是精确评估卫星轨道的关键。根据国际激光网 2013年 5 月～2021 年 4 月这 8 年间共 96 个月质量报告卡数据，评估其中 49个 SLR 站点的指标参数[65]。评估数据表明，Ⅰ级测站有 13 个，该级别站点测量的 LAGEOS 卫星标准点 RMS 均值为 2.007mm；Ⅱ级测站有 24个，该级别站点测量的 LAGEOS 卫星标准点 RMS 均值为 5.034mm。可见，Ⅰ级测站具有较高的观测精度，应作为 SLR 数据应用的首选测站。

研究表明[31]，当测距精度为米级时，SLR 观测技术可用于地球引力场的研究。当测距精度为分米级时，SLR 观测技术可用于地球固体潮和极移的研究。当测距精度为厘米级时，SLR 观测技术可用于地球板块构造和断层活动的研究。当测距精度为亚厘米级时，SLR 观测技术可用于地球板块间的形变的研究。

1980 年，国际天文学联合会和国际大地测量与地球物理联合会组织了地球自转参数联测，这一联测充分显示了新技术比经典技术的优越性，新技术的精度比经典技术提高 1~2 个数量级，如 SLR 测定的自转参数的精度达到 0.01″，而经典 BIH 只有 0.1″。自 1988 年 1 月 1 日起，IERS 就主要依靠 VLBI、SLR、LLR 和 GPS 技术来维持，它包括了地球定向参数 (EOP) 的确定和高精度的参考框架及台站坐标的确定与维持[2]。与此同时，一些与地球自转相联系的问题也因此得到了深入研究，如日长变化、极移与大气角动量的激发变化及地球水分布变化的相互关系等，并取得了显著进展。观测证明，地球自转速率与方向变化和大气角动量存在着强耦合关系，说明大气是地球自转速率变化的主要激发源之一，研究同时证实，日长与极移的变化也与厄尔尼诺 (EI Nino) 事件紧密相关。详细分析情况可见 9.3 节。

经过近些年 SLR 技术的不断突破，其已取得应用的场合包括：

①高精度的地球定向参数测定；

②高精度的地面参考系的建立与维持；

③板块运动与区域性地壳形变监测；

④地球引力场的测定与精化；

⑤地球潮汐研究；

⑥人造卫星的精密定轨；

⑦地球内部物理学研究；

⑧地球各圈层的影响与作用；

⑨其他定轨技术精度比较的参考。

SLR 技术的观测精度的提高、观测资料时段的加长、观测密度的提高、观测目标的加多、测站数的增加及测站位置几何分布合理化，更是显现出了这一技术在空间大地测量学、地球动力学等方面研究的潜力。

4.3.3　技术应用

4.3.3.1　卫星激光测距用于地球定向参数测定

地球定向参数是指地球自转轴在地球本体和惯性空间的运动矢量，由于受太阳、月亮、大行星引力力矩以及地球内部动力学变化导致的质量再分布和圈层间角动量交换，地球定向参数发生变化，这些变化可通过多种技术来观测。IERS 采用的测定地球定向参数的观测技术包括 VLBI、SLR、GPS、DORIS，以及近年来兴起的大型激光陀螺仪技术 (RLG)、光纤干涉仪 (FOI)。自 1976 年起，卫星激光测距开始用于地球自转参数的测定,有着超过 40 年的观测资料累积,相比起其他技术资料累积时间跨度要长(图 4-9),因此,卫星激光测距资料常用于长周期变化分析,同时,地球自转参数解算都是基于一定的地球参考框架和一定的时间资料序列,由不同参考框架和时间序列资料解算的地球自转参数序列是存在着差异的,卫星激光测距的长期资料积累可作为其他短时间序列地球自转参数研究参考的背景。

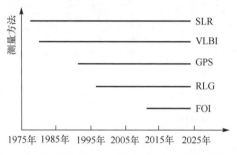

图 4-9 不同测量方法的研究时间跨度示意图

4.3.3.2 卫星激光测距用于地球质心测定

地球参考系的原点可从两方面来定义,一是几何方面,如大地参考系;另一方面,则是更加通用地从动力学方法来定义的,即地球的质量中心。地球质心位置为确定地球表面、大气以及空间位置的相对运动提供了参考原点。但它在地球内部的位置是难以直接确定的,需要通过地球固体表面的参考框架来反映。虽然理论上可将参考框架原点建立在地球质心上,但实际的参考框架原点是通过地面测站网对卫星轨道长时间观测的平差结果,也受到观测误差的影响,因此,参考框架原点和地球质心是有所不同的。反过来,也可通过地面测站网对卫星轨道观测确定地球质心及其变化,进而研究其变化的地球物理机制。ITRF2005 参考框架原点定义是基于 13 年卫星激光测距得到的地球质心,并使平均地球质心的变化和变率为零。到目前为止,测定的地球质心变化约为 2~5mm/年[2],将来对地球质心变化的测定精度要求在位置上优于 1mm,变率优于 0.1mm/年,以满足实际应用进一步的需求,这也将促进对地球质心的进一步观测和研究。

4.3.3.3 卫星激光测距用于地球低阶重力场测定

在重力卫星资料应用以前,地球重力场测定主要靠卫星地面跟踪资料和地面重力测量资料联合确定。地球重力场的中长波部分主要由卫星跟踪资料确定，卫星跟踪资料也主要来源于卫星激光测距资料。重力卫星出现后，由于其卫星数目、轨道及资料累积的局限，低阶部分结果仍然分离不好，而卫星激光测距信息可协助其误差分离。另外，从卫星激光测距资料获得的 J_2 项变化分析发现，其与厄尔尼诺和南方涛动现象密切相关，因此，卫星激光测距也可用来监测气候变化导致的地球重力场长期变化。

4.3.3.4 卫星激光测距在其他方面的应用

除上述方面外，卫星激光测距还在多方面得到应用，如参与 ITRF 框架建立与维持、地球固体潮与海潮研究、作为其他精密定轨技术参考、站间时间同步比对、板块运动监测、广义相对论验证及相关常数解算等。

4.4 全球导航卫星系统技术

GPS 是由美国国防部组织和实施的第二代卫星导航系统，自 20 世纪建成以来，便凭着其全天候、高精度等优点得到广泛的应用。国际 GNSS 服务 (International GNSS Service，IGS) 组织于 1994 年成立，此后在全球不同国家和地区相继建立了 GNSS 连续观测网，并开始向全球用户提供包括 GPS、GLONASS、Galileo 等卫星星历，卫星钟差以及相应卫星系统的地面基准站坐标等方面信息。到目前为止，全球有超过 500 个 IGS 连续跟踪站。分布全球的 IGS 站较好地弥补了 VLBI 和 SLR 测站较少的缺点。

4.4.1 基本原理

根据多个跟踪站坐标和基于地面跟踪站的 GNSS 测距数据，可确定 GNSS 卫星轨道。GNSS 卫星定轨通常在惯性系下进行。

由地面测站至卫星间的距离矢量可写为

$$\boldsymbol{P} = f(\boldsymbol{r}, \boldsymbol{r}^\bullet, \boldsymbol{r}_p) \tag{4-19}$$

式中，$\boldsymbol{r}$、$\boldsymbol{r}^\bullet$ 分别为卫星在惯性系下的位置和速度矢量，$\boldsymbol{r}_p$ 为地面跟踪站的惯性系下坐标矢量。

地面跟踪站固定于地球表面，随地球一起运动，其已知坐标一般在地固系中表示。因此，GNSS 卫星定轨时，需要将地面跟踪站坐标由地固系转换至地心惯性系。

r_p 可进一步写为

$$r_p = P(t) \times N(t) \times R(t) \times W(t) \times r_{p0} \tag{4-20}$$

式中，r_{p0} 为跟踪站在地固系下的坐标，P、N、R、W 则分别为岁差、章动、地球自转角，以及极移对应的旋转矩阵。

这样，将地球自转参数跟卫星轨道建立了联系。在进行 GNSS 卫星定轨时，即可估计 UT1 等地球自转参数。

由于在惯性系中卫星轨道升交点进动与 UT1 之间存在强相关，基于 GNSS 技术难以估计 UT1 的绝对值，只能估计其变化，通常用日长变化 LOD 表示。卫星轨道升交点赤经参数估计中如果存在未模型化的误差，会造成 GNSS 技术估计的 LOD 参数存在偏差。

卫星导航系统在提供对地用户导航、定位和授时等服务的同时，还存在着更为广泛的科学研究用途。在时间测量领域，利用 GNSS 实现地球自转参数的测量属于其中的典型应用。

4.4.2　测量方法

4.4.2.1　GNSS 伪距和载波相位测量模型

GNSS 接收机的测量主要包括伪距和载波相位测量。伪距测量使用了伪随机噪声码(简称"伪码")，每颗卫星发射特定的伪码，地面接收机可在本地产生特定伪码，通过伪码相关处理技术，得到信号从卫星到地面站的伪距。卫星发射特定的伪码，另外一个作用就是识别卫星。主要是星地时间不同步等原因，伪距包含星地钟差等附加延迟，这是与真距的不同之处。载波相位测量是对射频载波进行测量，测量数据中包含着整周计数和周内小数部分。载波相位测量具有更高的测量精度，但包含整周模糊度，需要在数据处理中进行解算。图 4-10 给出了载波相位测量原理示意图。

GPS 伪距和载波相位的观测模型如下[66]

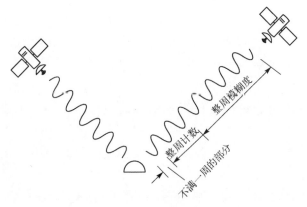

图 4-10　载波相位测量原理示意图

$$
\begin{cases}
C_{r,i}^{s} = \rho_{r}^{s} + T + \gamma_{i}I + \mathrm{dt}_{r} + \mathrm{dt}^{s} + d_{r,C_{i}} - d_{C_{i}}^{s} + \varepsilon_{C_{i}} \\
P_{r,i}^{s} = \rho_{r}^{s} + T + \gamma_{i}I + \mathrm{dt}_{r} + \mathrm{dt}^{s} + d_{r,P_{i}} - d_{P_{i}}^{s} + \varepsilon_{P_{i}} \\
\lambda_{i}(\phi_{r,i}^{s} + N_{r,i}^{s}) = \rho_{r}^{s} + T - \gamma_{i}I + \mathrm{dt}_{r} + \mathrm{dt}^{s} + \delta_{r,L_{i}} - \delta_{P_{i}}^{s} + \varepsilon_{L_{i}}
\end{cases}
\tag{4-21}
$$

式中，s 表示跟踪的某颗卫星，r 表示某台接收机，i 表示 GPS 信号的频点（指 L_1 或 L_2），$C_{r,i}^{s}$ 表示接收机在 i 频点接收 s 卫星信号的粗码伪距，ρ_{r}^{s} 表示卫星 s 到接收机 r 的几何距离，T 为对流层延迟，I 为一阶倾斜电离层延迟，γ_{i} 为与频率有关的系数，dt_{r} 为接收机钟，dt^{s} 为卫星钟，$d_{r,C_{i}}$ 为接收机在频点 i 的粗码的"硬件延迟"，$d_{C_{i}}^{s}$ 为卫星在频点 i 的粗码的"硬件延迟"，$\varepsilon_{C_{i}}$ 为频点 i 上粗码伪距的随机噪声，$P_{r,i}^{s}$ 表示接收机在 i 频点接收 s 卫星信号的精码伪距。

在式（4-21）中，$\phi_{r,i}^{s}$ 为接收机 r 在 i 频点观测卫星 s 的载波相位观测量，$N_{r,i}^{s}$ 为模糊度项，$\delta_{r,L_{i}}$ 为接收机端的载波相位"硬件延迟"，$\delta_{P_{i}}^{s}$ 为卫星端的载波相位"硬件延迟"。这些量都用"周"表示，对应于载波波长 λ_{i}。误差源分为几何参数和定时参数，其中几何参数对应于公式的等号右边前 3 项；定时参数对应于右边第 4～7 项。定时参数又进一步细分为钟差（公式的等号右边第 4～5 项）和硬件延迟（右边第 6～7 项）。

4.4.2.2　地球自转参数估计

基于地面跟踪站 GNSS 接收机观测值估计日长（LOD）、极移等地球自转参数，首先需要对 GNSS 观测值进行预处理，剔除观测值中的粗差，探测并修复或标记载波相位观测值中的周跳，得到"干净"的观测值。

然后，对观测值进行建模，修正 GNSS 输出模型中的各项系统误差。其中，相对论效应、固体潮、海潮负荷、相位缠绕、接收机及卫星天线相位中心变化等系统误差可通过模型进行精确修正。电离层延迟可通过双频组合消除一阶项，根据模型辅助计算高阶项。对流层延迟中干分量可通过模型修正，湿分量一般作为未知参数进行估计。由于线性相关不便分离，硬件延迟通常与钟差合并在一起。在非差观测模型中，接收机钟差和卫星钟差均作为未知参数进行估计。双差观测模型可消除接收机钟差和卫星钟差。

给定 ERP 参数的先验值后，可得到基于 GNSS 估计 ERP 参数的线性观测模型。假设同一历元有 n 个跟踪站，每个跟踪站观测到 m 颗 GNSS 卫星，则线性化后的函数模型和随机模型为

$$A_{(n \times m) \times 3} X_{3 \times 1} = L_{(n \times m) \times 1}, \quad P_{(n \times m)(n \times m)} \tag{4-22}$$

式中，A 为系数矩阵，L 为观测值减计算值向量，X 为未知参数向量。

设 ρ 表示 GNSS 观测值，包含码伪距和载波相位观测值，θ_{x_0}、θ_{y_0}、θ_{t_0} 分别表示极移 X 分量、极移 Y 分量和 LOD 的先验值，则上述矩阵/向量可分别展开如下[67]

$$A_{(n \times m) \times 3} = \begin{bmatrix} \dfrac{\overline{\delta \rho_1^1}}{\delta \theta_{x_0}} & \dfrac{\overline{\delta \rho_1^1}}{\delta \theta_{y_0}} & \dfrac{\overline{\delta \rho_1^1}}{\delta \theta_{t_0}} \\ \vdots & \vdots & \vdots \\ \dfrac{\overline{\delta \rho_i^j}}{\delta \theta_{x_0}} & \dfrac{\overline{\delta \rho_i^j}}{\delta \theta_{y_0}} & \dfrac{\overline{\delta \rho_i^j}}{\delta \theta_{t_0}} \\ \vdots & \vdots & \vdots \\ \dfrac{\overline{\delta \rho_n^m}}{\delta \theta_{x_0}} & \dfrac{\overline{\delta \rho_n^m}}{\delta \theta_{y_0}} & \dfrac{\overline{\delta \rho_n^m}}{\delta \theta_{t_0}} \end{bmatrix}$$

$$L_{(n \times m) \times 1} = \begin{bmatrix} \rho_1^1 + \Delta \rho_1^1 - \overline{\rho_1^1} \\ \vdots \\ \rho_i^j + \Delta \rho_i^j - \overline{\rho_i^j} \\ \vdots \\ \rho_n^m + \Delta \rho_n^m - \overline{\rho_n^m} \end{bmatrix} \tag{4-23}$$

$$X_{3\times1} = \begin{bmatrix} \delta\theta_x \\ \delta\theta_y \\ \delta\theta_t \end{bmatrix}$$

式中，$i=1,2,3,\cdots,n$ 表示 GNSS 地面跟踪站，$j=1,2,3,\cdots,m$ 表示 GNSS 卫星，$\Delta\rho_i^j$ 表示跟踪站 i 对卫星 j 的观测值对应的系统误差修正量，$\overline{\rho_i^j}$ 表示跟踪站接收机天线相位中心与卫星信号发射天线相位中心之间的几何距离。未知参数 $\delta\theta_x$、$\delta\theta_y$、$\delta\theta_t$ 分别为极移 X 分量、极移 Y 分量和 LOD 的改正数。

假设共有 k 个观测历元，将每个历元的法方程叠加在一起，基于加权最小二乘估计 ERP 参数。参数估计结果 X 及其方差-协方差阵 D 如下

$$X = \left(\sum_{i=1}^{i=k} A_i^T P_i A_i \right)^{-1} \sum_{i=1}^{i=k} A_i^T P_i L_i$$

$$D = \sigma_0^2 \left(\sum_{i=1}^{i=k} A_i^T P_i A_i \right)^{-1} \tag{4-24}$$

$$\sigma_0^2 = \frac{V^T V}{n-t}$$

式中，n 为观测模型个数，t 为未知参数个数，V 为残差向量，σ_0^2 为单位权方差。

4.4.3　技术应用

近年来，随着 GNSS 跟踪站数量的持续增加，在站点数量充足且分布较为合理的情况下，GNSS 测量 ERP 的精度逐渐接近 VLBI 等手段的水平，但缺点是长期稳定性不如 VLBI 和 SLR。因此，为获得更加稳定的解，需要用 VLBI 和 SLR 的解对其进行校正，利用 GNSS 的极移测量精度可达 10μas（微角秒）。

IGS 的 ERP 序列根据生成的时效性不同分为超快速产品、快速产品及最终产品，其数据由 IGS 协调分析中心发布。其 UT1–UTC 是由 A 公报中最近一次测量值积分得到，极移及极移速率、LOD 是通过对多个分析中心的结果加权平均得到。

我国 GNSS 发展虽然比欧美晚，但随着我国北斗全球系统的投入运行，国内也建立了相关的数据分析中心，利用 BDS 测量 ERP 也取得一

些成果，通过分析 BDS 卫星观测数据，提供相关卫星轨道、钟差、ERP 等参数[68]。

此外，由我国主导建设的 iGMAS 系统已投入运行[69]，该系统是首个同时对北斗、GPS、GLONASS、Galileo 四大卫星导航系统的运行状态和服务性能监测评估的信息开放平台，同时提供精密卫星轨道、卫星钟差、ERP 等数据服务[70]。在 iGMAS 系统的建设中，中国科学院国家授时中心承担了全部国内跟踪站、部分海外跟踪站、西安数据中心和国家授时中心分析中心的建设。依托 iGMAS 平台，国家授时中心建成了基于 iGMAS 的世界时测量系统[58]。

同 IGS 的 ERP 数据类型相似，根据产品生成时效性的差异，iGMAS 的 ERP 产品分为超快速产品、快速产品和最终产品。

4.5　大型激光陀螺仪技术

激光陀螺仪（RLG）利用双向传输的激光光束的频率差来测量物体角位移。激光陀螺仪是最早实现高精度和大批量应用的光学陀螺仪，其原理基于萨格奈克（Sagnac）效应，即在闭合光路中，由同一光源发出的沿顺时针方向和逆时针方向传输的两束光发生干涉，利用检测到的频率差的变化，可测出闭合光路旋转角速度。激光陀螺仪的基本部件是环形激光器，其基于氦氖气体激光器，一般需要上千伏高压启动，以机械抖动或电磁偏频等方法克服闭锁现象。

自 20 世纪 90 年代起，国际上开始利用光学陀螺仪监测地球自转运动，并开展了利用光学陀螺仪测量相关地球物理效应的研究，早期用于测量地球自转的光学陀螺仪主要以大型激光陀螺仪为主。

4.5.1　基本原理

激光陀螺仪的主要工作原理是测量谐振腔中两路激光的频率差来得到旋转速率。1962 年全球首台波长 632.8nm 的氦氖气体激光器成功实现运转，其原理立即被用于激光陀螺仪的研制中。基于环形激光器的谐振原理 $v = MC/<L>$，相位差的相对变化和频率差的相对变化相等。激光频率高达 10^{14}Hz，这表明细微的相位差将导致环路中顺、逆两路激光的频率出现显著差异，这样就可通过测量两路激光的频率差得到载体的转动角速度，其表达式如下

$$\Delta \nu = \frac{4S}{\lambda <L>}\Omega \qquad (4\text{-}25)$$

式中，S 为回路面积，λ 为光的波长，$<L>$ 为光学回路长度，Ω 为载体转动角速度，$\Delta \nu$ 为逆时针和顺时针两路光的频率差。如图 4-11 所示，在一个方形谐振腔闭合光路中，光路以转速 Ω 顺时针转动，逆时针光频率增加为 $\nu + \Delta \nu/2$，顺时针光频率减小为 $\nu - \Delta \nu/2$。

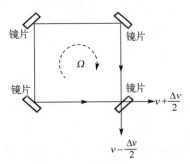

图 4-11　激光陀螺仪频差示意图

4.5.2　测量方法

4.5.2.1　激光陀螺仪组成

激光陀螺主要由光学谐振腔、腔长控制机构以及频差输出装置等组成。

（1）光学谐振腔

激光陀螺仪的谐振腔是其核心部分，既是决定陀螺仪精度的关键部件，也是陀螺仪误差的根本来源。谐振腔主体为线膨胀系数达 $2 \times 10^{-8}/$℃的微晶玻璃，以隔离温度的干扰。腔体端面贴装有三个或四个反射镜，构成稳定的环形闭合回路。谐振腔体内部钻有封闭的细长通道，以便光束通过。在腔内充入高纯度氦氖气体，当外部高压电场击穿氦氖气体并实现稳定电离后，实现粒子数反转，即上能级粒子多于下能级。在受激辐射作用下，光子在传播路径中不断被放大，即增益作用。同时传播路径中的反射镜和毛细管壁也存在对光子的透过、吸收和衍射等作用导致的消耗，即损耗作用。当增益大于损耗时，光子在传播路径中就会被不断放大，通过镜子反射作用，光子在环形光路中被无限循环运转，从而不断提取工作物质的能量，如图 4-12 所示。

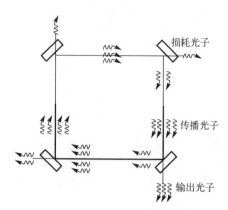

图 4-12　环形光学谐振腔运行示意图

图 4-12 中箭头表示单个光子，环形光路中粗线部分表示氦氖气体的电离区域，细线部分表示非电离区。当光子在电离区传播时，在受激辐射作用下成倍增加，当在非电离区时，由于损耗作用逐渐减少。当光路中的部分光子通过光路端面的四个反射镜时，部分光子被反射而继续绕回路运行，另外部分光子则透射而出。通常在初始阶段，增益作用大于损耗作用，随着光子数量的不断增加，不断刺激上能级粒子跃迁到下能级，导致增益下降，直至和损耗作用达到平衡，而实现稳定的光强输出。

（2）腔长控制机构

为减小逆、顺两路光的竞争耦合，获得最大的信噪比，激光陀螺仪通常需工作在氦氖气体增益谱线的峰值处（光强最大处），这就需要调整激光的工作频率到该峰值对应的频率处。基于谐振原理，激光频率与环路的长度呈反比关系，当温度、振动等环境变化引起环路长度出现细微的变化（一般为微米级）时，将导致激光频率显著漂移，从而引起陀螺仪输出误差变大，因此必须对环路长度实时跟踪和稳定。

通过粘连在可形变反射镜上的压电机构轻微调制环路的长度，可引起光频率在增益谱线峰值附近波动，使得光强也随之出现微小波动，利用光电探测器检测光强波动并放大成偏差信号，施加在压电机构上，使镜面移动而改变环路的长度，可使激光频率稳定在所需工作频率上。

（3）频差输出装置

由于激光频率高达 10^{14}Hz 而难以直接探测，必须将两路激光干涉起来测量频率差异，合光棱镜即是将激光合成在一起进行干涉的光学装置。干涉后的光强呈正弦分布，当陀螺仪转动时，干涉场内的光强以测量的频差为频率而明暗交替变化。在干涉条纹间距 1/4 的位置安装两个光电探测器，从而分别输出相位差 90°的两路频差信号。当陀螺仪转动方向变化时，两路信号的相位差也随之滞后或超前 90°，通过测量相位差即可辨别出转动方向。由频差测量出转动速率，相位差鉴别出当前方向，就可实现对转动角速度的精确测量。

4.5.2.2 激光陀螺仪测量世界时的方法

激光陀螺仪工作方式如下：在由微晶玻璃等材料加工组成的谐振腔内充入高纯气体，由对应的高压电路激发与放电驱动，产生稳定的激光。压电式抖动机构与光学谐振腔连接，并安装在基座上，由对应的抖动电路对谐振腔进行抖动驱动和控制。腔长控制机构与谐振腔上的可形变镜片粘连，由对应的稳频控制电路进行光路长度的精密驱动和控制。谐振腔输出的激光经过频差输出装置并由光电探测器转为电信号，由对应的计数处理电路进行转速信息的提取，输出的转速信息即为激光陀螺仪敏感的角速度。

当激光陀螺仪固连在地球表面随地球转动时，其反映角速度输出的频率差 Δf 可以表示为[71]

$$\Delta f \cong \frac{4A}{\lambda P}\Omega_E\left[\cos(\theta+\alpha) - 2\frac{GM_E}{c^2 M_E}\sin\theta\sin\alpha + \frac{GI_E}{c^2 M_E^3}(2\cos\theta\cos\alpha + \sin\theta\sin\alpha)\right]$$

(4-26)

式中，A 为陀螺仪谐振腔的面积，λ 为光的波长，P 为谐振腔的周长，Ω_E 为地球的转速，θ 为余纬(即 90°−当地的纬度)，α 为陀螺仪平面法向与当地子午面之间的夹角，G 为牛顿引力常数，M_E 为地球质量，R_E 为地球平均半径，c 为光速，I_E 为地球转动惯量，方括号内的三项分别为由 Sagnac 效应、De Sitter 测地岁差和 Lense Thirring 旋进引起的频率差。

将式(4-26)计算的实时地球自转角速度 Ω_E 代入式(1-6)，即可求得世界时。通常激光陀螺仪的角速度输出中有一定的误差信号，需要采取一系列措施进行抑制。

4.5.3 关键技术

4.5.3.1 自锁误差抑制技术

大型激光陀螺仪的主要技术难点是闭锁或"死区"问题，克服自锁效应的较简单方法是绕激光陀螺仪的输入轴人为地加上一个较大的恒定角速度，所加的角速度远大于自锁阈值，使得在输入角速度为零时，激光陀螺仪仍有频差输出，这个频差即为偏频。当测量的输入角速度较小时，也能产生一定的频差而不会出现自锁效应，因此就避开了所谓的"自锁区"。之后从输出频差信号中减去偏频值，即可得到正比于输入角速度的频差信号。

目前克服自锁效应的主要方法有机械抖动偏频、四频差动、速率偏频、磁镜偏频等四种方案。

（1）机械抖动偏频

机械抖动偏频是目前克服自锁效应较实用，也是在提高精度上比较成功的方法。机械抖动偏频的作用原理示意图如图 4-13（a）所示。谐振腔按交变曲线的规律绕输入轴相对基座作角振动，且其正半周与负半周是对称的，通过机械抖动偏频减少陀螺仪处于闭锁状态的时间，同时正负交变可降低对偏频稳定性的要求。加入正负交变偏频后，陀螺仪的主要工作时间位于锁区外。这样，即使输入角速度较小，由于陀螺仪在锁区内的时间较短，由此带来的误差也会显著地减小。

由于激光陀螺仪输出的不是瞬时拍频，其输出量通常为正负通道的脉冲数，只要正负半周频偏量对应的脉冲数相等，就不会产生较大的角速度误差。正方向转过的角度与负方向转过的角度即使在一个抖动周期内不相等，也不会造成积累性误差，鉴于上述优点，机械交变抖动偏频的激光陀螺仪具有较好的工程实用性，是激光陀螺仪的主流方案之一。图 4-13（b）给出了无抖动、有抖动和理想状态等三种情况下的比例因子曲线。

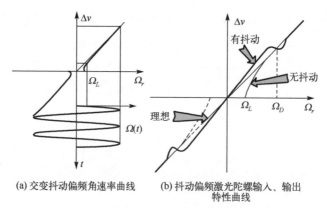

(a) 交变抖动偏频角速率曲线   (b) 抖动偏频激光陀螺输入、输出
                                    特性曲线

图 4-13   激光陀螺仪抖动偏频曲线示意图

　　加入抖动偏频可消除闭锁现象，使陀螺仪的输入输出基本呈线性关系，虽然标度因数有一定的波动，但也通常优于 1ppm，可满足高精度应用领域的需求。机械抖动偏频虽然是解决激光陀螺仪闭锁效应比较有效的方法之一，但由于采用正弦波形的抖动速度，在每个抖动周期内均有一段时间处于锁区中，这时如果有小于闭锁阈值的角速度输入，激光陀螺仪将没有频差输出，即输出信号产生随机性丢失，从而造成随机性误差。当 $\omega = \omega_D$ 时，激光陀螺仪的误差最大，这种误差效应称为激光陀螺仪的"动态锁区"。为克服这种现象，可在抖动驱动幅度或抖动频率中增加随机噪声，从而消除附加锁区，但同时会在输出中增加随机误差。

　　(2) 四频差动

　　利用法拉第效应产生恒定偏频的方法也能消除自锁误差，由此产生四频差动激光陀螺仪。四频差动激光陀螺仪是指在谐振腔中有两对(四个)逆、顺方向的行波在振荡，两对行波的偏振状态相互正交。这样，在四频差动激光陀螺仪中有两个激光陀螺仪信号，它们的偏频量是一样的，把它们的信号拍频进行差动，就可消去偏频量，且得到的刻度因数为二频激光陀螺仪的两倍，显著提高了灵敏度。

　　(3) 速率偏频

　　速率偏频是指通过高精度速率转台的大幅度周期性地正反方向旋转，产生近似方波的恒定偏频速率而实现激光陀螺仪的偏频调制。经过理论和实践证明，速率偏频是性能比较优越的方案。采用速率偏频的激光陀螺仪代替机械抖动偏频的激光陀螺仪，陀螺仪的精度会大幅度提高。但目前速率偏频的实现在技术上还存在一定的难度。

　　(4) 磁镜偏频

　　利用横向克尔磁光效应的磁镜偏频也是一种克服自锁效应的简单而有效的方法。磁镜一般用小线圈激磁，以产生平行于镜面的磁场，使在反射镜入射平面内沿相反方向入射的线偏振光之间产生相位差或光程差。当基座相对惯性空间无转动时，两束相反方向传播的激光谐振频率本应相等，没有频差输出，但由于磁镜作用，两束激光之间出现光程差而产生频差输出，这个频差称为偏频。如果使磁镜的磁场周期性地改变方向，则两束激光的偏频也就周期地改变符号，这显然与机械抖动偏频的效果一致。

4.5.3.2 大型激光陀螺仪设计与精密制造技术

(1) 陀螺工作气体优化设计技术

激光陀螺仪的工作气体压力及氦气、氖气比例对激光陀螺仪的精度有一定的影响，合适的工作气体参数可降低激光陀螺仪顺逆光的耦合，改善朗缪尔 (Langmuir) 流特性。

(2) 激光陀螺仪低磁灵敏度技术

激光陀螺仪增益气体在磁场作用下发生塞曼 (Zeeman) 效应，造成非互易的零偏，是激光陀螺仪的重要误差之一。对于大型激光陀螺仪，可采用低磁敏感反射薄膜，改进磁屏蔽设计、优化材料处理工艺，提高磁屏蔽效果。

(3) 大型高精度激光陀螺仪调腔技术

调腔是大型激光陀螺仪比较重要的环节，提升调腔精度，能够有效提高光路的闭合性、共面性，对激光陀螺仪光路稳定性、磁灵敏度等特性有着重要的意义。国外大型激光陀螺仪通常采取自动调腔技术，抵消陀螺仪腔体在环境下的变化[72]。同时，提升调腔精度也能够增强光路与腔体的匹配性能，减小朗缪尔流效应和光阑效应。此外，调腔选点对控制腔内综合损耗、减小陀螺仪输出噪声有重要的意义。

(4) 超洁净清洗技术

激光陀螺仪谐振腔内微量的污染会改变电极放电特性，使工作气体产生消激发效应。污染也会附着于反射片表面造成散射，从而增大陀螺仪锁区，降低激光陀螺仪精度。因此，激光陀螺仪零件均需进行精细清洗，使腔体内部达到超洁净状态。

4.5.4 技术应用

1993 年，新西兰 Canterbury 大学的 Stedman 教授等人建立了名为 "Canterbury-Ring" (C-I) 的大型环形激光陀螺仪[73]，该陀螺仪环形谐振腔所包围的面积达到 $0.85m^2$，由该陀螺仪可测量到地球自转引起的拍频约为 71Hz，这是国际上第一个用于精确测量地球自转运动的大型激光陀螺仪。在此后的研究中，该研究团队又相继建立了 "C-II"、"G-0" 等一系列大型环形激光陀螺仪[74]，其测量精度也随之不断提高，直至 2009 年，该学校建立了 "UG-2" 超大环形激光陀螺仪[75]，该大型激光陀螺仪环形谐振腔包围的面积达到 $834m^2$，测量精度也取得了较大突破，目前该陀螺仪主要用于监测地球的微小地震效应、固体潮效应等研究工作。

2008 年，意大利 Hurst 教授领导的研究小组研制建立了名为"G-Pisa"的大型激光陀螺仪，该陀螺仪由多个环形激光器构成一个正六面体结构[76]，可同时在不同方向上检测到因地球自转运动而产生的 Sagnac 效应，主要用于地球自转监测并开展了包括极移探测、旋转地震波探测等相关物理效应的研究[77]。

目前国际上测量地球自转角速度精度最高的激光陀螺仪是"Gross-ring"（G-ring）大型环形激光陀螺仪，由 1998 年德国慕尼黑技术大学 Schreiber 教授开始实施，陀螺仪位于德国 Wettzell 天文观测站，其基本结构平面图如图 4-14 所示，G-ring 激光陀螺仪由激光谐振腔、反射镜、分束棱镜、激光激发器、探测器、超高真空（Ultra-High Vacuum，UHV）接口、微晶玻璃底板、微晶玻璃梁柱、反射镜固定架等组成，G-ring 实物图如图 4-15 所示[17]，其是在压力控制器升起来的情况下拍摄的，环形谐振腔尺寸为 4m×4m。

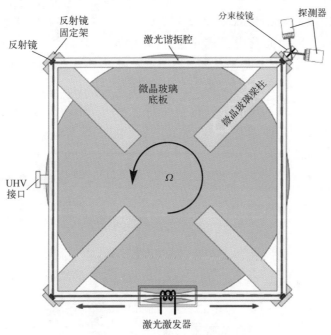

图 4-14 "G-ring"大型激光陀螺仪的基本结构示意图

图 4-15　G-ring 激光陀螺仪的实物图

　　经过 20 余年的不断完善，G-ring 陀螺仪对地球自转角速度的测量精度不断提高，图 4-16 为陀螺仪的测量精度 Allan 方差分析曲线，精度达到 $5×10^{-13}$ rad/s[17]，即 $1×10^{-7}$°/h。可满足半日周期潮汐项、日周期极移项、年周期极移项、钱德勒 (Chandler) 周期极移项以及区域性潮汐项测试的精度要求，图 4-17 为陀螺仪的角速度输出曲线，陀螺实测值与基于 IERS 组织的 C04 数据序列模型基本一致，图 4-18 为陀螺仪测试的地球日长变化以及与 IERS 组织的 C04 数据序列的比较，从图中可见，G-ring 陀螺仪有较高的日长测试精度，并提供了以 1～3h 为间隔的更新速率，日长误差小于 2ms[17]。

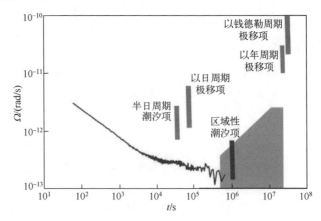

图 4-16　G-ring 激光陀螺仪的精度分析曲线

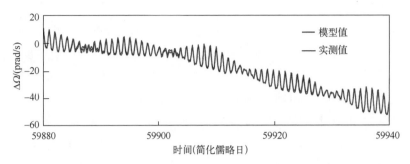

图 4-17　G-ring 激光陀螺仪的角速度输出曲线

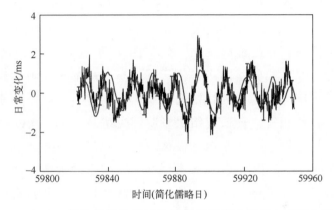

图 4-18　G-ring 激光陀螺仪测试的地球日长变化以及与 IERS 的比较

G-ring 陀螺仪的固定底板固定在抛光的花岗岩平台上，并嵌入 90 吨的混凝土基墩中，如图 4-19 所示，混凝土基墩附着在宽 2.7m、高 6m 的巨大混凝土柱子上，最终与地下 10m 的岩石层相连接。混凝土层和隔离

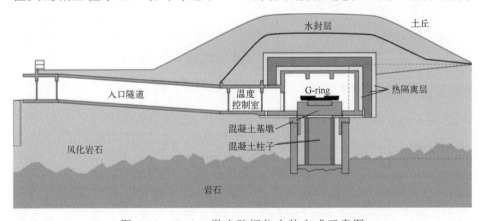

图 4-19　G-ring 激光陀螺仪安装方式示意图

材料保护基墩和柱子免受横向变形和局部热量的影响。G-ring 陀螺仪在安装中为了减小外部环境影响，通过 2m 厚的聚苯乙烯泡沫塑料、湿黏土交替层、隔绝空气交换的水封层（提供精密温控的循环水）以及 4m 厚的土丘达到被动热稳定性。该测试环境附带有五个隔离门的横向入口隧道和一个单独的温度控制室，以最大限度地减少热扰动。该测试环境经过两年的热适应期，实现平均气温达到 12.2℃，季节变化小于 0.6℃。

2011 年，*Science Daily* 报道了 *First ever direct measurement of earth's rotation* 文章，指出 Schreiber 教授研究团队通过 G-ring 陀螺仪首次测量绘制出了地球自转轴的极移变化[78]，如图 4-20 所示，结合 IERS 天文测量数据的分析以及实验室的水平仪计算数据，从陀螺仪测量数据中解算并提取出了周期为 435 天的钱德勒摆动、以天为周期的摆动等，解算所得结果与真实值相符。该研究结果表明，大型高精度激光陀螺仪能够成为天文观测技术以外，测量地球极移运动与 UT1 变化的新方法。同年，德国 Nilsson 教授还利用 G-ring 大型激光陀螺仪测量数据与 VLBI 观测数据相联合以实现地球自转参数的解算，联合解算结果要略优于单独利用 VLBI 数据进行解算的结果，研究中发现利用大型激光陀螺仪的测量数据可对地球自转在一天中的高频变化有较好的改善作用。该研究结果也验证了利用大型激光陀螺仪与传统的天文测量技术相结合，可将 UT1 参数的解算精度提高 12%[79]。

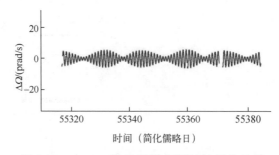

图 4-20　G-ring 激光陀螺仪测试的极移结果

2016 年，德国慕尼黑大学的 Igel 教授研究团队设计建造了名为"ROMY"的大型激光陀螺仪[20]，它是世界上首个并且是目前唯一一台大型三维激光陀螺仪，共有 Z、V、W 和 U 四个敏感轴，四个轴向呈四面体结构，边长均为 12m。ROMY 整体放置于地下实验室且与地球固连，每个单轴陀螺仪的腔体都由不锈钢真空管道组成，如图 4-21 所示。2021 年，ROMY 的角速度测量精度最高达到 2×10^{-12}rad/s（依据 Allan 方差曲线的底部拟合值）[26]，即 4×10^{-7}°/h，如图 4-22 所示，尚未达到 G-ring 激光陀螺仪的精度水平。ROMY 陀螺仪的短期稳定性受限于激光频率漂移及腔内激光模式跳变，长期稳定性受限于光束指向的波动导致陀螺仪法向矢量的漂移。该波动除其所在的实验室背景物理场波动外，主要原因是分体式大型激光陀螺仪环形腔的机械稳定性难以维持。大尺寸的 ROMY 陀螺仪虽未达到预想的精度，但其基于正四面体结构的四轴陀螺仪的优势是可同时在不同方向上测量到地球自转角速度的分量，综合不同方向上的分量测量结果，最终得出地球自转角速度矢量的变化。

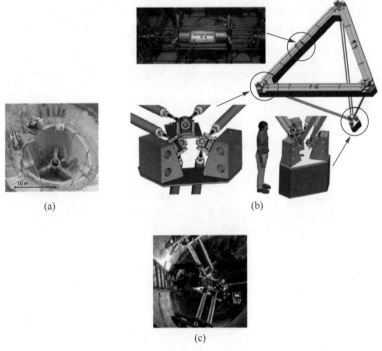

(a)

(b)

(c)

图 4-21　德国 ROMY 四面体方案示意图

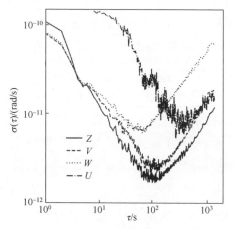

图 4-22　德国 ROMY 陀螺精度分析曲线

在国内，利用大型激光陀螺仪测量地球自转运动的相关研究也逐渐发展。华中科技大学于 2014 年开展大型激光陀螺仪的研究，设计并实现了装有超高反射率环形腔的陀螺仪真空系统。该陀螺仪尺寸约为 1m×1m，陀螺仪通过测量环形腔中正反两个方向传播的激光频率差，以获得高精度的转动测量结果。经过不断的调试完善，2018 年，陀螺仪在 5～100Hz 的测量噪声已降低至 $2×10^{-9}$ rad／s/Hz$^{1/2}$，并在 4000s 积分时间下，精度优于 $7×10^{-10}$ rad/s[81]，即 $1.4×10^{-4}$°/h，如图 4-23 所示。

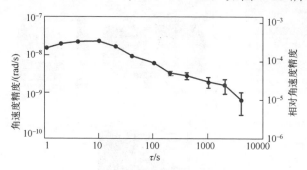

图 4-23　华中科技大学大型激光陀螺仪精度分析曲线

2023 年，华中科技大学报道了尺寸为 3m×3m 的被动式激光陀螺仪 (Passive Resonant Gyroscopes，PRG)的研究进展[82]，在采取了残余幅值调制 (Residual Amplitude Modulation，RAM) 的主动控制措施后，角速度精度达到了 $5.2×10^{-10}$ rad/s，即 $1.07×10^{-4}$°/h，如图 4-24 所示的红色曲线 Allan 方差分析底部值[83]。近年来，该单位陆续开展了 8m×8m、10m×10m 的大型激光陀螺仪设计与研制工作。

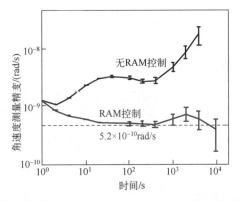

图 4-24　华中科技大学 3m×3m PRG 激光陀螺仪精度分析曲线

4.6　大型光纤干涉仪技术

光纤干涉仪是利用光纤实现干涉或者传输干涉仪信号的仪器，由光纤取代透镜系统构成，光纤光路具有柔性、形状可变化、工艺性好、环境适应性强等优点，可构造各种结构的干涉仪。光纤干涉仪按照原理主要分为 Michelson 型、Mach-Zehnder 型、Sagnac 型、Fabry-Perot 型等，按照检测物理量主要包括：光纤位移干涉仪(一般为 Michelson 型，如迈克尔逊干涉仪、光纤振动传感器)、光纤角速度干涉仪(一般为 Sagnac 型，如安装在运载体上进行角速度测量的光纤陀螺仪和固定位置测量地球自转角速度的大型光纤干涉仪等)、光纤温度干涉仪(一般包括 Mach-Zehnder 型、Fabry-Perot 型)、光纤水听器(一般包括 Mach-Zehnder 型、Michelson 型、Sagnac 型)等。

4.6.1　基本原理

与大型激光陀螺仪相同，用于世界时测量的大型光纤干涉仪是基于 Sagnac 效应工作原理。1913 年法国科学家 Sagnac 首次提出了 Sagnac 光学效应，即沿闭合光路相向传播的两光波之间的相位差正比于闭合光路法向的输入角速度。如图 4-25(a)所示，一个真空中半径为 r 的闭合环形光路在静止状态下(转速 $\Omega=0$)，从分束器 M 同时发出两束光波分别沿环形光路顺、逆时针相向传播，两光波经过相同的光程 $l(l=2\pi r)$ 后将同时回到分束器 M，其相位差为零，所用时间均为 $t=2\pi r/c$ (c 为光速)[16]。

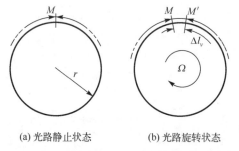

(a) 光路静止状态   (b) 光路旋转状态

图 4-25 闭合光路中的 Sagnac 效应原理示意图

图 4-25(b) 中，若环形光路和分束器均以角速度 Ω 相对惯性空间旋转，那么两束相向传播的光波到达分束器时所经历的光程将不同。与 Ω 反向传播的光波经过环形光路到达分束器时，因分束器实际位置为 M'，该光波的光程比环形光路的周长要短，其大小为

$$L_{ccw} = 2\pi r - r\Omega t_{ccw} = c \cdot t_{ccw} \tag{4-27}$$

式中，t_{ccw} 为光波经过光程 l_{ccw} 所需要的时间。

同理，与 Ω 同向传播的光到达分束器 M' 时的光程将比环形光路周长要长，其大小为

$$L_{cw} = 2\pi r + r\Omega t_{cw} = c \cdot t_{cw} \tag{4-28}$$

式中，t_{cw} 为光波经过光程 l_{cw} 所需要的时间。

由式 (4-27) 和式 (4-28) 可计算出顺、逆时针传播的两束光波之间的传播时间之差为

$$\Delta t = \frac{L_{cw} - L_{ccw}}{c} = \frac{r\Omega(t_{cw} + t_{ccw})}{c} \approx \frac{4\pi r^2}{c^2}\Omega = \frac{4S}{c^2}\Omega \tag{4-29}$$

式中，Δl_v 为两束光波到达分束器 M' 时的光程差，S 为闭合环形光路的面积。

若光的波长为 λ_0，则两光波的传输时间差 Δt_v 引起的两光波的相位差 $\Delta\varphi_R$ 为

$$\Delta\varphi_R = \omega \cdot \Delta t = \frac{4\omega S}{c^2}\Omega \tag{4-30}$$

由式 (4-30) 可见，当光的波长 λ_0 不变时，通过测量两光波的相位差 $\Delta\varphi_R$，就可得到转速 Ω 的值。

可进一步证明，式 (4-30) 的结论具有普遍意义，它也适用于由光纤

构成的不同形状的闭合环形光路。由于光速 c 较大，所以相位差 $\Delta\varphi_R$ 通常较小。为提高 Ω 的检测精度，需增大 $\Delta\varphi_R$，这可通过增大闭合环形光路的面积 S 或光程 l 来达到，但受产品外形尺寸的限制，S 或 r 不可能太大。为此，实际的 Sagnac 光纤干涉仪敏感线圈常采用圆环形多匝线圈，若光纤环平均半径仍为 r，那么 N 匝光纤线圈的长度为 $l_0 = Nl$，根据式 (4-30) 可列出 N 匝光纤线圈产生的相位差 $\Delta\varphi_R^N$ 为[16]

$$\Delta\varphi_R^N = \frac{4\omega l_0 r}{\lambda_0 c}\Omega = N\Delta\varphi_R \qquad (4\text{-}31)$$

由式 (4-31) 可见，在 r 不变时，光纤线圈匝数 N 越多，光程就越长，相位差 $\Delta\varphi_R$ 就越大，光纤干涉仪的分辨率也越高。

在 1967 年，法国科学家 Pincher 和 Hepner 首先提出了用多匝光纤线圈以增大 Sagnac 效应而制成光纤陀螺仪的设想，但由于当时还没有低损耗的光纤，这一设想未能实现。20 世纪 70 年代低损耗的光纤诞生以后，1976 年美国 Utah 大学 Vali 和 Shorthill 才第一次在实验室内成功演示了 Sagnac 光纤干涉仪原理 (图 4-26)，标志着 Sagnac 光纤干涉仪 (即光纤陀螺仪) 的真正诞生[16]。

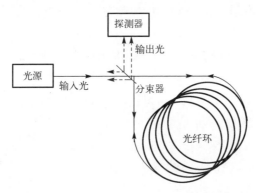

图 4-26　Sagnac 光纤干涉仪工作原理示意图

图 4-26 中的最简 Sagnac 光纤干涉仪主要由光源、分束器 (半透反射镜) 和多匝光纤线圈组成。从光源发出的激光束经分束器分成两束，在光纤环中相向传播并再次返回分束器，其合光经输出端口进入光电探测器。当 Sagnac 光纤干涉仪绕光纤环的法向轴旋转时，由于 Sagnac 效应，两束相向传播的光之间将产生光程差，进而产生相位差，并在分束器的合光点产生干涉。通过光电探测器检测干涉光强的变化就可测量出转速。这种基于光纤环形干涉仪的测量角速度的装置也称为干涉型光纤陀螺仪

(Interferometric Fiber Optic Gyroscope，IFOG)，目前该方案已成为角速度测量方面工程应用的主流方案。

4.6.2 测量方法

随着 Sagnac 光纤干涉仪技术的迅速发展，采用固连在地球表面的大型高精度光纤干涉仪测量地球自转角速度并进行自转周期解算，已成为一种新的世界时测量方法，具体测量方法同大型激光陀螺仪，见第 4.5.2 节。与传统空间大地测量方法相比，光纤干涉仪光路设计灵活、工艺性好，可实时测量地球瞬时自转角速度。通过建立地球自转角速度与世界时的对应转换关系，可实现高时间分辨率的世界时参量测量解算工作。利用高精度干涉仪测量数据理论上可实现每秒计算并提供世界时参数的计算结果，同时也可依据用户的不同需求提供任意时刻的世界时参数结果。

4.6.3 技术应用

一般而言，精度劣于 0.0001°/h(100s, 1σ)的 Sagnac 光纤干涉仪(通常指的是光纤陀螺仪)技术主要应用在姿态测量与惯性导航领域，精度优于 0.0001°/h(100s, 1σ)的 Sagnac 光纤干涉仪技术已可应用于地球物理参数的测量，精度越高，其可测量的物理量越多越精确，例如，地震、潮汐、世界时、极移等。

美国 Honeywell 公司从 20 世纪 80 年代中期开始研制应用于角速度测量的光纤陀螺仪，研制的高精度光纤陀螺仪已广泛用于海、陆、空、天等领域。在“参考级”(Reference Grade，一般指零偏稳定性优于 0.0001°/h)高精度光纤陀螺仪方面，Honeywell 公司致力于发展光源相对强度噪声的抑制技术、光纤陀螺仪精度长期保持技术等。2016 年，Honeywell 公司研发了“参考级”光纤陀螺仪样机[84]，陀螺仪敏感组件示意图如图 4-27 所示。对“参考级”光纤陀螺仪的测试数据进行分析，随机游走系数达到 1.6×10^{-5}°/$h^{1/2}$，Allan 方差分析结果如图 4-28 所示，超过一个月的测试结果表明，其零偏稳定性优于 3×10^{-5}°/h(1σ)，该产品应用于计量学、地震学、结构传感领域，也可作为其他惯性测试设备的基准。

图 4-27   Honeywell 公司"参考级"光纤陀螺仪敏感组件示意图

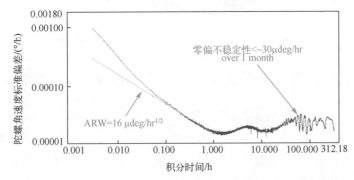

图 4-28   Honeywell 公司"参考级"光纤陀螺仪 Allan 方差曲线

法国 iXBlue 公司具有 30 多年的光纤陀螺仪研制历史,科研生产实力雄厚,产品应用广泛。2016 年,iXBlue 公司在美国召开的光纤陀螺 40 周年会议上报道,其生产的光纤陀螺仪放置在温度控制的实验室环境中经历 38 天的静态测试,其陀螺零偏稳定性优于 4.7×10^{-6}°/h(根据导航估计精度)[85]。

2020 年 5 月,由 iXBlue 公司开发的 blueSeis-3A 旋转地震仪已成功安装在加利福尼亚州的伯克利地震实验室,并与标准地震仪配置用于六自由度计算,其使用的光纤陀螺仪零偏稳定性约为 7×10^{-5}°/h(1h,1σ)。blueSeis-3A 在使用第一天就记录了在 120 km 距离外的 4.1 级地震,实现了高精度光纤陀螺仪在地震监测的应用[86]。

2023 年,法国 iXBlue 公司报道了其用于地震测量的 BlueSeis-1C 高精度光纤陀螺[87],如图 4-29 所示,尺寸为 Φ400mm×48mm,零偏稳定性优于 1.72×10^{-5}°/h(1h,1σ)。

2023 年,为了增加世界时的测量精度,北京航天控制仪器研究所研制了工程实用的大型高精度光纤干涉仪(直径为 1.5m),如图 1-5 所示,使得角速度测量精度提高了 1 个数量级以上，最高精度优于 $1×10^{-6}°/h(1\sigma)$[23]，该大型干涉仪已经用于世界时测量以及大地测量学、地球物理学、地震学等相关领域。

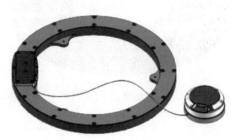

图 4-29　BlueSeis-1C 高精度光纤陀螺示意图

4.6.4　用于世界时测量的大型光纤干涉仪的潜在优势

相比于大型激光陀螺仪，大型光纤干涉仪具有如下优点：

①环形激光陀螺仪的激光腔体介质为气体，一般采用氦氖气体，对环境温度、气压等变化敏感，对密封技术要求较高。而光纤干涉仪的介质是全固态介质，一般采用光纤，对环境敏感较低，也易于构建大型干涉仪。

②环形激光陀螺仪是利用光波谐振干涉原理，探测对象是双向谐振光波的谐振模式频率差，在极低转速情况下容易发生模式简并，不适应于全球范围内工作(如低纬度地区)。而大型光纤干涉仪采用光波传输干涉原理，探测对象是双向传输光波的相位差，不存在探测盲区。同时，如突破非线性光波干涉、超导探测等技术，可使干涉仪的灵敏度大幅提升，显著提高地球转速测量精度。

③相对于激光陀螺仪长期运行易出现的漏气、杂质气体增多等导致精度保持时间变短问题，光纤干涉仪的寿命更长(不少于 10 年)，维护更少，适合以年为单位的长期观测。

④相比于激光陀螺仪，光纤干涉仪中光纤环的绕制难度要低于激光谐振腔的加工难度，工艺性更好。

⑤从国外关于尺寸增大的激光陀螺仪研究来看，谐振腔长度由 4m 增加至 12m，甚至增加至 30m，精度无明显提升；光纤干涉仪具备可绕制光纤环长度长、可实现尺寸大、可检测光电灵敏度高、可实现超大光功率的光源等优点，精度潜力更大。

第 5 章
世界时测量用高精度光纤干涉仪原理与技术方案

世界时测量用高精度光纤干涉仪是以 Sagnac 效应为基础，由光纤环圈等器件构成的干涉型角速度测量装置。Sagnac 光纤干涉仪为全固态结构，没有转动、抖动和磨损部件，且结构组成相对简单，这使其在技术性能与实际应用中具有许多优点。21 世纪以来，Sagnac 光纤干涉仪技术进入跨越式发展阶段，其应用领域已经由战术级、导航级跨越至战略级。随着大功率掺铒光纤光源技术的应用、全数字闭环信号处理技术、高性能光纤环绕制技术以及光电子器件的性能提升，影响光纤干涉仪精度提升的关键技术逐一得到突破，光纤干涉仪的精度已提升了 2～3 个数量级。通过对光纤干涉仪的误差进行分析，并采取适宜世界时测量应用的技术方案，利用超高精度的 Sagnac 光纤干涉仪测量地球自转角速度及世界时已成为一种切实可行的方法。本章简要介绍 Sagnac 光纤干涉仪原理与主要误差、典型 Sagnac 光纤干涉仪的技术方案，重点阐述世界时测量用高精度光纤干涉仪的技术方案，具体包括总体方案设计、光路技术方案、电路技术方案以及结构技术方案，并以零偏稳定性为 $2\times10^{-6}°/h(1h,1\sigma)$ 的高精度光纤干涉仪为例，给出光路、电路与结构的参数设计典型值。

5.1 Sagnac 光纤干涉仪检测原理与误差

5.1.1 Sagnac 光纤干涉仪的检测原理

Sagnac 光纤干涉仪的 Sagnac 效应信号一般比较微弱，假如角速度测量范围 $\Omega_\pi=50°/s$，则输入角速度 0.001°/h 对应的相位差为 0.018μrad，光信号经调制后到达探测器的光功率一般小于 10μW，经过光电转换后的有用信号幅度通常在微伏量级，而探测器的输出噪声电压为毫伏量级。因此，有用信号淹没在噪声里，Sagnac 光纤干涉仪的信号检测是一种典型的微弱信号检测方法[16]。微弱信号检测技术的首要任务是提高信噪比，以便从强噪声背景中检测出微弱的有用信号。

高精度光纤干涉仪通常采用全数字闭环处理方案，通过引入反馈控制回路，实现光纤干涉仪的闭环控制，其原理示意图如图 5-1 所示。

与开环 Sagnac 光纤干涉仪相比，闭环 Sagnac 光纤干涉仪主要就是增加了负反馈通道，实现了 Sagnac 相位信号的闭环反馈控制。从控制系统的角度而言，开环系统在输出与输入之间没有反馈回路，输出量没有对系统起到控制作用，分部件的性能变化会直接影响系统的性能。相反，如果引入反馈回路，输出量就会对系统的控制起到作用，只要被控量的实际值偏离给定值，系统就会产生控制作用来减小这一偏差，使得控制偏差始终在零附近，形成闭环控制系统，从而在扩大干涉仪量程的同时，有效提高光纤干涉仪的精度以及抗干扰能力等。

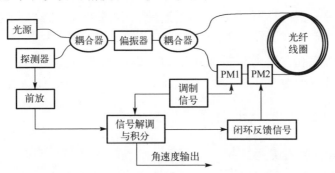

图 5-1　闭环 Sagnac 光纤干涉仪原理示意图

具体闭环反馈控制方法是将解调出的开环信号作为一个误差信号进行积分，然后通过相位调制器反馈回系统中，产生一个附加的反馈相位差 $\Delta\phi_{FB}$。$\Delta\phi_{FB}$ 与旋转引起的相位差 $\Delta\phi_R$ 大小相等，符号相反，使得总相位差 $\Delta\phi_T = \Delta\phi_{FB} + \Delta\phi_R$ 被伺服控制在零附近，如图 5-2 所示。

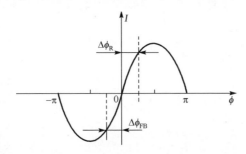

图 5-2　Sagnac 光纤干涉仪闭环反馈工作原理示意图

根据 Sagnac 效应，旋转引起的相位差为

$$\Delta\varphi_R = \frac{2\pi LD}{\lambda c}\Omega \tag{5-1}$$

式中，L 为光纤干涉仪中光纤环的长度，D 为光纤环的平均直径，λ 为光源的平均波长，c 为光速，Ω 为旋转角速度。

由于 $\Delta\varphi_R + \Delta\varphi_{FB} = 0$，因此可得

$$\frac{2\pi LD}{\lambda c}\Omega = -\Delta\varphi_{FB} \tag{5-2}$$

从而可得到旋转角速度为

$$\Omega = -\frac{\lambda c}{2\pi LD}\Delta\varphi_{\text{FB}}$$

(5-3)

同时由于使用偏置调制，闭环控制方案能够使得 Sagnac 光纤干涉仪总是工作在 $\pi/2 \sim \pi$，从而提供了较高的灵敏度和信噪比，在这种闭环方案中，Sagnac 光纤干涉仪的测量角速度信号就是反馈相位 $\Delta\varphi_{\text{FB}}$，$\Delta\varphi_{\text{FB}}$ 与返回的光功率和前向通道的增益无关，这样不仅可获得一个较好的线性响应，还可有效提升干涉仪抗干扰能力和稳定性指标。

5.1.2 Sagnac 光纤干涉仪的主要误差

5.1.2.1 零偏误差

零偏和零偏漂移主要来自于 Sagnac 光纤干涉仪光电子器件的性能不理想因素。对于工程应用的 Sagnac 光纤干涉仪，即使采用互易性结构的光路，光电子器件的不理想因素（如性能在较宽的环境条件下劣化等）仍会造成光路的非互易性，从而形成 Sagnac 光纤干涉仪的漂移。另外调制解调电路的不完善也会引入误差。但在闭环 Sagnac 光纤干涉仪中，通过数字电路的闭环控制降低了对光电子器件和解调电路漂移的要求[88]。

Sagnac 光纤干涉仪的零偏误差主要包括偏振误差、非线性克尔效应引起的误差、背向反射和背向散射产生的误差等内因误差，以及温度场引起的误差、力学环境因素引入的误差、磁场引起的误差、电路解调误差等外因误差，如图 5-3 所示。

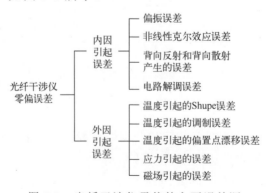

图 5-3 光纤干涉仪零偏的主要误差源

（1）偏振误差

光路的偏振误差主要是由非理想的偏振滤波和光信号传播过程中的偏振涨落造成的。前者是指偏振器的偏振消光比不够高，后者主要来源于各种偏振耦合，如熔接点对轴误差、保偏光纤的偏振串音，以及温度、应力对光纤双折射的影响等。偏振器用于消除部分耦合偏振态的影响，强度型偏振误差和振幅型偏振误差都可通过偏振器抑制。采用保偏光纤绕制光纤线圈的 Sagnac 光纤干涉仪比采用非偏振保持的普通单模光纤绕制的偏振误差要更容易控制[89]。

全保偏光纤干涉仪的光路除探测器和掺铒光纤光源可采用单模尾纤外，其余光路部分全部由偏振保持器件组成，其强度型偏振误差主要来源于光纤环中的偏振交叉耦合，与 Y 波导的消光比成正比[90]。保偏光纤中强度型偏振误差的均方根偏差为

$$\sigma_{\Delta\varphi} = \varepsilon^2 h L_d \sqrt{N} = \frac{\varepsilon^2 h L}{\sqrt{N}} \tag{5-4}$$

式中，ε^2 为干涉仪光路所采用偏振器的强度抑制比，L_d 为光纤的消偏长度，$N=L/L_d$ 为光纤环所含的消偏数量，hL 为光纤环总的偏振交叉耦合，L 为光纤环的光纤长度。

保偏光纤中振幅型偏振误差的均方根偏差为

$$\phi_e = \sqrt{\frac{(1+d)\sin\theta_d + (1-d)\cos\theta_d}{(1+d)\cos\theta_d + (1-d)\sin\theta_d}} \cdot \varepsilon \cdot \sqrt{hL_d} \tag{5-5}$$

式中，d 为宽带光源的偏振度，θ_d 为输入偏振态与偏振器传输模式之间的对准角误差，ε 为消光系数，hL_d 为光纤环两端的消偏长度上的功率耦合。

针对偏振误差引起的光纤干涉仪零偏误差，通过提高保偏光纤和光纤环的绕制性能，在探测器前加入偏振器，可抑制强度型偏振误差；通过提高 Y 波导输入光波的偏振度，提高尾纤与芯片之间对轴准确度，抑制振幅型偏振误差；此外，通过提高 Y 波导的消光比可进一步抑制偏振误差引起的光纤干涉仪零偏误差。

（2）非线性克尔效应引起的误差

当光纤中光较强时，由于光纤纤芯中的功率密度较大，电子在强光场作用下偏离简谐运动，使光纤对外加光场的电极化响应呈现出非线性，其中最低的非线性响应为三阶非线性光学效应，称为克尔效应[91,92]。在

光纤干涉仪中正反方向传播的光的折射率差为

$$\Delta n_K = \delta n_1 - \delta n_2 = \frac{\chi_e^{(3)}}{2n}\left[\frac{\langle I_1^2\rangle - 2\langle I_1\rangle^2}{\langle I_1\rangle} - \frac{\langle I_2^2\rangle - 2\langle I_2\rangle^2}{\langle I_2\rangle}\right] \tag{5-6}$$

式中，$\chi_e^{(3)}$ 为光纤的三阶电极化率，n 为光纤折射率，I_1 和 I_2 分别为顺时针传播光波和逆时针传播光波的光强，δn_1 为顺时针传播光波的折射率变化量，δn_2 为逆时针传播光波的折射率变化量。克尔效应引起的折射率差随两个传播方向的光功率差增大而增大，且克尔效应引起的相位差会沿光纤环长度积分。顺时针和逆时针传播的两束光功率差为 $1\mu W$($1mW$ 光源分光比不对称度为 0.1%)，光纤环长几百米时，产生的相位差约为 $10^{-5}\,\mathrm{rad}$，比理论灵敏度高出至少两个数量级。

针对非线性克尔效应引起的光纤干涉仪零偏误差，在弱相干性光源中，光场的瞬时振幅为高斯型分布，光源满足 $\langle I^2\rangle - 2\langle I\rangle^2 = 0$，消减克尔效应引起的光纤干涉仪零偏误差。

此外，采用弱相干的宽带光源也可减小"驻波效应"引起的非互易性相位误差。

(3)背向反射和背向散射产生的误差

光路中使用的光纤和光学器件材料的非均匀性会引起背向散射波，Y 波导和尾纤的耦合端面会引起背向反射波，光纤熔接点也会产生背向反射波，背向散射波和背向反射波与主波发生干涉时产生误差，进而能够导致光纤干涉仪产生零偏误差[93]。

如果背向反射光波与主波是相干的，背向反射波与主波相干涉产生的相位误差上限为

$$\varphi_e = \frac{2(E_{R1} + E_{R2})}{E_0} \tag{5-7}$$

式中，E_{R1} 和 E_{R2} 分别为两背向反射光波振幅，E_0 为主光波振幅。

如果背向散射的衰减因子为 α_R，光源的相干长度为 L_c，主波强度为 I_m，线圈中产生的相干背向散射强度为

$$I_{cb} = I_m(1 - 10^{-\alpha_R L_c/10})S \tag{5-8}$$

式中，S 为恢复因子，近似等于光纤的立体接受角与球面度的全立体角之比。由此产生的振幅比为

$$\frac{A_{cb}}{A_m} = \sqrt{\frac{I_{cb}}{I_m}} \tag{5-9}$$

如果主波在光纤环中传播的相位累积为 ϕ_p，两个背向散射波在传播过程中产生的相位为 ϕ_{cb} 和 ϕ'_{cb}，则 $\phi_{cb} + \phi'_{cb} = \phi_p$。

主波与两个背向散射波之间产生的相位差幅值相等而符号相反，即

$$\Delta\phi_{pcb} = -\Delta\phi'_{pcb} = \phi_p - \phi_{cb} \tag{5-10}$$

考虑到每一个寄生波上附加了一个 $\pi/2$ 的相位滞后，实际的相位差为

$$\begin{cases} \phi_e = \dfrac{|A'_{cb}|}{|A_m|}\sin\Delta\phi_{cb} \\[4mm] \phi'_e = \dfrac{|A_{cb}|}{|A'_m|}\sin\Delta\phi'_{cb} \end{cases} \tag{5-11}$$

从式中可看出，当耦合器分光比是严格的 50∶50 时，两个相位差是相等的，相当于消除了背向散射的影响。实际工程应用中，耦合器的分光比会存在误差且易受环境因素影响，从而产生背向散射零偏误差。

针对背向反射和背向散射引起的光纤干涉仪零偏误差，采用数字闭环形式的光纤干涉仪，在本征频率上进行偏置调制，背向散射光波只是在强度上影响主波干涉信号，其频率相对调制频率较低，因此在本征频率解调能够消除此误差。目前利用宽带光源的弱相干性可减小背向反射/背向散射引起的干涉仪零偏误差。

（4）温度场引起的误差

光纤环在外界环境温度发生变化时，光纤环中每一点的折射率均会随着温度发生变化，由于相向传播的光通过该点的时间不同，因而会导致两束光波经过光纤环引起相位变化，该效应称为 Shupe 效应[94]。

假设光纤长度为 L，顺时针传播的到 Y 波导距离为 z 的一小段光纤 dz 上温度变化率为 dT/dt，光纤折射率随温度变化率为 dn/dT，则顺时针传播的光波产生的相位变化为

$$\Delta\varphi_{cw}(z) = \frac{2\pi}{\lambda}\left[n + \frac{dn}{dT}\frac{dT}{dt}(z)\cdot\frac{zn}{c} \right]dz \tag{5-12}$$

逆时针传播光波产生的相位变化为

$$\Delta\varphi_{ccw}(z) = \frac{2\pi}{\lambda}\left[n + \frac{dn}{dT}\frac{dT}{dt}(z)\cdot\frac{(L-z)n}{c}\right]dz \tag{5-13}$$

Shupe 效应引起的相位差为

$$\Delta\varphi_e(z) = \frac{2\pi}{\lambda}\frac{dn}{dT}\frac{dT}{dt}(z)\frac{L-2z}{\upsilon}dz \tag{5-14}$$

积分得到总的相位差为

$$\Delta\varphi_e(t) = \frac{2\pi}{\lambda}\frac{dn}{dT}\int_0^L \frac{dT}{dt}(z,t)\frac{L-2z}{\upsilon}dz \tag{5-15}$$

式中，$\upsilon = c/n$ 为光波在光纤中的传播速度。Shupe 效应引起的干涉仪零偏漂移可表示为[16]

$$\Omega_e(t) = \frac{n}{LD}\frac{dn}{dT}\int_0^{\frac{L}{2}}\left[\frac{dT(z,t)}{dt} - \frac{dT(L-z,t)}{dt}\right](L-2z)dz \tag{5-16}$$

式中，D 为光纤环直径。从式(5-16)中可看出，越靠近光纤环的两端，Shupe 效应引入的零偏误差越大。

针对温度环境下光纤环参数变化引起的光纤干涉仪零偏误差，由于光纤环中点位置不受温度变化的影响，为了减小 Shupe 效应引起的干涉仪误差，采用对称结构绕制光纤环，可减小非互易相移。改善分布式光路的热环境，减小分布式光路的 Shupe 误差系数，可进一步抑制 Shupe 效应产生的影响。

(5)力学环境因素引入的误差

在振动、冲击和过载等环境条件下，作用在光纤环上的外部机械应力如挤压、弯曲等会引起光纤的附加双折射，这种双折射是由弹光效应引起的。考虑光纤工作在慢轴，当横向应力与慢轴垂直时，应力 T_n 引起的慢轴折射率变化为[95]

$$\Delta n_0 = -\frac{n_0^3}{2}\left(p_{12} - \upsilon p_{12} - \upsilon p_{11}\right)\frac{T_n}{E} \tag{5-17}$$

式中，n_0 为慢轴的折射率，$p_{12}=0.27$，$p_{11}=0.121$ 为石英光纤的弹光系数，$E=7\times10^{10}\text{Pa}$，为石英光纤的杨氏模量，$\upsilon=0.16$，是石英光纤的泊松比。当平行于光纤轴向存在拉应力时，慢轴的折射率变化与上式基本相同，只是拉应力为正，压应力为负。

如果横向应力与慢轴平行，则应力引起的慢轴折射率变化为

$$\Delta n_0 = -\frac{n_0^3}{2}(p_{11} - 2\upsilon p_{12})\frac{T_n}{E} \tag{5-18}$$

考虑一般情况，假设应力与快轴的夹角为 θ，则慢轴的折射率变化为

$$\Delta n_0 = -\frac{n_0^3}{2}(p_{12} - \upsilon p_{12} - \upsilon p_{11})\frac{T_n}{E}\cos\theta - \frac{n_0^3}{2}(p_{11} - 2\upsilon p_{12})\frac{T_n}{E}\sin\theta \tag{5-19}$$

此外，应力变化也会引起光纤的双折射变化，从而引起偏振误差。光纤双折射随应力变化的比例系数可表示为

$$K_p = \frac{2\pi}{\lambda} \cdot \frac{\mathrm{d}B}{\mathrm{d}p} \tag{5-20}$$

式中，B 为光纤双折射系数，p 为光纤受到的应力，该系数随光纤端面结构形式而变。应力型保偏光纤双折射的应力系数与结构密切相关，不同结构形式的光纤具有不同的力学特性，椭圆芯应力保偏光纤的 K_p 为 1.5rad/MPa·m，领结型应力保偏光纤的 K_p 为 8.5rad/MPa·m。依据实际应用环境，选择不同的光纤。在光纤干涉仪中，需尽量减小 K_p，从而减小应力引起的干涉仪误差。

针对外部应力对干涉仪光路部分的影响，通过合理设计光纤干涉仪的结构件，避免干涉仪在要求的频率范围内产生机械谐振，在允许的应用状态下，可对干涉仪光纤环采取减振措施，从而减小外部应力导致的光纤干涉仪零偏误差。针对光纤环内部应力，其抑制方法主要是在光纤环的绕制过程中保证绕制张力的均匀性，并对绕制后的光纤环通过温度、力学等环境进行充分的综合时效处理，从而减小光纤环内部应力导致的光纤干涉仪零偏误差。

(6) 磁场引入的误差

光纤环中光波的参数受磁场影响发生变化，会导致干涉仪产生零偏误差。当一束线偏振光通过非旋光性材料时，如果在材料中沿光传播方向施加一磁场，则光通过该材料后，光的偏振平面将转过一角度，这种现象称为磁光法拉第效应或磁致旋光效应[96]。对于顺磁材料和抗磁材料，在磁场不是很强时，偏振面的法拉第旋转角 θ 与光在材料中通过多路程 L 和外加磁场强度在光传播方向的分量 H 成正比，即

$$\theta = VHL \tag{5-21}$$

式中，V 为费尔德 (Verdet) 常数。

光纤干涉仪实际应用中，法拉第效应导致的输出误差表现为干涉仪输出的零偏误差，闭合光路中两束反向传播光波之间总的相位差为

$$\Delta\varphi_F = 2\int_{\text{闭合光路}} \alpha_p VH\mathrm{d}z \tag{5-22}$$

式中，H 为磁场强度，$\mathrm{d}z$ 为光纤环的基本长度量，α_p 是一个与偏振态有关的系数。

针对磁场法拉第效应引起的光纤干涉仪零偏误差，减小线圈中圆偏振光波功率，并对光纤进行退扭，可抑制磁场对干涉仪的影响[16]。保偏光纤具有较高的线双折射，能够抑制圆双折射，使用其绕制线圈相对于单模光纤绕制线圈，Sagnac 光纤干涉仪具有更小的零偏磁场灵敏度。此外，采用软磁材料对光纤环进行磁屏蔽，可减弱磁场对光纤的作用，进而减小磁场对干涉仪零偏的影响。

(7)电路解调误差

Sagnac 光纤干涉仪电路的不理想因素，如电磁兼容性能差、调制信号幅度不准确、波形失真和特征频率存在误差，也会引起干涉仪的零偏漂移[97]。采用数字闭环调制解调的 Sagnac 光纤干涉仪可大幅抑制电路解调误差。

5.1.2.2　标度因数误差

标度因数是指 Sagnac 光纤干涉仪输出的变化与对应输入变化的比值。Sagnac 光纤干涉仪的标度因数误差主要包括标度因数非线性、标度因数不对称性和标度因数重复性。标度因数非线性是指输入输出关系与标度因数标称值的系统性偏差。标度因数不对称性是指正输入与负输入两种情况下测得的标度因数之间的差别。标度因数重复性是指在同等条件下及规定时间间隔内重复测量的标度因数之间的一致程度，以标度因数多次测试的标准偏差与其平均值之比表示。引起 Sagnac 光纤干涉仪标度因数误差的主要误差源如图 5-4 所示[93]。

Sagnac 光纤干涉仪标度因数的非线性通常用输出值偏离输入值的最大差值的绝对值与最大输入值的比值表示。这种表示方法可表征标度因数在整个测量范围内偏离标称值的情况，难以确切表达具体的非线性情况。为此实际应用中多采用大速率下的相对误差和小速率下的绝对误差相结合的表示方法。具体如图 5-5 所示，其中直线 L_0 表示标度因数的标称直线，曲线 L_1 和 L_2 所形成的区域表示标度因数的误差带范围。在输

入角速度绝对值小于等于 ω_0 时,要求输出相对于输入的绝对误差小于某一值,在输入角速度绝对值大于等于 ω_0 时,要求输出相对于输入的相对误差(绝对值)小于某一值。

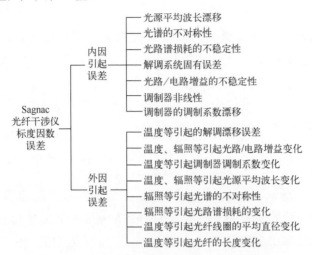

图 5-4　光纤干涉仪标度因数的主要误差源

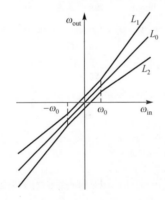

图 5-5　标度因数非线性误差示意图

閉环 Sagnac 光纤干涉仪标度因数与光纤长度 L、光纤环平均直径 D、光源的平均波长 λ 以及 2π 复位电压有关。通过反馈回路增益控制与光源管芯的温控技术可确保 2π 复位电压以及光源平均波长 λ 的稳定性,而光纤长度 L 与光纤环平均直径 D 随温度线性变化,闭环 Sagnac 光纤干涉仪的标度因数也会随着温度发生线性变化,因此可通过标度因数温度建模与补偿获得良好的闭环标度因数性能。

(1) 光源平均波长变化对标度因数的影响

由 Sagnac 效应表达式可知，光源波长变化引起的标度因数变化为

$$\Delta K_\lambda = \frac{-\Delta\lambda}{\lambda}\frac{2\pi LD}{\lambda c}K_e \tag{5-23}$$

式中，K_e 表示电路增益对应的标度因数部分。高精度 Sagnac 光纤干涉仪一般采用掺铒光纤光源，其平均波长稳定性可达到 0.5～3ppm/℃。

(2) 光纤线圈平均直径变化对标度因数的影响

与光纤长度变化引起的标度因数变化类似，光纤线圈平均直径引起的标度因数变化为

$$\Delta K_D = \frac{\Delta D}{D}\frac{2\pi LD}{\lambda c}K_e \tag{5-24}$$

光纤线圈平均直径的变化量主要取决于光纤本身的线膨胀系数，在 −40℃～+60℃ 范围内其变化量一般小于 500ppm。通过建模补偿的手段，可将该误差控制在全温变化量小于 30ppm，可满足一般 Sagnac 光纤干涉仪的应用要求。

(3) 光纤长度变化对标度因数的影响

由 Sagnac 效应可知，光纤长度变化引起的标度因数变化为

$$\Delta K_L = \frac{\Delta L}{L}\frac{2\pi LD}{\lambda c}K_e \tag{5-25}$$

光纤长度的变化主要是由温度变化引起的，随温度变化的典型值为 1ppm/℃，引起的 Sagnac 光纤干涉仪标度因数变化为 1ppm/℃。对于应用环境温度变化较宽且标度因数精度要求较高的场合，需要对这一变化进行补偿。

(4) 光谱不对称性和光路谱损耗对标度因数的影响

当光源的光谱存在不对称的情况，或者光路中谱损耗不对称而使光信号干涉前光谱不对称时，光纤干涉仪的干涉信号不再对称，会导致实际的响应曲线与理想的余弦函数存在偏差，这种偏差会影响标度因数非线性。

(5) 前向通道增益变化对标度因数的影响

在闭环 Sagnac 光纤干涉仪中，光源功率的变化一般不会引起干涉仪的测量误差，但当干涉仪的输入角加速度较大时，光源功率的变化也会引起较小的测量误差，可表示为[93]

$$D_{\text{out}}(k) = \sum_{i=0}^{k} D_{\text{dem}}(i)$$

$$= D_{\text{out}}(0) + G_{\text{omp}} \cdot G \cdot K_o \cdot 2\pi \cdot L \cdot D \cdot \lambda^{-1} \cdot c^{-1} \cdot \sum_{i=1}^{k} P_0(i) \cdot a(i) \cdot T$$

(5-26)

式中，$D_{\text{out}}(k)$ 为干涉仪的输出，$D_{\text{dem}}(i)$ 为探测器输出经过放大、滤波、解调后的输出，$D_{\text{out}}(0)$ 为输出的初始值，G_{omp} 为探测器输出放大、滤波、解调过程的增益，G 为探测器的增益，K_o 为光路增益，$P_0(i)$ 为各时刻光源的输出功率，$a(i)$ 是载体角加速度，T 为信号处理周期。

（6）Sagnac 光纤干涉仪中调制器及调制通道增益变化对标度因数的影响

在闭环 Sagnac 光纤干涉仪中，标度因数表示为

$$K = \frac{2\pi LD}{K_m K_{\text{DA}} \lambda c}$$

(5-27)

式中，Y 波导调制系数 K_m 在整个工作温度范围（$-40 \sim +65\,^\circ\text{C}$）内的变化为 6%～8%[93]。D/A 转换器及其放大器的增益 K_{DA} 也随温度变化。两个参数的变化都会引入标度因数误差，其大小为调制通道增益变化的三次方。

Y 波导的调制系数 K_m 和阶梯波的峰-峰值电压 V_{PP} 之积为 2π，表面而言，半波电压对标度因数几乎没有影响，但对于已标定的光纤干涉仪，阶梯波的峰-峰值电压是固定的，而 Y 波导的半波电压是随温度变化的，所以 $K_m V_{\text{PP}}$ 不再恒等于 2π，从而产生标度因数误差。

（7）闭环 Sagnac 光纤干涉仪反馈回路的非线性对标度因数的影响

闭环 Sagnac 光纤干涉仪的系统框图如图 5-6 所示，图中 ϕ_f 为不包含非线性的理想反馈相位差，$\Delta\phi_f$ 为反馈非线性误差信号，G 为前向通道增益，H 为反馈回路增益，D 为延迟单位时间的算子符号[93]。

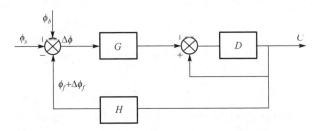

图 5-6 简化 Sagnac 光纤干涉仪闭环框图

当不存在反馈非线性时，有

$$S(t) = 1 + \cos(\phi_b + \phi_s + \phi_f) = 1 + \cos(\phi_b) \qquad (5\text{-}28)$$

式中，ϕ_f 为理想的反馈相位差，$\phi_s + \phi_f = 0$。当存在反馈非线性误差 $\Delta\phi_f$ 时，有

$$S'(t) = 1 + \cos(\phi_b + \phi_s + \phi_f + \Delta\phi_f) = 1 + \cos(\phi_b + \Delta\phi_f) \qquad (5\text{-}29)$$

则平均误差为

$$\begin{aligned}
\langle \Delta S(t) \rangle &= \langle S(t) - S'(t) \rangle = \langle \cos(\phi_b) - \cos(\phi_b + \Delta\phi_f) \rangle \\
&= \langle \cos(\phi_b) - \cos(\phi_b)\cos(\Delta\phi_f) + \sin(\phi_b)\sin(\Delta\phi_f) \rangle
\end{aligned} \qquad (5\text{-}30)$$

$\Delta\phi_f$ 为小信号，可近似：$\cos(\Delta\phi_f) \approx 1 - \frac{1}{2}(\Delta\phi_f)^2$，$\sin(\Delta\phi_f) \approx \Delta\phi_f - \frac{1}{6}(\Delta\phi_f)^3$，可得

$$\begin{aligned}
\langle \Delta S(t) \rangle &= \left\langle \cos(\phi_b) - \cos(\phi_b)(1 - \frac{1}{2}(\Delta\phi_f)^2) + \sin(\phi_b)(\Delta\phi_f - \frac{1}{6}(\Delta\phi_f)^3) \right\rangle \\
&= \left\langle \cos(\phi_b)\frac{1}{2}(\Delta\phi_f)^2 + \sin(\phi_b)\Delta\phi_f - \sin(\phi_b)\frac{1}{6}(\Delta\phi_f)^3 \right\rangle \\
&= \left\langle \cos(\phi_b)\frac{1}{2}(\Delta\phi_f)^2 \right\rangle + \left\langle \sin(\phi_b)\Delta\phi_f \right\rangle - \left\langle \sin(\phi_b)\frac{1}{6}(\Delta\phi_f)^3 \right\rangle \\
&\approx \frac{1}{2}\cos(\phi_b)\langle (\Delta\phi_f)^2 \rangle
\end{aligned} \qquad (5\text{-}31)$$

因而引起的标度因数相对误差为

$$\varepsilon_{k\_inl} = \frac{\langle \Delta S(t) \rangle}{\phi_f} \approx \frac{\cos(\phi_b)}{2\phi_f}\langle (\Delta\phi_f)^2 \rangle \qquad (5\text{-}32)$$

从式(5-32)可知，反馈回路非线性引起的标度因数相对误差与偏置调制相位 ϕ_b 以及反馈回路非线性误差 $\Delta\phi_f$ 的均方差相关。

综上，Sagnac 光纤干涉仪技术经过多年的发展，对干涉式 Sagnac 光纤干涉仪主要误差机理已有了比较深入的认识，可通过针对性技术措施有效抑制相应的误差[16]，主要包括：

①零偏误差(即常值项误差)较大的 Sagnac 光纤干涉仪一般随机误差变化也较大，环境适应性误差也相对较大，应从干涉仪光路和电路硬件优化设计，最大限度地减小常值项误差。

②在光路方面，通过提高光源输出光功率及采用过调制技术有效抑制散粒噪声及光源强度噪声，提高信噪比与检测精度，降低光纤干涉仪随机游走系数；采用掺铒光纤光源，并将调制频率精确控制在光纤环本征频率上，有效消除背向散射以及克尔效应；光纤环使用保偏光纤，整个光路采用全保偏或混偏方案，减小光纤干涉仪中偏振误差的影响，同时通过四极对称、八极对称以及十六极对称绕制方法等措施，减小光纤环在温度变化率环境下的 Shupe 误差；通过对保偏光纤进行退扭处理，同时采用高磁导率金属材料对光纤环进行磁屏蔽防护，能够将 Sagnac 光纤干涉仪的磁灵敏度降低 2～3 个数量级。

③在电路方面，实现反馈回路增益控制技术，消除 Y 波导半波电压随温度波动的影响，提高 Sagnac 光纤干涉仪标度因数性能及零偏稳定性；采用随机调制方法，防止调制信号与解调信号之间的相关性，消除 Sagnac 光纤干涉仪的"死区"现象，提高其小角速度下的线性度。

5.2　典型 Sagnac 光纤干涉仪的技术方案

高精度 Sagnac 光纤干涉仪光路通常采用较长的保偏光纤绕制光纤环，考虑到 1.55μm 波长的掺铒光纤光源方案具有功率大、光谱稳定性好等优点，高精度 Sagnac 光纤干涉仪一般采用 1.55μm 波长的光路结构。作者团队在 2006 年提出了一种采用低偏和保偏混合光路的 Sagnac 光纤干涉仪方案[98]，结合保偏光路的抗环境应力干扰和低偏光路的批量一致性保持能力，既保持了 Sagnac 光纤干涉仪的精度性能，又提升了器件的大批量生产能力。混偏光路技术方案是高精度 Sagnac 光纤干涉仪常用的技术方案。

5.2.1　干涉仪光路技术方案

高精度 Sagnac 光纤干涉仪典型光路技术方案主要由掺铒光纤光源、Y 波导集成光学器件、保偏光纤环、光纤耦合器和光电探测器组成[16]，如图 5-7 所示。

以下简要介绍组成高精度 Sagnac 光纤干涉仪光路的主要光学器件。

(1)掺铒光纤光源

掺铒光纤光源是 Sagnac 光纤干涉仪载波的信号源，提供干涉仪光路所需的光信号。掺铒光纤光源主要由泵浦激光器、波分复用器、隔离器、反射镜、光纤滤波器和掺铒光纤等光学器件组成。

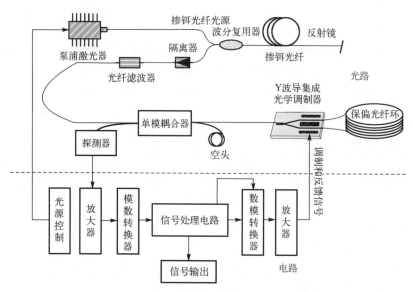

图 5-7　高精度 Sagnac 光纤干涉仪组成示意图

高精度 Sagnac 光纤干涉仪对光源的要求主要有：①发光效率高，有利于提高系统信噪比和降低功耗；②低相干长度，即 3dB 谱宽大，它可降低瑞利(Rayleigh)散射、偏振交叉耦合和克尔效应等引起的相干误差；③具有良好的平均波长稳定性和温度性能稳定性；④高可靠性。

（2）光电探测器

光电探测器是一种利用光电效应对光信号强度进行探测的器件。由于半导体光电二极管(PIN)具有很高的量子效率，是目前 Sagnac 光纤干涉仪中常用的光电探测器。为了保证 PIN 光电探测器对微弱信号检测，需要采用前置放大电路进行处理，出现了光电探测器组件(PIN-FET 组件)。前置放大电路通常采用跨阻抗连接方式，该连接方式具有输出阻抗低、信噪比高、频率特性好等特点。Sagnac 光纤干涉仪对光电探测器组件的要求主要有：灵敏度高、噪声小、动态范围宽、响应度系数稳定、高可靠等。

（3）Y 波导集成光学相位调制器

Y 波导集成光学相位调制器是 Sagnac 光纤干涉仪的关键器件，当前国内外闭环高精度 Sagnac 光纤干涉仪方案中广泛采用 Y 波导集成光学相位调制器，该器件同时具有分束器、偏振器和相位调制器功能，因此又称为多功能集成光学器件(Multifunction Integrated Optic Circuit，MIOC)。目前较成熟的 Y 波导集成光学器件芯片材料采用铌酸锂晶体，铌酸锂多功能集成光学器件具有优良的光学传输特性和线性电光效应，调制带宽高，稳定性好，可靠性高。

(4) 光纤耦合器

光纤耦合器是一种基于渐逝场耦合理论的无源光学器件，在 Sagnac 光纤干涉仪光路中实现分光功能。现在多采用熔融拉锥工艺技术来制备光纤耦合器，熔锥型光纤耦合器具有损耗低、分光比易于控制、温度稳定性好、结构简单、易于批量生产和可靠性高等特点。Sagnac 光纤干涉仪中主要使用单模光纤耦合器或保偏光纤耦合器两种类型。

(5) 光纤线圈

光纤线圈也称为光纤环，是 Sagnac 光纤干涉仪中产生 Sagnac 效应并敏感角速度的无源光学元件。根据 Sagnac 光纤干涉仪的精度、测量范围等性能设计要求，可灵活调整光纤线圈的长度和平均直径，这也是 Sagnac 光纤干涉仪结构设计灵活的主要因素之一。目前高精度 Sagnac 光纤干涉仪中广泛采用保偏光纤环。根据结构形式不同，光纤环还可分为有骨架光纤环和无骨架光纤环两种类型，对于无骨架光纤环，则有浸胶和在线施胶两种方式。为了保证光纤环的互易性、减小环境应力对光纤环性能的影响，通常采用四极或八极对称工艺绕制。

在高精度 Sagnac 光纤干涉仪光路设计中，掺铒光纤光源具有输出功率较高、平均波长稳定性高的特点，更有利于提升高精度 Sagnac 光纤干涉仪的零偏精度以及标度因数稳定性。

高精度 Sagnac 光纤干涉仪光路典型方案如图 5-7 所示，泵浦激光器发出的泵浦光经过波分复用器后进入掺铒光纤，激发出 1550nm 的宽带光波，经过隔离器和光纤滤波器后成为 Sagnac 光纤干涉仪所需要的光信号。

掺铒光纤光源产生的光信号经单模光纤耦合器进入 Y 波导集成光学器件，经 Y 波导集成光学器件返回的光信号再次由单模光纤耦合器进入光电探测器。

Y 波导集成光学器件采用集成光学技术将 Sagnac 光纤干涉仪所需的分束/合束、起偏和相位调制等功能集成在一个光学芯片上，缩小了光路体积，简化了光路结构，同时利用推挽工作方式进一步降低了器件的体积、驱动电压和非线性。

光电探测器将 Sagnac 干涉仪返回的干涉信号转换为电信号，因此要求光电探测器具有较高的响应度和灵敏度，以提升光信号转换为电信号的信噪比。

5.2.2　干涉仪电路技术方案

高精度 Sagnac 光纤干涉仪电路包括调制解调(闭环)电路、光源驱动及温控电路、噪声抑制电路、信号接口输出电路和温度采集与补偿电路等。

调制解调电路的功能是通过 D/A 转换器及其放大电路对 Y 波导集成光学器件进行调制，以及通过探测器信号处理电路、A/D 转换器对含有角速度信息的光信号进行解调，通过数字信号处理逻辑芯片解算出 Sagnac 光纤干涉仪敏感到的旋转角速度。

调制解调电路由运算放大器、滤波器、A/D 转换器、D/A 转换器、数字信号处理逻辑芯片等组成，如图 5-8 所示，其主要功能包括：光电信号转换、数字解调、回路积分、信号偏置与反馈调制、调制通道增益控制等。

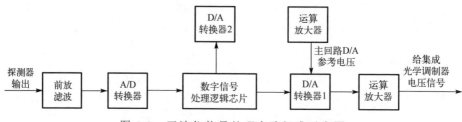

图 5-8　干涉仪信号处理电路组成示意图

数字闭环处理方案可提高 Sagnac 光纤干涉仪的标度因数线性度和稳定性，可降低调制解调电路的复杂性，同时数字解调在原理上与电路的任何长期漂移无关，特别通过奇偶采样相减还可消除模拟信号的输入漂移，因此数字闭环处理方案是实现调制解调电路低漂移和干涉仪中高精度测量的保证与基础。

电路采用调制通道增益控制(第二闭环回路)可消除相位调制器驱动电压随温度变化和长期漂移引起的数字斜波复位误差，减小干涉仪的漂移和随机游走。

此外，为了抑制电子元器件等电路共模漂移，干涉仪电路技术方案可采取带时域滤波差分调制解调电路。采取时域滤波技术抑制探测器尖峰脉冲信号对干涉仪有用信号的干扰，采用 Y 波导信号极性转换技术抑制电路的共模参数漂移，减小干涉仪的低频漂移。

高精度 Sagnac 光纤干涉仪电路方案还需要实现对光源的驱动及温控，为光源管芯提供稳定的注入电流及工作温度，以确保光源输出光功率与平均波长等性能指标的稳定性。对于长寿命应用领域或者在空间辐照环境长期工作下探测器光功率衰减，还需要考虑采用光控等方案调整光源驱动电流，使到达探测器的光功率满足要求。

5.2.3　干涉仪机械结构技术方案

由于机械结构方案直接影响高精度 Sagnac 光纤干涉仪的外形尺寸、温度性能、力学性能和磁场性能等，所以 Sagnac 光纤干涉仪技术方案通常首先需要根据总体要求，确定机械结构技术方案。

①根据是否采用温控方案，确定结构的热特性，高精度 Sagnac 光纤干涉仪采用温控方案可更好地保证全温下的精度与常温静态下的精度接近，要实现稳定时间短，其结构方案要做到光纤环导热快；对于不采用温控方案的高精度 Sagnac 光纤干涉仪，其结构的热设计要尽量减缓光纤环的温度变化率，采取隔热措施，光纤环与结构件最小接触面积。

②根据是否采取光电分离方案设计，将光源及驱动电路、干涉仪数字电路等发热部件与光纤环组件进行结构分离。

③根据振动中是否要求性能保持进行抗力学设计，对于振动中要求性能的情况，结构件的刚度应足够大，尤其是承载光路结构件。

④根据对零偏磁场灵敏度的要求和光纤线圈本身的磁场灵敏度，确定采用磁屏蔽的层数和磁屏蔽的材料。

⑤根据失准角要求确定结构的安装方式和加工精度。

⑥结构设计需要充分考虑外形尺寸和重量的要求。

5.3　世界时测量用高精度光纤干涉仪的技术方案

为了增加世界时的测量精度，作者团队研制实现了大型 Sagnac 光纤干涉仪，并使角速度测量精度相比于常用的高精度光纤陀螺仪提高了两个数量级以上[23]。同时，此干涉仪需固连在地球表面，且尺寸通常达到米级，针对此应用特点，其可采取比传统的光纤陀螺仪更新颖、更高精度、更适合静态测试的技术方案。

5.3.1　光纤干涉仪总体设计方案

5.3.1.1　总体设计思路

世界时测量用高精度光纤干涉仪设计思路及参数设计一般步骤如下：

①确定总体工作方案,包括保偏或消偏型(主要考虑单模光纤可拉制更长,成本更低)、脉冲型调制或连续型、非线性光纤放大抑制光源相对强度噪声方案或光路相减抑制光源相对强度噪声方案等;

②确定轴向数量方案,包括单轴向光纤干涉仪、双轴向光纤干涉仪、三轴向光纤干涉仪、四面体光纤干涉仪等;

③确定机械结构方案,世界时测量用一般温度环境较好,且光纤干涉仪电路自身发热量较集中,因此干涉仪机械结构一般采用光电分离方案,功耗、体积、重量余量较大的话,可考虑光纤环或表头的独立温控方案以进一步提高精度,此外,根据环境磁场条件,确定其磁屏蔽结构方案;

④根据应用环境的特殊性确定采用光子晶体光纤方案或普通保偏光纤方案,光子晶体光纤具有低磁场敏感度、低温度敏感度等优点,更适合应用于不同环境下的高精度测量;

⑤根据零偏稳定性和随机游走系数等精度指标要求和体积、重量要求,确定光纤环的尺寸、光路尺寸以及光电子器件的参数;

⑥根据数据更新频率、零偏漂移、标度因数稳定性以及非线性等指标,确定电路方案和具体参数。

5.3.1.2 典型总体设计

为了实现零偏的高性能和标度因数的长期稳定性,高精度光纤干涉仪典型方案由光功率自稳定型高斯谱掺铒光纤光源、半导体光放大器等非线性光放大器、高灵敏度光电探测器、耦合器、Y 波导相位调制器、光谱整形器(或光纤滤波器)、大型光纤环以及相应驱动、调制、解调和信号处理电路等组成,如图 5-9 所示[23]。为了获得较好的温度环境适应性,提高温度性能,高精度光纤干涉仪总体结构采用"光电分离"方案,并对高精度光纤干涉仪光路进行隔热和磁屏蔽处理。高精度光纤干涉仪中主要的热源为光源、探测器和电路部分,而高精度光纤干涉仪中对热最敏感的部分主要是干涉仪光路部分,因此,将光源和探测器等热源与干涉仪光路分离,从而降低干涉仪内部热源所发出热量对干涉仪光路部分的影响,提升光纤干涉仪的温度性能。

为了提升光纤干涉仪的精度,降低光源相对强度噪声,图 5-9 中采取了非线性光放大器方案对光源的相对强度噪声进行抑制(详细抑制机理见第 6 章),常见的抑制光源相对强度噪声的方案还包括图 5-10 所示的基于双光路相减的技术方案，以及图 5-11 所示的基于法拉第旋转反射镜的光路相减技术方案等，各技术方案的具体抑制效果见后续章节。

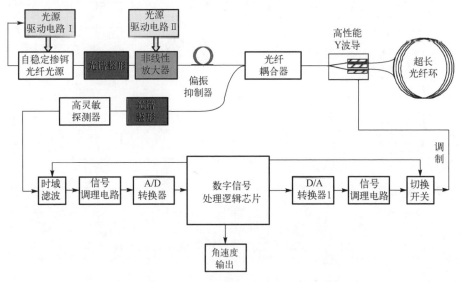

图 5-9　高精度光纤干涉仪典型组成示意图 A

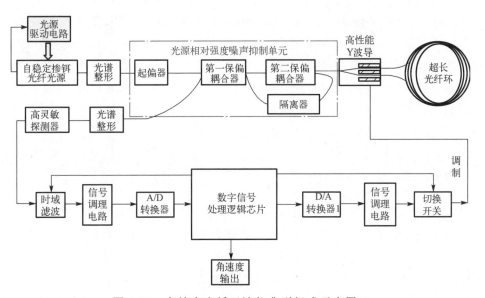

图 5-10　高精度光纤干涉仪典型组成示意图 B

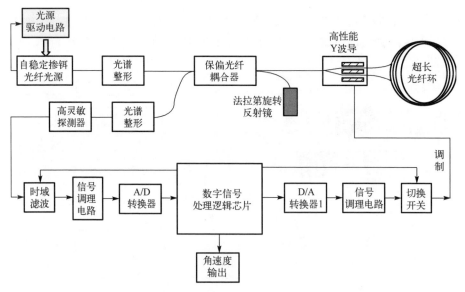

图 5-11　高精度光纤干涉仪典型组成示意图 C

5.3.2　光纤干涉仪光路设计

典型光纤干涉仪光路包括光源、光纤耦合器、Y 波导集成光学器件、光纤环以及光电探测器等五部分，除此之外，还包括各种抑制光路噪声、提升光谱性能的光学元器件以及连接各个器件的尾纤和熔接点等。广义的光纤干涉仪光路还包括支撑光纤环以及光路的结构件、光路温度采集的温度传感器等。因此高精度光纤干涉仪光路设计包括光路方案的设计、光路尺寸等精度方面的设计、光电子器件的参数设计、光路装调设计等。

5.3.2.1　光路方案设计思路

高精度光纤干涉仪光路方案设计首先确定光路的总体方案，保偏方案或是消偏方案，有无相对强度噪声抑制光路，有无光功率自动调整光路等。其次，确定光路的主要参数，包括所用的光源波长、谱型和功率；光纤线圈的平均直径和光纤的长度；偏振器件和光纤线圈的偏振要求等。

5.3.2.2　典型光路设计方案

在应用于世界时测量的光纤干涉仪光路方案设计中，除了需要保证高零偏精度之外，还需要保证较好的标度因数稳定性。为了获得较宽的谱宽以降低光源相对强度噪声，同时保证长期的光谱稳定性，可采用1560nm 高斯谱掺铒光纤光源方案。1560nm 高斯谱光源具有输出光功率高(最高可实现 100mW 以上)、光谱稳定(类高斯型)、同谱型的谱宽较大(相对于 1530nm 高斯谱)等优点，可满足光纤干涉仪的高零偏精度、高标度因数稳定性等需求。

　　世界时测量用高精度光纤干涉仪典型光路技术方案示意图如图 5-12所示[23]，该方案中，光功率自稳定的掺铒光纤光源产生大功率宽谱光，经高斯滤波器整形后，进入半导体光放大器(Semiconductor Optical Amplifier，SOA)，调整 SOA 驱动电路使其工作在输入光的饱和吸收区(即非线性放大区)，压低光源的波动水平，实现降低光源的相对强度噪声，经过 SOA 后的光波需要通过偏振抑制器消除偏振度，通过光纤耦合器进入 Y 波导与光纤环组成的干涉光路中。

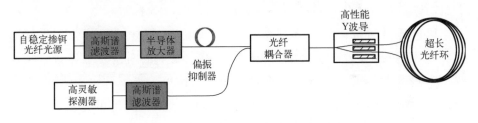

图 5-12　光纤干涉仪典型光路技术方案示意图

　　在干涉光路中，Y 波导需要满足高芯片消光比、低插入损耗、低波形斜度、低偏振串音等条件；干涉光路中的超长光纤环可采取十六极精密对称绕法绕制保偏光纤环，光纤可选用偏振保持性能较好、更适合长距离拉制的普通保偏光纤，或者选用温度、磁场敏感系数低的光子晶体光纤，光纤环通常为带胶绕制的无骨架环；经干涉仪光路传输后的光通过光纤耦合器以及滤波器进入高灵敏光电探测器，由信号处理电路进行信号解调，实现干涉回路敏感角速度信号的高精度检测。

　　高灵敏光电探测器将 Sagnac 干涉仪返回的干涉信号转换为电信号，因此要求探测器具有较高的响应度和灵敏度，以提升光信号转换为电信号的信噪比。

　　为了保证光路的光谱长期稳定及其引起的干涉仪标度因数稳定性，在光路中采取基于高斯谱滤波器的双光谱整形技术，高斯谱滤波器可根据光源输入的谱型进行设计，进而实现高稳定、低谱损耗的全光路传输方案，减小全光路的光源相对噪声，提升干涉仪的精度水平。

为了保证长期工作条件下的光源功率稳定，光纤干涉仪采取功率自稳定的设计方案，如图 5-13 所示，在光源的输出端增加分光比为 2∶98（分光比可根据光源的实际功率进行调整）的耦合器[23]，引出 2% 的光至探测器中，通过检测探测器的光强信号并接入光源驱动及自稳定电路中，实现对泵浦激光器驱动电流的闭环控制，进而实现光源功率保持长期稳定。

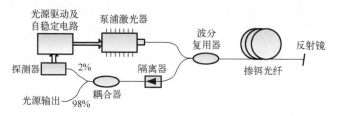

图 5-13　功率自稳定掺铒光纤光源示意图

5.3.2.3　典型光路参数设计

以世界时测量用某中大型光纤干涉仪为例，假定对干涉仪的指标要求为：零偏稳定性优于 2×10^{-6}°/h（1h，1σ），测量范围覆盖地速自转角速度（15.0411°/h），标度因数稳定性优于 0.1ppm，数据更新频率不小于 1kHz，重量不超过 500kg，体积不超过 $\varPhi$1500mm×200mm。

光纤干涉仪的光路设计可遵循以下步骤：

①根据环境温度范围以及零偏稳定性和标度因数稳定性的要求确定总体结构方案。

世界时测量的环境条件通常较好，通常为环境温度 $T_0\pm0.1$℃，部分较好的测试环境可实现±0.01℃的温度条件，因此温度变化主要源于干涉仪的自身发热，为了实现干涉仪的高零偏稳定性和高标度因数稳定性，干涉仪一般采取光电分离的光路结构设计。

②根据零偏稳定性、随机游走系数和标度因数稳定性的要求确定采用的光谱设计方案。

由于随机游走系数和标度因数稳定性要求均较高，考虑采用 1560nm 的高斯谱掺铒光纤光源设计方案。

③根据角速度测量范围指标以及体积的约束条件确定光纤线圈的参数。

光纤线圈主要参数包括所用光纤类型、光纤长度、线圈内外径、轴向高度。

设计角速度测量范围时通常需考虑一定的裕量，大型光纤干涉仪除了测量世界时之外，还应考虑可能敏感到地震等地质活动引起的旋转信号，故设计的测量范围为地球自转角速度的 4 倍，即 $60°/h$。

光纤长度 L 和光纤线圈平均直径 D 乘积的最大值取决于测量范围 Ω_π，即

$$(L \times D)_{\max} \leqslant \frac{\lambda c}{2\Omega_\pi} \tag{5-33}$$

式中，λ 为光源的平均波长。根据上述参数，光纤长度和光纤线圈直径乘积应小于 $8 \times 10^5 \mathrm{m}^2$。为了获得较好的温度性能，并保证固化胶能够浸透光纤线圈，线圈的匝数和层数不应太多，因此光纤线圈的平均直径应在光路允许的直径范围内稍大。考虑到大幅提升光纤线圈的直径基本不影响光路的损耗，而大幅增加光纤的长度将导致光路的损耗显著增加，故可适当增大光纤线圈的直径，本典型设计方案将光纤线圈平均直径定为 $1.3\mathrm{m}$，则根据式 (5-33) 计算，光纤的长度不宜超过 $61\mathrm{km}$。考虑现有的保偏光纤拉制长度水平以及光路损耗水平，光纤的长度应不超过 $40\mathrm{km}$，综合考虑光纤损耗、最佳信噪比 (分析过程见第 6 章) 与可绕制性，光纤长度可选择为 $30\mathrm{km}$。

④根据零偏稳定性、随机游走系数等精度指标确定所需要的功率和相位偏置。

在温度等环境稳定时，综合考虑高精度光纤干涉仪可实现的信号噪声水平和采样频率，针对零偏稳定性优于 $2 \times 10^{-6}°/h(1h, 1\sigma)$ 的设计要求，其随机游走系数应不大于 $1 \times 10^{-6}°/h^{1/2}$。

$1560\mathrm{nm}$ 光源的加权谱宽约为 $16\mathrm{nm}$，探测器的响应度大于 $0.85\mathrm{A/W}$，而热噪声对随机游走系数的影响较小，相对强度噪声占的权重较大，超过 90%。相对强度噪声成为陀螺仪噪声的主要限制因素后，需采取过调制的方法，通常 $8\pi/9$ 的调制深度为高精度光纤干涉仪所选用。

相对强度噪声引起的随机游走系数为

$$\mathrm{RWC}_{\mathrm{RIN}} = \frac{\lambda c}{2\pi LD} \frac{(1 + \cos\varphi_b)}{\sin(\varphi_b)} \sqrt{\frac{\lambda^2}{c \cdot \Delta\lambda}} \tag{5-34}$$

式中，L 为光纤干涉仪中光纤环的长度，D 为光纤环的平均直径，λ 为光源的平均波长，$\Delta\lambda$ 为光源的光谱宽度，c 为光速，ϕ_b 为调制深度。代入

上述参数,可得到相对强度噪声引起的随机游走系数约为 $7.5 \times 10^{-7} °/\mathrm{h}^{1/2}$,满足上述设计要求。

⑤根据上述过程及相应的结果确定对光电子器件的要求。

如根据式(5-34)中的要求确定对光源功率、光路损耗的要求,根据各个光电子器件的实际情况确定对每个光电子器件的损耗要求,包括耦合器、Y 波导的分光比以及探测器组件的跨阻等;根据干涉仪外形尺寸等约束条件和光电子器件实际情况确定对光电子器件的尺寸要求。

根据干涉仪精度要求,确定光纤干涉仪光路的强度型偏振误差和振幅型偏振误差,并依此确定对 Y 波导集成光学器件、光纤环等保偏器件的偏振串音要求以及熔接要求。考虑到混偏技术方案可大幅降低对保偏器件的偏振性能的要求,且干涉仪所处环境温度变化较小,可进一步降低器件的参数要求。根据标度因数精度要求,确定光纤陀螺光路的平均波长稳定性要求,包括光源的光谱稳定性、光电子器件的谱损耗变化等指标。

对于上述提到的零偏稳定性 $2 \times 10^{-6} °/\mathrm{h}(1\mathrm{h}, 1\sigma)$ 等指标的高精度光纤干涉仪,光路参数设计典型值如表 5-1 所示。

表 5-1 高精度光纤干涉仪光路参数设计典型值

光电子器件参数	设计值(或要求值)	光电子器件参数	设计值(或要求值)
光纤环长度 L	30000m	掺铒光纤光源光功率 P	>40mW
平均直径 D	1300mm	Y 波导芯片消光比	<−80dB
掺铒光纤光源波长 λ	1560nm	探测器响应度	>0.85A/W
掺铒光纤光源谱宽 $\Delta\lambda$(加权值)	>16nm	熔接点偏振串音	<−40dB

5.3.3 光纤干涉仪电路设计

5.3.3.1 电路方案设计思路

光纤干涉仪电路的功能主要包括:

①光源驱动电路,给光源管芯提供稳定的注入电流,使光源稳定工作;

②光源温控电路,控制光源管芯的温度,降低温度变化对光源光功率及中心波长等的影响;

③数字调制解调与闭环控制电路，完成对干涉信号的偏置调制与解调，并对解调误差进行数字积分获得光纤干涉仪的输出，同时完成负反馈，实现系统的闭环控制；

④闭环增益控制电路，主要功能是实现对反馈回路增益的精确控制，降低 Y 波导半波电压波动等对光纤干涉仪标度因数及噪声的影响。

世界时测量用高精度光纤干涉仪的电路一般包括四个控制回路，分别实现光源的光功率控制、光源管芯的温度控制、Sagnac 干涉信号的闭环检测控制以及 2π 电压控制。

设计高精度光纤干涉仪的电路设计主要考虑以下几点：

①要根据光纤干涉仪的性能要求合理选择关键电子元器件，特别是数字逻辑芯片、A/D 转换器以及 D/A 转换器等。数字逻辑芯片作为实现数字闭环控制的核心器件，需要建立系统所必需的外围电路功能，主要包括 A/D 时钟电路、D/A 时钟电路、复位电路、外接程序存储器、干涉仪输出接口电路等，选择时主要考虑质量等级、芯片内部资源、管脚数量等；A/D 转换器则主要考虑采样频率及采样位数等；D/A 转换器主要考虑分辨率及建立时间等。

②在高精度光纤干涉仪中，为减小光纤干涉仪前后向通道的干扰以及数字信号对前后向通道中模拟电路的干扰，光纤干涉仪电路板会将前向通道、后向通道及数字信号处理器三部分之间的距离调整得相对较大。由于数字信号的上升沿比较陡峭，数字信号线长或经过路径阻抗的不同产生反射，使信号产生过冲和振铃，因此需要对数字信号线进行处理，减小对有用信号的干扰。

③高精度光纤干涉仪电路后向通道的非线性将引起光纤干涉仪噪声的增大。因此，光纤干涉仪电路设计中应考虑 D/A 转换器及后向通道中运算放大器的非线性，提高干涉仪电路后向通道非线性。

④应选择数据传输位数更高的接口方式，以满足高精度光纤干涉仪高数字分辨率和高时间分辨率的要求。

5.3.3.2　典型电路设计

应用于世界时测量的高精度光纤干涉仪信号处理电路可采用全数字闭环处理方案，典型电路设计方案示意图如图 5-14 所示，通过 D/A 转换器及其放大电路对 Y 波导集成光学器件进行调制，以及通过探测器信号处理电路、A/D 转换器对含有角速度信息的光信号进行解调，通过数字信号处理逻辑芯片解算出光纤干涉仪敏感到的旋转角速度。

调制解调电路由运算放大器、滤波器、A/D 转换器、D/A 转换器、数字信号处理逻辑芯片等组成，其主要功能包括：光电信号转换、数字解调、回路积分、信号偏置与反馈调制、调制通道增益控制等。

数字闭环处理方案可提高光纤干涉仪的标度因数线性度和稳定性，降低调制解调电路的复杂性，同时数字解调在原理上与电路的任何长期漂移无关，特别通过奇偶采样相减还可消除模拟信号的输入漂移，因此数字闭环处理方案是实现调制解调电路低漂移和光纤干涉仪中高精度测量的基础。

电路采用调制通道增益控制(第二闭环回路)可消除相位调制器驱动电压随温度变化和长期漂移引起的数字斜波复位误差，减小光纤干涉仪的漂移和随机游走。

采取时域滤波技术抑制探测器尖峰脉冲信号对光纤干涉仪有用信号的干扰，采用 Y 波导信号极性转换技术抑制电路的共模参数漂移，减小光纤干涉仪的低频漂移。

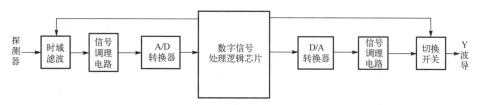

图 5-14　具备时域滤波和抑制共模漂移的光纤干涉仪信号处理电路示意图

电路设计可采用调制通道增益控制消除相位调制器驱动电压随温度变化和长期漂移引起的数字斜波复位误差，减小高精度光纤干涉仪的漂移和随机游走。此外，光源可采取脉冲式光子群的高速调制工作方式，在光纤干涉仪光路中敏感角速度后由高灵敏光电探测器进行检测。为了提升高精度光纤干涉仪对小角速度地球转速的测量精度，可综合随机调制和深度调制技术，并采用信号差分调制方案，减小光纤干涉仪调制信号与其他信号相互间的干扰。

5.3.3.3　典型电路参数设计

对于 5.3.2 节提到的高精度光纤干涉仪，其典型电路参数设计如下。

(1)光源驱动电路设计

光源驱动电路采取功率自稳定的光源闭环技术方案，根据 40mW 的光源功率需求，设计光源驱动电流不低于 250mA。

(2) 前置放大器参数设计

放大器的主要功能是将光电转换后的信号进行低噪声放大，要与 A/D 转换器结合考虑。放大器的设计和选择，主要考虑以下三个方面：

①共模抑制比，因为世界时测量用光纤干涉仪的实际测量角速度较低，转速信号非常微弱，所以应当减少和消除放大器本身引入的噪声；

②放大器的增益及带宽，由于探测器的有用信号为方波信号，为确保在前置放大中信号不失真，选择放大器的带宽至少应为调制频率的 10 倍以上；

③由于光纤干涉仪测量范围的要求(敏感地震等高频信号)，对放大器的放大倍数有特殊的要求，当转速较大时，信号幅度较大，这时放大倍数不宜太大，以保证放大后的电平在 A/D 转换器正常工作范围，尽快找到正确的补偿电压；当转速较小时，要增加放大倍数，以提高系统灵敏度。

(3) A/D 转换器参数设计

A/D 转换器的主要功能为将放大后的探测器信号转化为数字信号，其主要参数包括 A/D 转换器的位数和转换速率等。

由数字解调原理可知，对 A/D 转换器转换速率的最低要求是每个 τ 内至少采样 1 点。对于高精度光纤干涉仪，为了提高信噪比，采样频率应该尽量高一些，对此 A/D 转换器转换速率需要达到 20MHz 以上。

对于光纤干涉仪采取闭环检测方案，干涉仪始终工作在偏置点附近，A/D 转换器主要对误差信号进行转换。因此，并不需要较高位数的 A/D 转换器来减小最低有效位(Least Significant Bit，LSB)引起的误差。微弱信号处理理论证明，采用小于前放噪声 1σ 值的 LSB 对模拟信号进行量化就已足够，经数值积分可得到与模拟滤波相同的噪声衰减。若前放噪声的标准偏差为 1mV，对于输入范围为 5V 的 A/D 转换器有

$$2^n > \frac{5}{1\times10^{-3}} = 5000 \tag{5-35}$$

所以取 A/D 转换器的位数 n 不小于 13 就可满足上面的条件，可选取 A/D 转换器的位数为 14 位。

(4)D/A 转换器参数设计

D/A 转换器的主要功能为将 FPGA 产生的数字信号转化为模拟信号，其主要参数包括 D/A 转换器的位数和建立时间等。

D/A 转换器建立时间的基本要求是小于 τ。D/A 转换器的建立时间将影响输出阶梯波信号的边沿，使尖峰脉冲展宽，因此建立时间越短越好。阶梯波的复位电压 V_{pp} 有时高达 10V。为了保证 2π 电压复位不对下一个相位台阶产生影响，必须选择宽带宽、高压摆率运放，使复位在 τ 内完成。

光纤干涉仪通过阶梯波多个台阶的反馈相位差平均之后，可显著降低对 D/A 转换器位数和线性度的要求，通常情况下 D/A 转换器的位数在 12～16 位之间即可满足使用要求，为了保证反馈信号的精度，D/A 转换器的位数选取 16 位，线性度误差要求小于 1 个 LSB。

(5)闭环回路参数设计

闭环回路的主要功能是将 A/D 转换器的数字信号进行数据处理，产生反映干涉仪输入角速度的数字量，并产生反馈信号至 D/A 转换器，其主要参数包括数字解调增益、带宽、延迟时间等。

在闭环光纤干涉仪设计过程中应根据其闭环控制模型，合理选择闭环回路中各个部分的性能参数。闭环光纤干涉仪传递函数可近似表示为

$$H(s)=\frac{1}{M}\frac{1}{Ts+1}\mathrm{e}^{-\tau s} \tag{5-36}$$

式中，$T=\dfrac{1}{GM}$，为系统的时间常数；τ 为系统的纯延迟时间；G 为信号前向通道增益，取决于光源波长、光纤长度、光纤环直径、光源输出光功率、光路损耗、探测器响应度与跨阻抗、前放增益、A/D 转换系数、数字解调增益等参数；M 为反馈回路增益，取决于数字相位台阶的反馈增益、D/A 转换系数、相位调制器调制系数等参数。

决定系统动态性能指标的主要因素是信号前向通道增益 G 和反馈回路增益 M。

通常情况下，光源波长、光纤长度、光纤线圈平均直径等各项参数已根据光纤干涉仪的精度要求确定，而 A/D 转换器、D/A 转换器以及相位调制器的调制系数由所选用的硬件决定。因此，在闭环光纤干涉仪设计和调试过程中，主要是通过改变光源注入电流来改变光源输出光功率，

或是在闭环控制软件里改变数字解调增益以及数字相位台阶的反馈增益等来调整系统的总增益，以满足闭环系统的动态特性要求。

(6)干涉仪用时间基准源的选取

普通晶振作为传统光纤陀螺仪使用的时间基准源，可实现 10^{-6} 的频率稳定度，近年来使用高精度的温补晶振可达到 10^{-8} 的频率稳定度，可显著提升工程上应用的高精度光纤陀螺仪的标度因数性能[99]。针对高精度光纤干涉仪的更高精度时间基准源需求，可选择原子钟信号作为时间基准。例如，工业级小型化铷原子钟已实现 10^{-12} 量级的频率稳定度，可产生长期稳定、高精度的时间基准信号提供给高精度光纤干涉仪，降低光纤干涉仪的角速度输出误差。

对于上述提到的零偏稳定性 2×10^{-6}°/h(1h，1σ)等指标的高精度光纤干涉仪，电路参数设计典型值如表 5-2 所示。

表 5-2　高精度光纤干涉仪电路参数设计典型值

电子器件参数	设计值(或要求值)	电子器件参数	设计值(或要求值)
光源驱动电流	250mA	数据输出位数	32 位
A/D 转换器位数	14 位	时钟频率稳定度	4×10^{-12}
A/D 转换器速率	30MHz	反馈增益控制回路	有
D/A 转换器位数	16 位	时域滤波电路	有
D/A 转换器速度	30ns	光源功率自稳定电路	有

5.3.4　光纤干涉仪机械结构设计

5.3.4.1　机械结构设计

由于结构方案影响光纤干涉仪的外形尺寸、安装方式、温度性能、力学性能和磁场性能等，除了需考虑第 5.2.3 节提到的常规结构设计要点，还需根据世界时测量的特点进行结构设计，包括：

①充分考虑世界时测量场地以及运输条件对光纤干涉仪的外形尺寸和重量的要求；

②根据超大光纤线圈结构长期稳定性要求，确定结构设计方案、所用材料、加工方案等。

为了满足不同环境温度下的光纤干涉仪性能指标以及满足磁场、微扰动等环境下的精度性能适应性，需进行高精度光纤干涉仪的结构设计，包括热设计、磁屏蔽设计、力学性能设计等。

5.3.4.2 热环境适应性设计

高精度光纤干涉仪应进行严格的热设计，以保证光纤环等光学器件所处的温度环境满足要求、内部电子元器件满足干涉仪设计要求，提高干涉仪的可靠性。

应针对干涉仪的使用环境要求，如环境温度、有无空气自然对流等，并结合产品内部的结构布局及功率分布，根据不同需要，进行传热和隔热设计。

在进行传热设计时，应优先考虑热传导。在导热热阻较大时（比如安装了隔热垫片或橡胶减振器），还应考虑热对流和热辐射。对于热传导，在条件允许的情况下，可选用导热良好的金属材料，增大导热面积，在安装面填充导热硅脂，减小接触热阻等措施，提高发热部件的散热效率。

除了光纤干涉仪总体结构散热设计外，还应考虑电路板热设计、器件热设计。

在温度变化范围较大或温度变化率较大的环境下，光纤干涉仪内部的温度梯度不可避免，尤其对于高精度光纤干涉仪，Shupe 效应仍是影响光纤干涉仪精度的主要误差源之一。针对高精度光纤干涉仪结构热设计，具体的措施主要有：

①光纤环结构的外部隔热设计、内部热平衡设计，在热源附近的材料选用导热性能好的材料，选取导热硅脂以及导热胶带，加强热传导，尽快实现材料的热均匀性；优选光纤环固化胶，并进行均匀性施胶设计，以保证光纤环热传递的均匀性，实现分布式光路的热平衡。

②在光纤干涉仪整体结构设计的基础上，优化光纤环的截面窗口比，减小光纤环对温度等因素的敏感性，降低光纤干涉仪的误差。

③对分布式光路的外部结构进行密封性设计，可减少温度环境下空气对流对分布式光路的影响。

④增大光路结构件和光路敏感元件之间的热阻，减少光路外部热量对光纤干涉仪光路的影响。

⑤发热器件的合理布局和放置。对光纤干涉仪内部的发热器件进行合理的布局和放置，保持各部分热平衡，有源器件远离分布式光路，降低发热器件对光纤干涉仪光纤环的影响，保证分布式光路的热平衡性。

⑥计算机辅助结构热设计。计算机辅助热分析多为稳态分析，即计算热平衡状态下的热分布。采用 ANSYS 软件能够进行复杂的传导热分

析。将发热部件简化成相应的发热体，并按实际情况正确设置边界条件及材料属性，可分析模型在不同温度环境条件下的热分布。

5.3.4.3　力学环境适应性设计

高精度光纤干涉仪的力学性能设计主要包括刚度设计、强度设计以及减振与隔冲击设计等。考虑到用于世界时测量的光纤干涉仪力学环境较好，因此可主要针对刚度和长期稳定性进行设计。

(1)刚度设计

结构刚度，在静态时，指抵抗变形的能力，在动态时，指结构的固有频率高低。刚度越大，结构抵抗变形的能力越强，其自身的固有频率也越高。光纤干涉仪结构应具有足够的刚度，以便在经受运输条件以及不同环境载荷作用下，不至于产生期望之外的弹、塑性变形，给光纤干涉仪的精度及安装带来影响；还要有足够高的结构固有频率，不至于产生动力耦合共振和过大的动力响应载荷。结构设计中应采取以下措施：

①采用比刚度 E/ρ 较高的材料(E 为材料的弹性模量，ρ 为材料的密度)，以提高零件自身的刚度；

②应尽量减轻光纤干涉仪结构的总重量，提高整体的结构刚度；合理减小电路板间距，压缩无效空间；

③在满足强度、刚度、导热和工艺要求的前提下，优化结构构型及尺寸，以减轻重量。

(2)强度设计

结构强度指结构抵抗破坏或塑性变形的能力，以结构受载后产生的应力量值来度量，用符号 σ 来表示，单位为 MPa。干涉仪结构设计中应采取如下措施：

①设计合理的构型和壁厚；

②选择比强度($\sigma/\rho b$)大的材料，例如选择比强度较高的铝合金材料(LY15-CZ)；

③避免薄弱环节及应力集中的构型设计。

(3)计算机辅助力学分析设计

计算机辅助力学分析包括静力学分析、模态分析、随机振动分析、冲击响应谱分析等。模型中需要按照实际情况设置零部件的接触约束，并按实际安装情况设置边界条件，选择正确的材料模型。

5.3.4.4　磁屏蔽设计

光纤干涉仪由于光纤的法拉第效应，受磁场的影响较大，尤其对于世界时测量用高精度光纤干涉仪，若不采取较好的磁屏蔽设计，磁场引起的零偏误差将成为限制精度提升的瓶颈之一。因此，磁屏蔽设计是结构设计较为重要的环节之一。

（1）磁屏蔽材料的选择

光纤干涉仪磁屏蔽材料应有高的初始磁导率和饱和磁导率，而铁镍软磁合金能满足该要求。材料类型主要有：锻造棒材、板材及板型材。对于干涉仪尺寸精度要求较高的结构件，如光纤环骨架、安装法兰等，应采用锻造棒料或板料加工；对于干涉仪中尺寸精度要求不高的结构件，如磁屏蔽盖、防风罩等，可采用板型材焊接成型等方式。

（2）主要设计参数

①屏蔽材料厚度：屏蔽材料厚度对屏蔽效果影响较大，应根据外界磁场环境及光纤干涉仪的需要进行设计。在满足磁屏蔽效果的基础上，应尽量减小壁厚，从而减轻光纤干涉仪重量。通常考虑安装与转运，光纤干涉仪上下盖铁镍合金壁厚在 1～2mm。

②屏蔽体形状：屏蔽体形状对屏蔽效果也有影响，圆形屏蔽体比方形屏蔽有更好的屏蔽效果，因此，设计中应尽量避免直角，结构转弯处应倒圆角。对于屏蔽体上下盖接触面，应搭接过渡，以保持磁连续性。磁屏蔽体应尽量少开口，以提高磁屏蔽效果。对于必需的开口，应特殊设计，以减少漏磁。

③屏蔽层数：对磁屏蔽要求非常高的场合，可采用多层磁屏蔽，每层磁屏蔽之间应进行磁隔离。

5.3.4.5　典型机械结构设计

根据应用于世界时测量的高精度光纤干涉仪性能指标，进行高精度光纤干涉仪的总体结构设计、干涉仪光路双层磁屏蔽设计、光纤环精密激光封焊设计、干涉仪光路密封设计等。

考虑到温度的影响，典型光纤干涉仪结构设计应采用光电分离式结构设计，如图 5-15 所示，包含光路结构设计和电路结构设计，温度敏感器件与发热器件相分离以改善高精度光纤干涉仪的温度性能。

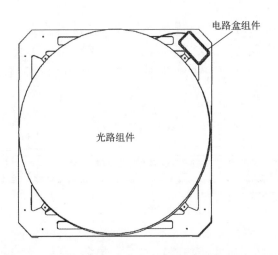

图 5-15　高精度光纤干涉仪光电分离总体结构示意图

典型高精度光纤干涉仪总体结构分解示意图如图 5-16 所示，光路结构件的主要作用为光纤环、Y 波导集成光学器件、耦合器以及熔接点的安装和固定，光路结构设计的主要目的是隔离光纤环所受到的温度变化和外界磁场影响。应用于世界时测量的大型光纤干涉仪可采用基于铁镍合金的双层磁屏蔽材料，保证磁屏蔽效果，确保无缝隙无漏磁，并减小空气内外对流引起的光纤环温度变化。外层结构既起到磁屏蔽的作用，同时起到保护光纤尾纤、减缓外界温度对光路影响的作用。为了实现高精度光纤干涉仪的密封结构，在干涉仪上盖与安装底座之间采取特制的气密性胶黏剂进行密封黏接，实现干涉仪与外界的密封无空气对流。

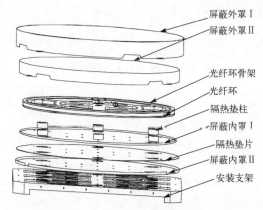

图 5-16　高精度光纤干涉仪总体结构分解示意图

高精度光纤干涉仪剖面结构典型示意图如图 5-17 所示，具体包括非线性干涉仪磁屏蔽外盖、磁屏蔽外垫片、磁屏蔽内盖、磁屏蔽内垫片、光纤环骨架及底座等。光纤环骨架结构示意图如图 5-18 所示，通过辐条的结构设计方案，既保证干涉仪的结构强度与稳定性，也可有效减小光纤环骨架的重量。

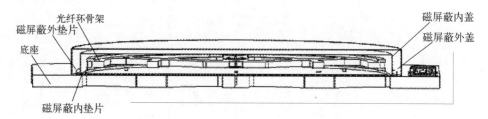

图 5-17　高精度光纤干涉仪剖面结构示意图

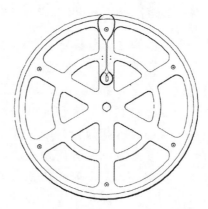

图 5-18　高精度光纤干涉仪的光纤环骨架结构示意图

对于 5.3.2 节提到的高精度光纤干涉仪，其典型结构参数设计典型值如表 5-3 所示。

表 5-3　光纤干涉仪结构参数设计典型值

结构参数	设计值(或要求值)
外径	1500mm
高度	200mm
磁屏蔽层数	≥2 层
总重量	≤400kg

5.3.4.6　典型光纤干涉仪结构仿真分析

(1)有限元模型分析

高精度光纤干涉仪的结构仿真分析采用映射和自由混合划分手段，

先对干涉仪各个子部件、子装配体划分网格，再应用连接技术，包括共节点、绑定接触、柔性单元、刚性单元将所有子结构网格组装成一体。高精度光纤干涉仪的有限元模型如图 5-19 所示。

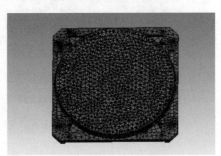

图 5-19　光纤干涉仪有限元模型

（2）热分析

为了验证理论计算结果，采用 ANSYS 公司的 Workbench 软件的稳态热分析功能进行组件的稳态热仿真计算，对产品进行有限元热分析。

发热源为光纤干涉仪的电路盒组件，功耗为 2W，干涉仪其余部件、零件为导热部件。零件中安装支架、光纤环骨架为铝合金，导热系数为 121W/m℃，电路板为 PCB 板，导热系数为 17.4W/m℃；隔热垫柱为钛合金，导热系数为 21.9W/m℃，光纤环屏蔽结构材料为铁镍合金，导热系数为 16.7W/m℃。边界条件为安装支架的安装面。

高精度光纤干涉仪边界条件温度设置为 20℃，仿真光纤干涉仪通电并温度稳定后的热分布，光纤干涉仪整体稳态温度分布示意图如图 5-20 所示，干涉仪整体最高温度为 44℃，最高温度发生在电路盒；干涉仪的核心敏感组件——光纤环的温度分布示意图如图 5-21 所示，光纤环的最高温度约为 20.02℃，最高温度位于靠近电路盒组件的位置，远离电路盒组件的位置温度最低。从图 5-21 可看出，光纤环的温度梯度最大约为 0.02℃，温度分布较均匀。

（3）结构变形分析

高精度光纤干涉仪结构在温度发生变化时会产生膨胀或收缩的现象。在稳态热仿真的基础上，进行结构静力学仿真，得到干涉仪的结构变形情况。

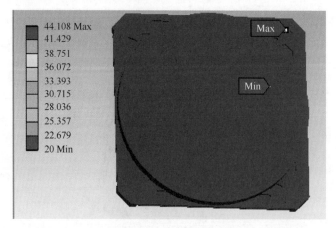

图 5-20 高精度光纤干涉仪整体温度分布示意图

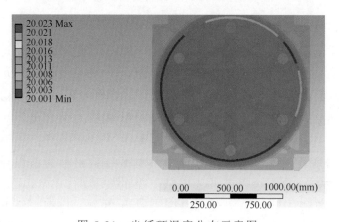

图 5-21 光纤环温度分布示意图

　　由自身温升引起的光纤干涉仪的结构变形仿真示意图如图 5-22 所示，最大变形发生在磁屏蔽外罩处，变形量为 0.2mm，考虑各结构件的间隙都在 2mm 以上，故对结构影响较小；光纤环的结构变形仿真示意图如图 5-23 所示，最大变形发生在光纤环顶端处，变形量为 0.044mm，对应于半径 750mm 的大型光纤干涉仪，光纤的相对变化量约为 0.0059%，该结构变形量引起的光纤变化相对较小；此外，考虑到世界时测量用高精度光纤干涉仪通常安装在温度恒定的静态实验室，该变形量通常为固定值，该变形量引起的光纤干涉仪互易性误差将作为一个固定的零位值叠加在干涉仪输出中，不影响光纤干涉仪的角速度测量精度。

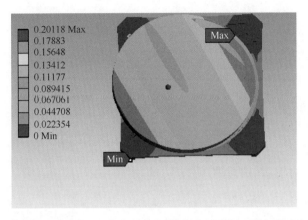

图 5-22　高精度光纤干涉仪在温度变化下的变形结果示意图

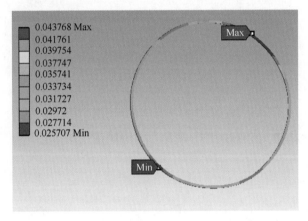

图 5-23　光纤环在温度变化下的变形结果示意图

第 6 章
提高世界时测量用高精度
光纤干涉仪精度的关键技术

6.1　概述

提升高精度光纤干涉仪的精度性能，首先应从干涉仪的误差分析着手，提高其在静态条件下的理论精度和应用环境下的精度适应性水平。高精度光纤干涉仪的应用环境通常包括温度、磁场、力学等环境。

高精度光纤干涉仪误差模型为[93]

$$D = (K + \Delta K)\omega_X + D_0 + D_T T + D_{\dot{T}} \dot{T} + D_M M + K_{XY}\omega_Y + K_{XZ}\omega_Z + D_\gamma S + \varepsilon \quad (6\text{-}1)$$

式中，D 为干涉仪输出，D_0 为干涉仪输出零位，K 为标度因数，ΔK 为标度因数误差，$\omega_X(t)$、$\omega_Y(t)$、$\omega_Z(t)$ 分别为三个轴向输入角速度，K_{XY}、δ_Y 为 X' 轴与 Y 轴的失准角误差系数及失准角，K_{XZ}、δ_Z 分别为 X' 轴的失准角误差系数及失准角，T、$\dot{T}$ 分别为温度及温度变化率，D_T、$D_{\dot{T}}$ 分别是温度及温度变化率相关的干涉仪误差系数，D_M 为干涉仪零偏漂移的磁场误差系数，M 为磁场强度，D_γ 为干涉仪零偏漂移的辐照误差系数，S 为辐照强度，ε 为高精度光纤干涉仪的其他随机误差项，比如高精度光纤干涉仪噪声等。

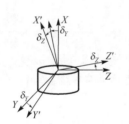

图 6-1　高精度光纤干涉仪
坐标系示意图

高精度光纤干涉仪坐标系如图 6-1 所示。随机噪声项误差是影响高精度光纤干涉仪应用的关键，光源相对强度噪声是影响高精度光纤干涉仪随机游走系数的主要因素之一，约占光路总噪声的 90%以上，降低干涉仪的光源强度噪声可显著提升干涉仪的精度性能。另外，探测器光电转换引入热噪声以及电子噪声等，也会影响干涉仪的精度。

光路分布式非互易误差的存在导致光纤干涉仪温度下零位发生漂移；探测器响应尖峰脉冲的存在，会影响光纤干涉仪降噪并产生零偏漂移；电路交叉干扰会引起干涉仪的零偏漂移；磁灵敏度误差对高精度光纤干涉仪也是不可忽视的误差源，会影响高精度光纤干涉仪的零位重复性。对于零偏稳定性为 2×10^{-6}°/h(1σ)水平的高精度光纤干涉仪，磁灵敏度误差一般情况下要求不大于 6×10^{-7}°/h/Gs(不超过零偏稳定性的 30%)，通常采取的措施是减少光纤环绕制过程中的扭转，且光纤环采取良好的磁屏蔽技术。光纤干涉仪在低剂量辐照环境下，光功率及平均波长等发生变化，也会引起干涉仪零位漂移。

高精度光纤干涉仪对温度等环境条件下的标度因数非线性及重复性提出了更高的要求。影响标度因数线性度及重复性的因素包括光谱对称性、反馈增益误差、Y 波导半波电压的漂移、光纤环物理尺寸等，通常采取提高光源波长稳定性、优化光纤环固化以及粘接方式、改善调制解调电路以及采取温度补偿、温控等方法提升标度因数非线性及稳定性。

通过上述对光纤干涉仪的误差分析可知，实现高精度光纤干涉仪需要进一步解决以下主要关键技术问题：

①采用八极或者十六极精密对称绕制技术、分布式光路互易性优化技术降低光纤干涉仪的 Shupe 误差，提升高精度光纤干涉仪的零偏温度性能；

②采取光纤干涉仪光路噪声抑制技术、电路噪声抑制技术以及环境下的噪声抑制技术可降低干涉仪的噪声，提升高精度光纤干涉仪静态条件下固有精度水平；

③采取偏振噪声抑制、差分调制抑制共模漂移、激光封焊磁屏蔽等一系列关键技术，提升高精度光纤干涉仪在应用环境下的零偏性能；

④采取光纤干涉仪光谱高斯滤波技术、光纤环参数自动匹配技术、多表误差对消技术等关键技术，提高光纤干涉仪的长期参数稳定性。

6.2　世界时测量用高精度光纤干涉仪的精度提升技术

6.2.1　光纤干涉仪的精度极限

光纤干涉仪的精度极限主要由干涉仪检测噪声决定，一般可用角随机游走系数来表征，干涉仪的角随机游走主要由两部分构成，即光路干涉信号的信噪比和信号处理引入的噪声。光路噪声包括光电探测器的热噪声、光电转换的散粒噪声和光源拍频引起的相对强度噪声；信号处理过程的噪声取决于信号处理电路多个环节的参数，包括运算放大器的输入电流和输入电压噪声、A/D 采样转换引起的噪声、D/A 转换器的量化噪声以及输出数据的量化噪声。

6.2.1.1　光纤干涉仪的总噪声

光纤干涉仪的总噪声 i_N 主要包括热噪声 i_{ther}、散粒噪声 i_{shot}、相对强度噪声 i_{RIN}、运放的输入电流噪声 i_{Iamp}、运放的输入电压噪声 i_{Vamp}、A/D 转换的噪声 i_{AD}、D/A 转换的噪声 i_{DA} 和量化噪声 i_Q 等，具体噪声分布如图 6-2 所示。

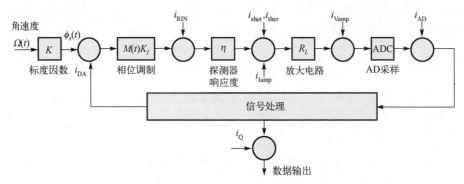

图 6-2　各噪声在干涉仪框图通道中的分布示意图

（1）热噪声

热噪声源自探测器的暗电流和探测器跨阻抗放大器反馈电阻的 Johnson 热噪声。热噪声可表示为

$$i_{ther}^2 = \frac{4kT}{R_L} + 2ei_{dark} \tag{6-2}$$

式中，i_{dark} 是光探测器的暗电流，$k=1.38\times10^{-23}$J/K，是玻尔兹曼常数，T 是绝对温度，R_L 是探测器的内阻，$e=1.6\times10^{-19}$C，是单个电子电量。

（2）散粒噪声

散粒噪声是光子转换为电子时产生的随机噪声，是没有办法消除的噪声。散粒噪声与注入探测器的光功率大小 i_{pin} 有关，其引起光电流噪声可表示为

$$i_{shot}^2 = 2ei_{pin} \tag{6-3}$$

（3）相对强度噪声

采用宽带光源时，探测器上相对强度噪声引起的电流噪声表示为

$$i_{RIN}^2 = \frac{i_{pin}^2}{\Delta v} \tag{6-4}$$

式中，Δv 是光源的频谱宽度，它和光源光谱宽度 $\Delta \lambda$ 的关系为

$$\Delta v = \frac{c\Delta\lambda}{\lambda^2} \tag{6-5}$$

式中，c 是光速，λ 为光信号波长。

(4) 运放引入的噪声

运算放大器的输入电流 i_n 引起的噪声为

$$i_{\text{Iamp}}^2 = i_n^2 \tag{6-6}$$

运算放大器的输入电压 e_n 引起的噪声为

$$i_{\text{Vamp}}^2 = \frac{G_n^2 e_n^2}{R_L^2} \tag{6-7}$$

式中，G_n 为放大器噪声增益。

(5) A/D 转换和 D/A 转换引入的噪声

A/D 转换引入的噪声为

$$i_{\text{AD}}^2 = \frac{1}{(R_L G_E 2^{b-1})^2} \cdot \frac{2t}{12} \tag{6-8}$$

式中，G_E 为从探测器到 A/D 转换器的电压增益，b 为 A/D 转换器的位数，t 为 A/D 采样周期。

D/A 转换引入的噪声为

$$i_{\text{DA}}^2 = \left(\frac{\pi}{f_m 2^N}\right)^2 \cdot B_e \tag{6-9}$$

式中，f_m 为 D/A 转换器产生的调制信号的频率，N 为 D/A 转换器的位数，为检测带宽。

6.2.1.2　精度极限分析

从式 (6-6) ~ 式 (6-9) 计算可得到，电路中各项噪声比干涉仪光路噪声小 1 ~ 3 个数量级，对干涉仪的影响较小，因此精度极限主要由光纤干涉仪的光路噪声决定。

光路的总噪声为

$$
\begin{aligned}
i_{\text{N}}^2 &= i_{\text{ther}}^2 + i_{\text{shot}}^2 + i_{\text{RIN}}^2 \\
&= \frac{4kT}{R_L} + 2ei_{\text{dark}} + 2ei_{\text{pin}} + \frac{i_{\text{pin}}^2}{\Delta v} \\
&= \frac{4kT}{R_L} + 2ei_{\text{dark}} + 2ei_{\text{pin}} + \frac{i_{\text{pin}}^2 \cdot \lambda^2}{\Delta\lambda}
\end{aligned}
\tag{6-10}
$$

将 $i_{pin} = \eta P_0(1+\cos\phi_b)$ 代入式 (6-10)，并代入信噪比表达式，可得

$$\begin{aligned}
\text{SNR} &= \left(\frac{i_{sens}}{i_N}\right)^2 = \frac{\eta^2 P_0^2 \sin^2(\phi_b)}{\dfrac{4kT}{R_L} + 2ei_{dark} + 2ei_{pin} + \dfrac{i_{pin}^2 \cdot \lambda^2}{c\Delta\lambda}} \\[2mm]
&= \frac{\eta^2 P_0^2 \sin^2(\phi_b)}{\dfrac{4kT}{R_L} + 2e(i_{dark} + \eta P_0(1+\cos\phi_b)) + \dfrac{\eta^2 P_0^2(1+\cos\phi_b)^2 \lambda^2}{c\Delta\lambda}}
\end{aligned} \tag{6-11}$$

式中各符号的含义见表 6-1。

光路部分的角随机游走系数和信噪比之间存在以下的关系

$$\text{ARW} = \frac{1}{K \cdot \sqrt{\text{SNR}}} = \frac{\lambda c}{2\pi LD} \frac{1}{\sqrt{\text{SNR}}} \tag{6-12}$$

考虑到探测器组件的带宽 B 的影响，数据的零偏稳定性 σ 与光路的随机游走 ARW 以及检测带宽的关系为

$$\sigma = \frac{\text{ARW}}{\sqrt{1/B}} \tag{6-13}$$

在 $\tau/2$ 采样周期内的数据的零偏稳定性 σ 与信号处理单元中 (电路) 的随机游走 ARW′、采样周期 τ 以及采样个数 m 的关系为

$$\sigma = \frac{\text{ARW}'}{\sqrt{\tau/2m}} \tag{6-14}$$

则信号处理单元中的随机游走为

$$\begin{aligned}
\text{ARW}' &= \sqrt{\frac{B\tau}{2m}} \text{ARW} \\[2mm]
&= \sqrt{\frac{B\tau}{2m}} \frac{\lambda c}{2\pi LD\eta P_0 \sin(\varphi_b)} \\[2mm]
&\quad \cdot \sqrt{\frac{4kT}{R_L} + 2e(i_{dark} + \eta P_0(1+\cos\varphi_b)) + \frac{\eta^2 P_0^2(1+\cos\varphi_b)^2 \cdot \lambda^2}{c\cdot\Delta\lambda}}
\end{aligned} \tag{6-15}$$

从式中可看到，光纤干涉仪的随机游走系数受限于光纤干涉仪的光纤长度 L、直径 D 以及到达探测器的光功率等参数。

以下结合工程实际中光纤干涉仪的尺寸设计极限以及电路检测极限，计算光纤干涉仪的精度极限。理论研究得到，当光纤环直径一定时，Sagnac 相位差随长度 L 成正比增加，但功率按 $10^{-\alpha L/10}$ 衰减 (α 为光纤的

损耗），从而使相位检测的信噪比降至 $(10^{-\alpha L/10})^{1/2} = 10^{-\alpha L/20}$。光纤环最佳长度由下式来确定

$$\frac{\mathrm{d}f}{\mathrm{d}L}(L_{\mathrm{op}}) = 0 \qquad (6\text{-}16)$$

式中，$f(L)$ 为一个函数，定义为

$$f(L) = L \times 10^{-\alpha L/20} \qquad (6\text{-}17)$$

从而得到

$$L_{\mathrm{op}} = \frac{8.7}{\alpha} \qquad (6\text{-}18)$$

这里 L_{op} 的单位为 km，对于 1550nm 波长的保偏光纤，光纤的损耗目前可实现 0.29dB/km，计算得到最佳信噪比对应的光纤环长度可达30km。结合光纤绕环机水平等条件，对于 30km 长度的典型光纤环，其平均直径设定为 1300mm，光纤干涉仪取表 6-1 中的典型参数，由光路噪声引起的角随机游走系数精度极限为 $7.5 \times 10^{-7}°/h^{1/2}$，对应的 1h 平滑零偏稳定性最优约为 $7.5 \times 10^{-7}°/h(1\sigma)$。如采取 SOA 抑制相对强度噪声技术等非线性光纤放大原理的噪声抑制技术，可降低干涉仪噪声50%以上，精度极限可进一步提升，由光路噪声引起的角随机游走系数可达到 $3.8 \times 10^{-7}°/h^{1/2}$，对应的 1h 平滑零偏稳定性最优约为 $3.8 \times 10^{-7}°/h(1\sigma)$。

表 6-1　光纤干涉仪典型参数列表

序号	名称	符号	量纲	取值
1	波尔兹曼常数	k	J/K	1.38×10^{-23}
2	电子电量	e	C	1.6×10^{-19}
3	真空中的光速	c	m/s	3×10^{8}
4	温度	T_a	K	293
5	光源波长	λ	nm	1550
6	光谱宽度	$\Delta\lambda$	nm	18
7	探测器响应度	η	A/W	0.9
8	探测器暗电流	i_{dark}	nA	5
9	探测器跨阻抗	R	kΩ	20
10	到达探测器功率(无调制时)	P_0	μW	200
11	光纤线圈长度	L	m	30000
12	光纤线圈平均直径	D	m	1.3
13	偏置工作点	φ_b	rad	$8\pi/9$

考虑到光纤的损耗仍可进一步降低,且有较多增加光纤干涉仪光路增益的方法,光纤线圈长度有增加至 60km 以上的潜力;结合工程可实现的光纤干涉仪结构加工与光纤线圈绕制能力,光纤线圈平均直径可提升至 2.5m 以上,结合光学降噪技术与低噪声电路检测技术,对应的光纤干涉仪零偏稳定性可实现 $10^{-8}°/h(1\sigma)$ 量级的水平。

6.2.2 高精度光纤干涉仪的噪声抑制技术

光纤干涉仪的噪声主要来源于光纤干涉仪光路与光电检测部分,光纤干涉仪噪声的统计特性基本不随时间而变化,特性同白噪声,因此常用白噪声统计特性中的随机游走系数(简称随机游走)来表述光纤干涉仪的噪声。光纤干涉仪噪声来源如图 6-3 所示。

光纤干涉仪的理论精度极限主要由光路干涉信号的信噪比和电路信号处理引入的噪声两部分决定。电路信号处理过程的噪声取决于信号处理电路多个环节的参数,包括运算放大器的输入电流、输入电压噪声、A/D 采样转换引起的噪声、D/A

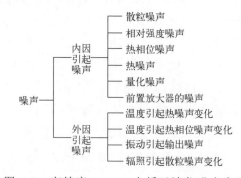

图 6-3 高精度 Sagnac 光纤干涉仪噪声来源

转换器的量化噪声以及输出数据的量化噪声。电路中各项噪声比光纤干涉仪光路噪声小 1~3 个数量级,对光纤干涉仪的影响较小,因此精度极限主要由光纤干涉仪的光路噪声决定。

光路噪声包括光电探测器的热噪声、光电转换的散粒噪声和光源拍频引起的相对强度噪声,随机游走可表示为

$$
\text{ARW} = \frac{\lambda c}{2\pi LD\eta P_0 \sin(\varphi_b)}
$$
$$
\cdot \sqrt{\frac{4kT}{R_L} + 2e(i_{\text{dark}} + \eta P_0(1+\cos\varphi_b)) + \frac{\eta^2 P_0^2(1+\cos\varphi_b)^2 \cdot \lambda^2}{c\cdot\Delta\lambda}} \tag{6-19}
$$

式中各符号含义见表 6-1。从式(6-19)中可看到,光纤干涉仪的随机游走系数受限于光纤干涉仪的光纤长度 L、直径 D 以及到达探测器的光功率 P_0 等参数。实际应用中,光纤具有一定的传输损耗,随着光纤长度的增加,整个光路的损耗将随之增加,从而限制到达探测器的光功率,进一

步增加了光纤干涉仪噪声。当光纤环直径一定时，Sagnac 相位差随长度 L 呈正比增加，但功率按 $10^{-\alpha L/10}$ 衰减（α 为光纤的损耗），从而使相位检测的信噪比降至 $(10^{-\alpha L/10})^{1/2}=10^{-\alpha L/20}$。因此，当给定光纤损耗 α，光纤环长并不是越长越好，其长度 L 存在一个最佳理论值。另外，随着光纤长度的增加，各种非互易效应会随之增加。

光信号自身的噪声包括光子噪声、光源相对强度噪声、光路偏振噪声，以及探测器光电转换产生的散粒噪声等，对于高精度光纤干涉仪，光源相对强度噪声占比最大，抑制光源相对强度噪声是提升光纤干涉仪精度的主要途径。

6.2.2.1　相对强度噪声抑制技术

相对强度噪声源于宽带光源谱宽范围内的各个傅里叶分量之间的拍频效应，在光电探测器的输出光电流中形成一种附加噪声。抑制相对强度噪声是减小光纤干涉仪随机游走、提高精度的重要技术途径。

目前抑制相对强度噪声的常用方法有超宽谱光源法、双光路延迟相减法、SOA 抑制法等。

(1) 超宽谱掺铒光纤光源法

光源相对强度噪声是影响高精度光纤干涉仪随机游走的一个最主要因素。光源相对强度噪声与谱宽有关，谱宽越宽，相对强度噪声越小。

使用超稳定、超宽谱(3dB 谱宽>70nm)掺铒光纤光源的光纤干涉仪系统，比 1560nm 高斯谱(3dB 谱宽约为 16nm)的光纤干涉仪系统，光源相对强度噪声可降低 50%。超宽谱掺铒光纤光源中，大功率双泵浦激光器发出的泵浦光从前后两个方向进入两段掺铒光纤，激发出所谓"C 波段(常规波段，即 1525～1565nm)"和"L 波段(长波段，即 1565～1625nm)"的宽带光波，经过隔离器后成为高精度光纤干涉仪所需要的光信号，设计方案示意图如图 6-4 所示。

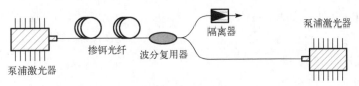

图 6-4　超宽谱掺铒光纤光源设计方案示意图

(2) 双光路延迟相减法

双光路延迟相减法是一种不需要额外增加采集电路，只通过光路相减实现相对强度噪声抑制的方法。将普通光纤干涉仪系统中的耦合器，用一个全保偏的强度噪声补偿光路来替代（包括起偏器、保偏耦合器、保偏隔离器），其中，隔离器和耦合器之间的保偏光纤 90°对轴熔接。双光路延迟相减法示意图如图 6-5 所示。

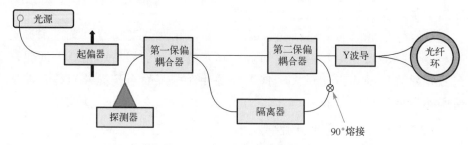

图 6-5　双光路延迟相减法示意图

整个干涉仪光路中，主光路干涉光沿快轴进入保偏耦合器，参考光路的光经过耦合器沿慢轴进入保偏耦合器，通过调整光路各熔点损耗以及 Y 波导调制深度，使得两束光功率相等，同时配置相应的信号解调电路，可实现光源相对强度噪声信号的相减。

其主要工作原理如下：第一偏振光经过第二保偏耦合器后传输至 Y 波导，经过 Y 波导分成第三偏振光和第四偏振光，第三偏振光和第四偏振光两束偏振光在沿其轴向旋转角速度 ω 的光纤环中沿相反方向传播，产生相位差 $\Delta\varphi$，然后回到 Y 波导发生干涉，干涉光波再次经过第二保偏耦合器和第一保偏耦合器后到达光电探测器，其中，信号解调处理单元给予 Y 波导的调制深度为 φ_b，光电探测器探测到与调制深度 φ_b 和旋转角速度 ω 相关的 $t_1, t_2, \cdots, t_N$ 共 n 个时刻的光强 $I_1(t_1)$，$I_1(t_2), \cdots, I_1(t_N)$。

第二偏振光经过保偏隔离器到达第二保偏耦合器，然后再经过第一保偏耦合器到达光电探测器，光电探测器探测到的 $t_1, t_2, \cdots, t_N$ 共 n 个时刻的光强为 $I_2(t_1)$，$I_2(t_2)$，$\cdots$，$I_2(t_N)$；光电探测器通过光强 $I_1(t_1)$，$I_1(t_2)$，$\cdots$，$I_1(t_N)$ 与 $I_2(t_1)$，$I_2(t_2)$，$\cdots$，$I_2(t_N)$ 探测到的总的光强 $I(t_1), I(t_2), \cdots, I(t_N)$；信号解调处理单元通过光强 $I(t_1), I(t_2), \cdots, I(t_N)$ 之间的关系得到光强差 ΔI。

在双光路延迟相减法中，与调制深度 φ_b 和旋转角速度 ω 相关的 $t_1, t_2, \cdots, t_N$ 共 n 个时刻的光强 $I_1(t_1), I_1(t_2), \cdots, I_1(t_N)$ 由以下公式得出

$$\begin{cases} I_1(t_1) = \dfrac{1}{2}I_0(t_1 - \tau)(1 + \cos(\Delta\varphi + \varphi_b)) \\[2mm] I_1(t_2) = \dfrac{1}{2}I_0(t_2 - \tau)(1 + \cos(\Delta\varphi - \varphi_b)) \\[2mm] I_1(t_3) = \dfrac{1}{2}I_0(t_3 - \tau)(1 + \cos(\Delta\varphi + \varphi_b)) \\[2mm] I_1(t_4) = \dfrac{1}{2}I_0(t_4 - \tau)(1 + \cos(\Delta\varphi - \varphi_b)) \\[2mm] \qquad\qquad\qquad \vdots \\[2mm] I_1(t_N) = \dfrac{1}{2}I_0(t_N - \tau)(1 + \cos(\Delta\varphi - \varphi_b)) \end{cases} \tag{6-20}$$

式中，$\Delta\varphi = \dfrac{2\pi LD}{\lambda c}\omega$，$t_n - t_{n-1} = \tau$，$\tau$ 为光在光纤环中传播所需的时间，L 为光纤环的长度，D 为光纤环的平均直径，λ 为光源的平均波长，c 为光速，$I_0(t_n - \tau)$ 为 Y 波导未加调制深度且光纤环的旋转角速度 ω 为 0 的条件下 $t_n - \tau$ 时刻到达光电探测器的光强，n 具体代表的为 $1,2,\cdots,N$。

在双光路延迟相减法中，$t_1, t_2, \cdots, t_N$ 等 n 个时刻的光强 $I_2(t_1)$，$I_2(t_2), \cdots, I_2(t_N)$ 由以下公式得出

$$\begin{cases} I_2(t_1) = \dfrac{1}{2}I_0(t_1) \\[2mm] I_2(t_2) = \dfrac{1}{2}I_0(t_2) \\[2mm] I_2(t_3) = \dfrac{1}{2}I_0(t_3) \\[2mm] I_2(t_4) = \dfrac{1}{2}I_0(t_4) \\[2mm] \qquad\quad \vdots \\[2mm] I_2(t_N) = \dfrac{1}{2}I_0(t_N) \end{cases} \tag{6-21}$$

式中，$I_0(t_N)$ 为 Y 波导未加调制深度且光纤环的旋转角速度 ω 为 0 的条件下 t_n 时刻到达光电探测器的光强，n 具体代表的为 $1,2,\cdots,N$。

在双光路延迟相减法中，总的光强 $I(t_1), I(t_2), \cdots, I(t_N)$ 由以下公式得出

$$\begin{cases} I(t_1) = I_1(t_1) + I_2(t_1) = \dfrac{1}{2}I_0(t_1 - \tau)\big(1 + \cos(\Delta\varphi + \varphi_b)\big) + \dfrac{1}{2}I_0(t_1) \\[2mm] I(t_2) = I_1(t_2) + I_2(t_2) = \dfrac{1}{2}I_0(t_2 - \tau)(1 + \cos(\Delta\varphi - \varphi_b)) + \dfrac{1}{2}I_0(t_2) \\[2mm] \qquad\quad = \dfrac{1}{2}I_0(t_1)(1 + \cos(\Delta\varphi - \varphi_b)) + \dfrac{1}{2}I_0(t_2) \\[2mm] I(t_3) = I_1(t_3) + I_2(t_3) = \dfrac{1}{2}I_0(t_3 - \tau)(1 + \cos(\Delta\varphi + \varphi_b)) + \dfrac{1}{2}I_0(t_3) \\[2mm] \qquad\quad = \dfrac{1}{2}I_0(t_2)(1 + \cos(\Delta\varphi + \varphi_b)) + \dfrac{1}{2}I_0(t_3) \\[2mm] I(t_4) = I_1(t_4) + I_2(t_4) = \dfrac{1}{2}I_0(t_4 - \tau)(1 + \cos(\Delta\varphi - \varphi_b)) + \dfrac{1}{2}I_0(t_4) \\[2mm] \qquad\quad = \dfrac{1}{2}I_0(t_3)(1 + \cos(\Delta\varphi - \varphi_b)) + \dfrac{1}{2}I_0(t_4) \\[2mm] I(t_N) = I_1(t_N) + I_2(t_N) = \dfrac{1}{2}I_0(t_N - \tau)(1 + \cos(\Delta\varphi - \varphi_b)) + \dfrac{1}{2}I_0(t_N) \\[2mm] \qquad\quad = \dfrac{1}{2}I_0(t_{N-1})(1 + \cos(\Delta\varphi - \varphi_b)) + \dfrac{1}{2}I_0(t_N) \end{cases} \tag{6-22}$$

光强差 ΔI 由以下公式得出

$$\begin{aligned} \Delta I &= \frac{1}{N}\Big[(I(t_2) - I(t_1)) + (I(t_4) - I(t_3)) + \cdots + (I(t_N) - I(t_{N-1}))\Big] \\[2mm] &= \frac{1}{N}\bigg[\frac{1}{2}I_0(t_1)(1 + \cos(\Delta\varphi - \varphi_b)) + \frac{1}{2}I_0(t_2) - \frac{1}{2}I_0(t_1 - \tau)(1 + \cos(\Delta\varphi + \varphi_b)) \\[2mm] &\quad - \frac{1}{2}I_0(t_1) + \frac{1}{2}I_0(t_3)(1 + \cos(\Delta\varphi - \varphi_b)) + \frac{1}{2}I_0(t_4) - \frac{1}{2}I_0(t_2)(1 + \cos(\Delta\varphi + \varphi_b)) \\[2mm] &\quad - \frac{1}{2}I_0(t_3) + \cdots + \frac{1}{2}I_0(t_{N-1})(1 + \cos(\Delta\varphi - \varphi_b)) + \frac{1}{2}I_0(t_N) \\[2mm] &\quad - \frac{1}{2}I_0(t_{N-2})(1 + \cos(\Delta\varphi + \varphi_b)) - \frac{1}{2}I_0(t_{N-1})\bigg] \\[2mm] &= \frac{1}{N}\bigg[\frac{1}{2}I_0(t_N) - \frac{1}{2}I_0(t_1 - \tau) - \frac{1}{2}I_0(t_1 - \tau)\cos(\Delta\varphi + \varphi_b) + \frac{1}{2}I_0(t_1)\cos(\Delta\varphi - \varphi_b) \\[2mm] &\quad + \frac{1}{2}I_0(t_2)\cos(\Delta\varphi + \varphi_b) + \cdots + \frac{1}{2}I_0(t_{N-1})\cos(\Delta\varphi - \varphi_b)\bigg] \end{aligned}$$

$$\tag{6-23}$$

式中，$\displaystyle\lim_{N\to\infty}\frac{1}{N}\bigg[\frac{1}{2}I_0(t_N) - \frac{1}{2}I_0(t_1 - \tau)\bigg] = 0$。

从式(6-23)可看出，通过双光路的延迟相减将相对强度噪声的公共项 $I_0(t_j)$ 相抵消，仅保留了含有角速率的光强信号，从而提升了信噪比。因此，双光路延迟相减法能够有效降低高精度光纤干涉仪的相对强度噪声，且只增加了起偏器、保偏隔离器、保偏耦合器等光学元器件，不需要增加额外的信号处理电路和复杂的逻辑算法，降噪效果可提升一倍以上。

基于法拉第旋转反射镜的光路相减技术方案如图 5-10 所示，其采用法拉第旋转反射镜进行光的反射代替图 6-5 中的参考光路与主干涉光路进行光路相减，其双光路的功率匹配通过调节反射镜的反射率或者增加不同抑制比的光衰减器来实现，其降噪的机理与图 6-5 所示的光路相减一致，在此不再赘述。

(3)基于半导体光放大器的光源相对强度噪声抑制法

半导体光放大器(SOA)快速发展于 20 世纪 90 年代末，随着量子阱、超晶格技术的发展，特别是应变量子阱技术的日趋成熟，国内外学者对 SOA 进行了大量的研究工作，充分利用其体积小、非线性系数高、器件工艺成熟、能够实现光子集成的诸多优点，在多个领域取得了丰富的研究成果[100]。

基于 SOA 的非线性效应主要包括交叉增益调制、交叉相位调制、四波混频效应以及非线性偏振旋转等四种。利用非线性大的优点，SOA 可用于波长变换、光开关和光逻辑器件等方面，同时短距离的中继放大也可采用半导体光放大器。利用 SOA 的非线性，使其处于增益饱和状态，对光源相对强度噪声进行抑制，不仅更易实现，而且操作更简单。

半导体光放大器在结构和原理上与半导体激光器类似。结构上，都由有源区和无源区构成；原理上，都是基于受激辐射或受激散射原理来实现入射光信号放大的一种器件，但半导体光放大器没有光学界面反馈，不构成激光放大所需的谐振腔。半导体光放大器的光学增益通过泵浦电流在有源区产生载流子粒子数反转建立。目前大多数半导体光学放大器基于 P-N 双异质结结构，主要用于现代光纤通信系统中的光开关、波长转换和在线放大器等方面，结构示意图如图 6-6 所示。

在半导体光放大器中，电子的能级限制在导带和价带内，在导带和价带中充当载流子的分别为电子和空穴。当导带底和电子之间的每个态都被填满，而带价顶和空穴之间的所有态都为空时，光放大就会得到实现。

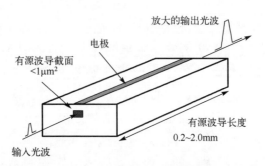

图 6-6　半导体光放大器及其标准封装示意图

美国科学家 Agrawal 在 1989 年提出,受激辐射复合引起载流子消耗进而导致增益饱和,该理论在半导体器件研究中应用得相当广泛,可表示为[101]

$$\frac{\mathrm{d}n}{\mathrm{d}t} = \frac{\eta_I I}{eV} - R(n) - \sum_i \Gamma \upsilon_g g_m S_i \tag{6-24}$$

式中,I 为泵浦电流,η_I 为电流注入效率,e 为电子电量,V 为半导体材料有源区的体积,Γ 为模场限制因子,υ_g 为光在有源区内的群速度,S_i 为第 i 束光的光子密度。由上式可知,光信号在被放大的同时将引起 SOA 中载流子的消耗,因而会出现增益随注入光功率增大而减小的现象,即增益饱和,如图 6-7 所示。当输入功率较小并在 SOA 线性区域内时,噪声被放大;当输入光功率较大,工作在 SOA 的增益饱和区(即非线性区域)时,会对输入光功率的波动进行压缩,与通常的线性放大器相比,可降低光源的噪声指数。

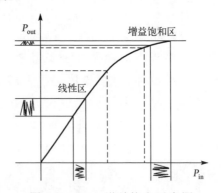

图 6-7　SOA 增益饱和示意图

半导体光放大器通过受激发射对输入光进行放大。当增加输入光功率时,由于输入光的受激发射的消耗,半导体光放大器中的载流子密度下降，导致半导体光放大器的增益下降。这种增益下降也就是半导体光放大器的增益饱和，它引起放大特性的非线性。

　　通常的半导体光放大器抑制光源相对强度噪声方案示意图如图 6-8 所示，在光源和光纤干涉仪其他光路之间增加半导体光放大器，通过调整光源输入光功率、半导体光放大器的驱动电流、温控工作点使 SOA 工作在饱和放大区，降低光源进入光纤干涉仪的相对强度噪声。选择合适的工作点，可降低相对强度噪声 10dB 以上。

图 6-8　常见的半导体光放大器抑制光纤干涉仪 RIN 噪声方案示意图

　　但在 SOA 实际使用中，低偏的掺铒光纤光源（消光比<0.1dB）经由 SOA 放大后，光源消光比通常达 1～3dB，图 6-9 为某半导体光放大器输出光波在不同输入光功率、不同驱动电流下的消光比变化，消光比最大约为 1.8dB，这对于高精度光纤干涉仪而言，会导致光纤干涉仪的偏振误差、强度型误差、振幅型误差等变大，从而导致零偏精度等指标劣化。

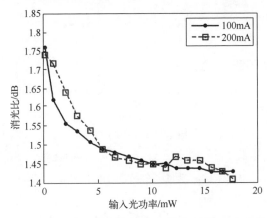

图 6-9　不同驱动电流下半导体光放大器输出光的消光比

　　此外，SOA 器件对光源输入不同波长下的增益并不均匀，在 1530nm 的增益与 1560nm 的增益差异超过 1dB，这将导致宽谱掺铒光纤光源经过 SOA 后谱型发生变化，即光源平均波长、谱宽等指标发生变化，同时其温度特性也发生变化，影响光纤干涉仪的标度因数性能和零偏性能。

　　考虑到上述问题，采用改进型半导体光放大器抑制光纤干涉仪 RIN 噪声的方法来抑制上述误差，抑制方案示意图如图 6-10 所示。在半导体光放大器的增益平坦谱区域，掺铒光纤光源后增加相应的高斯光纤滤波器，掺铒光纤光源经过半导体光放大器后，增加消偏器，偏振光经过消偏器后实现光源的低偏振光输出，光波的消光比从 1.8dB 降低至小于 0.1dB，既可实现干涉仪混偏技术方案对光源的消光比要求，满足光源光谱的稳定性要求，也可实现对光源相对强度噪声进行有效抑制，实测噪声抑制最高达 13dB，较大程度地提升光纤干涉仪的信噪比和精度水平。

图 6-10   改进型半导体光放大器抑制光源相对强度噪声方案示意图

6.2.2.2   偏振噪声抑制技术

高精度光纤干涉仪偏振噪声抑制技术主要有四个方面内容：①全保偏光纤干涉仪的偏振噪声抑制技术；②混偏光纤干涉仪的偏振噪声抑制技术；③光纤环与集成光学芯片的直接对轴耦合技术；④全温下偏振误差抑制技术。

（1）全保偏光纤干涉仪的偏振噪声抑制技术

全保偏光纤干涉仪的主要偏振误差起源于光纤线圈内的偏振交叉耦合，与 Y 波导的消光比成正比。因此误差抑制的方法主要是提高保偏光纤和光纤线圈的绕制性能，同时提高 Y 波导的消光比；另外在探测器前采用偏振器可进一步抑制强度型偏振误差。振幅型偏振误差则可在提高 Y 波导消光比的基础上，通过提高 Y 波导输入光波的偏振度，提高尾纤与芯片之间对轴准确度来抑制，例如，提高光源的偏振度或在光源和保偏耦合器之间增加偏振器。光纤之间、光纤和 Y 波导芯片之间的角度对准可用白光干涉仪来检测。

在光源和保偏光纤耦合器之间或在保偏光纤耦合器之后增加偏振器后，振幅型偏振误差减小为[16]

$$\Delta\varphi_e < 2\gamma(\tau_{21}) \cdot \varepsilon \sqrt{\frac{1-\left[\left(1-\varepsilon^2\right)/\left(1+\varepsilon^2\right)\right]}{1+\left[\left(1-\varepsilon^2\right)/\left(1+\varepsilon^2\right)\right]}} \sqrt[4]{\rho_{\mathrm{cr1}}\rho_{\mathrm{cr2}}} \tag{6-25}$$

式中，对于保偏光纤环中的两个耦合点，ρ_{cr1} 和 ρ_{cr2} 分别表示耦合点的强度耦合率，$\gamma(\tau_{21})$ 表示两束耦合光波返回到分束器干涉时的相干度，τ_{21} 表示两束光波返回到分束器的时间差，相干度的值随着时间差 τ_{21} 增大而减小，ε 为增加的偏振器振幅抑制比。可见，增加偏振器后，偏振误差可显著减小。

在探测器和保偏光纤耦合器之间增加偏振器后，强度型偏振误差减小为

$$\sigma_{\phi_c} = \varepsilon^3 h L / \sqrt{N} \tag{6-26}$$

式中，h 为保偏光纤中光功率转换的平均速率，h 的典型值为 $10^{-5}/\mathrm{m}$，L 为光纤环长度，N 为偏振交叉耦合点的数量。

(2) 混偏光纤干涉仪的偏振噪声抑制技术

干涉仪的振幅型偏振误差与 Y 波导输入端的偏振强度比和线圈两端的强度交叉耦合率成正比。在混偏光纤干涉仪光路中，单模光纤耦合器在温度和力学条件下会引起光波的偏振态发生较大的变化，如线偏振方向发生较大角度的旋转，则

$$\frac{1-d}{1+d} \leqslant \rho_{\mathrm{in}} \leqslant \frac{1+d}{1-d} \tag{6-27}$$

式中，ρ_{in} 为 Y 波导光波的强度抑制比，d 为光源的偏振度。可见，当光源的偏振度 d 较大时，输入到 Y 波导光波的强度抑制比将有可能变得较大，从而增大偏振误差，则

$$\Delta\varphi_e < 2\gamma(\tau_{21}) \cdot \varepsilon \sqrt{\frac{1+d}{1-d}} \sqrt[4]{\rho_{\mathrm{cr1}}\rho_{\mathrm{cr2}}} \tag{6-28}$$

式中，ρ_{cr1} 和 ρ_{cr2} 分别表示保偏光路耦合点的强度耦合率，$\gamma(\tau_{21})$ 表示两束耦合光波返回到 Y 波导干涉时的相干度，τ_{21} 表示两束光波返回到分束器的时间差，ε 为增加的偏振器振幅抑制比。

为了避免干涉仪性能在环境条件下过度劣化，需要采用偏振度较低的光源，或者在单模耦合器之后增加一个消偏器，降低输入 Y 波导光波的偏振强度比。例如，当光源的偏振度由 80% 降低至 5% 时，偏振误差最大值可降低 65%。可见，在实际应用中采用低偏振光源和偏振相关损耗低的单模耦合器，可有效解决光源偏振度较高和保偏光纤耦合器温度性能差的问题。当然，由于单模光纤耦合器具有一定的偏振相关性，完全的无偏光源也不能将这种偏振误差减小到小于保偏光纤干涉仪的水平。另外，在单模光纤耦合器之后采用一个消偏器对输入 Y 波导的光波进行消偏时，需要充分考虑消偏器引起的不同传输轴上光波的相位延迟，避免在光纤线圈中产生反向的延迟，而使原已消偏的分量重建寄生干涉。

(3)光纤环与集成光学芯片的直接对轴耦合技术

在高精度光纤干涉仪中，采取光纤环与集成光学芯片的直接对轴耦合技术，可减小光纤熔接点引入的强度型和振幅型偏振噪声，即降低各熔接点之间的偏振交叉耦合。同时，减少两个熔接点也将提高光纤干涉仪光路的可靠性[16]。Y波导芯片与光纤环尾纤耦合系统如图6-11所示。

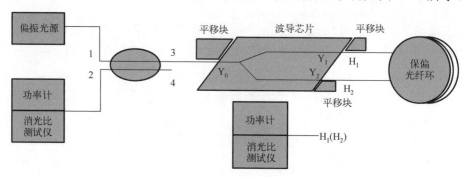

图 6-11　Y 波导与尾纤耦合示意图

在 Y 波导芯片与尾纤耦合的过程中，监测器件的两个重要指标输出功率和消光比，监测位置分别包括耦合器 2 端、保偏光纤环尾纤 H_1 端和 H_2 端。微调架调节保偏光纤在三个方向上的平移及绕三个轴向的旋转，使器件的指标达到最优。整个耦合过程应严格按固定程序进行，确保耦合的顺利进行。

采用精密对接技术将保偏光纤与 Y 波导集成光学芯片进行直接耦合对接，可减少两个光纤熔接点，从而减小分布式光路的损耗、偏振误差，降低分布式光路的偏振交叉耦合，抑制全温下分布式光路偏振交叉耦合误差变化引入的干涉仪零偏误差。

(4)全温下偏振误差抑制技术

光纤干涉仪保偏光路存在着保偏光纤偏振串音、Y 波导偏振串音以及熔接点偏振交叉耦合等偏振误差源，这些偏振误差给干涉仪带来附加的零偏影响。当保偏光路外界的温度产生变化时，偏振误差产生变化，进而导致光纤干涉仪零偏产生变化，尤其当 Y 波导存在多模耦合等现象时，在温度慢变的条件下，干涉仪零偏呈现小幅波动的情况。

为了减小偏振误差在全温下的波动，在耦合器 3 端和 Y 波导单端增加特定长度的保偏光纤，方案示意图如图 6-12 所示，使进出保偏光路的光去相干，抑制光纤干涉仪的偏振误差，减小光纤干涉仪的全温零偏漂移。

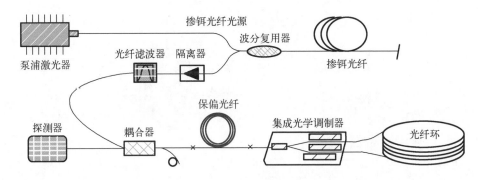

图 6-12　全温偏振误差抑制光路方案示意图

6.2.2.3　基于非线性光纤放大的光纤干涉仪信噪提升技术

宽谱光源是现有高精度光纤干涉仪消除克尔效应、偏振耦合和相对强度噪声等误差的关键技术。然而，目前采用光纤放大器或半导体放大器的方法难以同时增加光源的带宽和功率，并确保光源功率的稳定性。非线性光纤的四波混频效应给这一问题的解决带来了可行方案，通过增加光源的谱宽结合非线性参量放大器实现降低相对强度噪声[102,103]。

非线性宽谱增益光源方案示意图如图 6-13 所示，在掺铒光纤光源和 SOA 光源基础上，利用非线性参量放大技术进一步增加光源的谱宽和功率，降低光源功率和涨落。非线性参量放大器工作原理示意图如图 6-14 所示。输入端输入待放大光信号，放大器内部进行两次非线性四波混频过程，输出端输出经过相敏放大的超宽光谱的光信号。

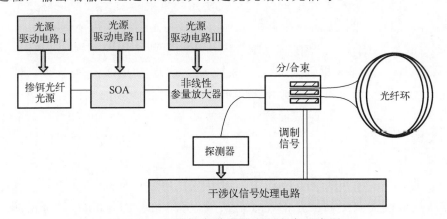

图 6-13　非线性宽谱增益光源方案示意图

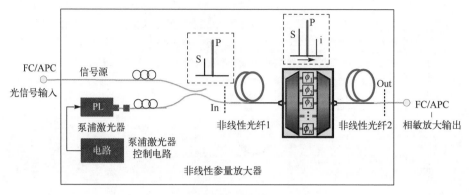

图 6-14   非线性参量放大器原理示意图

传统的光参量放大研究主要集中在光学晶体方面，即基于二阶非线性效应的光波频率转换技术，利用无源非线性介质实现信号光和闲频光的产生与放大。闲频光与信号光均由泵浦光子分裂而成，但闲频光的波长不在所需波段（即信号光波段）的区域。当一束低频弱信号光与另一束高频泵浦光同时入射到非线性介质内时，低频弱信号光得到有效放大，同时非线性介质还辐射出闲频光，其频率等于低频弱信号光与高频泵浦光的频率之差。从能量的角度来看，一个泵浦光光子转换成两个低频光子，分别对应信号光和闲频光。晶体的非线性效应主要在自由空间中实现，对于光纤干涉仪并不适用。

光纤放大器中的四波混频是一种基于三阶非线性效应的光波频率转换技术。两个特定频率的光波在非线性材料中交会产生另外两个频率的光波，其原因是入射光中的某一光波使光纤折射率发生改变，导致另一束光波相位变化，进而产生新的光波。当输入光中存在两个频率 ω_1 和 ω_2（$\omega_2 > \omega_1$），由于存在折射率调制效应，会产生两个新的频率 $\omega_3 = 2\omega_1 - \omega_2$ 和 $\omega_4 = 2\omega_2 - \omega_1$。如果入射光波为 ω_3 或 ω_4，表现为 ω_3 或 ω_4 被放大。四波混频过程涉及四个不同的频率分量时，为非简并四波混频，当其中两个频率相等时变为简并四波混频。四波混频的本质是光强度对光纤折射率的影响，两个波长或两个以上的波长，会出现新的光栅组合，激发出新的波长。

理论上三阶非线性效应弱于二阶非线性效应，即相同条件下，三阶非线性效应需要更高能量的光才能实现。光纤材料因为 SiO_2 具有反演对称性的内禀属性，其内部不存在二阶非线性效应，主要的非线性效应来源于三阶非线性效应。由于光纤模场直径较小，作用的光能量在空间集中，因此在光纤中的三阶非线性效应也容易被观测到[103]。

在光纤非线性效应中，受激拉曼散射、受激布里渊散射和四波混频等均可作为光纤光源对信号进行放大，但受激拉曼散射、布里渊散射表现出的阈值效应明显，只有当泵浦光超过一定阈值时才发生从泵浦能量向斯托克斯能量的有效转移。此外，受激拉曼散射的优点是可放大宽谱光，但需要的功率阈值典型值为 1W，一般情况下适合研究能量集中的脉冲光放大。受激布里渊散射放大器所需泵浦功率低于受激拉曼散射三个数量级，但其放大的光谱较窄，一般在 100MHz 以内。四波混频过程起源于介质的束缚电子对电磁场的非线性响应，四波混频可产生受激拉曼散射和布里渊散射相同的放大效果，与受激拉曼散射和布里渊散射主要区别是要求选择特定的输入波长和光纤参量值，以满足相位匹配条件。四波混频的优点是实现放大器的方案灵活多样，且具有相敏放大的功能。

基于光参量放大或四波混频过程的非线性干涉仪，将传统 Sagnac 干涉仪光源部分替换为低噪声、宽光谱和高功率的光纤光源，相比于直接采用自发辐射放大（Amplified Spontaneous Emission，ASE）和 SOA 的光源，其光谱更宽，可实现的光功率更高（增益达 40dB）。

在四波混频中，随泵浦光输入的微弱信号光参与到四个光波的相互作用中，信号光的增益为参量增益，在慢变振幅近似下根据耦合波方程可得到参量增益与泵浦功率有关，即

$$g = \sqrt{(\gamma Pr)^2 - (\kappa/2)^2} \qquad (6\text{-}29)$$

式中，$r = 2(P_1 P_2)^{1/2}/P$，$P = P_1 + P_2$，P_1 和 P_2 是入射泵浦功率，$\gamma = n_2 \omega / c A_{\text{eff}}$，$A_{\text{eff}}$ 是光纤有效模场面积，相位失配量 κ 为

$$\kappa = \Delta k + \gamma(P_1 + P_2) \qquad (6\text{-}30)$$

式中，实现增益的关键是满足有效的相位失配条件，参量增益与相位失配量 κ 密切相关，当完全相位匹配时 $\Delta k = 0$，达到参量增益的最大值 $\gamma(P_1 + P_2)r$，当 $\lambda = 1550\text{nm}$，$n_2 = 2.7 \times 10^{-20} \text{m}^2/\text{W}$，可得到参量增益 g 高出拉曼增益 70%。

通过选择泵浦波长接近光纤零色散波长，可设计出高带宽光纤参量放大器，由于光纤的快速非线性响应特性，光纤参量放大器可广泛用于多信号处理应用中。衡量光纤放大器的重要特性是其能提供的均匀增益谱和带宽。在四波混频过程中，放大的信号波和产生的闲频波完全相同，二者除相位共轭外并无差别，相当于闲频波复制了放大的信号波。四波

混频的放大倍数由下式决定，即

$$G = 1 + (\gamma Pr / g)^2 \sinh^2(gL) \tag{6-31}$$

式中，L 为光纤的长度，g 为参量增益，G 为放大器增益。

由于需要满足相位匹配条件，光纤长度 L、泵浦功率和泵浦结构共同决定放大器的增益带宽 $\Delta\Omega_a$ 范围。若光纤参量放大器光纤较长，则放大器带宽 $\Delta\Omega_a$ 由光纤本身决定，对应于最大失配 $\kappa = 2\pi/L$。带宽 $\Delta\Omega_a$ 由下式决定，即

$$\Delta\Omega_a = \frac{\pi}{L}(2\gamma P_0 |\beta_2|)^{-1/2} \tag{6-32}$$

按式 (6-32) 计算，当 $\gamma = 2$W/km，$\beta_2 = -1$ps^2/km 时，参量放大器带宽仅有 160GHz。但可通过减小 $|\beta_2|$ 值和增大 γ 值来大幅度增加带宽。

光纤参量放大的另一个优点是其可显著提升输出的光信号功率稳定性。光源的功率稳定性也是带来光噪声的关键因素。光源的功率较高时，采用一系列衰减和主动控制策略，有利于研制低功率但稳定性较高的光源。特别是采用参量放大技术，只要泵浦光功率稳定，待放大的光源光功率稳定性不会影响最终放大后的功率稳定性。

6.2.2.4 电路噪声抑制技术

信号处理电路中噪声包括电流-电压转换电阻的热噪声、信号处理的量化噪声以及前置放大器的噪声等。

高精度光纤干涉仪的实现还需要对低噪声信号进行检测，光纤干涉仪电路实时将干涉仪光路感应到的光路相位误差，无失真地放大转化为电信号。

光纤干涉仪电路上采取的降噪方法主要有探测器信号低通滤波和多点采样降噪等，但由于光纤干涉仪探测器输出电信号中"尖峰脉冲"的存在，上述降噪方法的效果受到影响，因此探测器信号选通滤波技术也是电路降噪关键技术之一。

(1) 探测器信号低通/带通滤波技术

光纤干涉仪的光电转换器件目前主要采用了光通信用探测器组件，带宽较大。高精度光纤干涉仪的本征频率通常小于 100kHz，对于数字闭环光纤干涉仪，探测器的输出信号频率通常与干涉仪本征频率相同，由傅里叶变换可知，相对于方波基频信号，10 倍基频的信号已比较微弱，即探测器的输出带宽在 1～2MHz 左右比较合理，而实际上探测器输出带

宽显著高于此带宽，而且真正的有用信号在方波的谐波频率附近，这将引入大量噪声，影响干涉仪输出信号的信噪比。因此，应减小信号转换与处理电路的带宽来提高信号的信噪比。

根据信号和噪声的不同特性，采取的抑制噪声滤波方案有低通滤波方案和带通滤波方案[116]。

①低通滤波方案。利用等效噪声模型的方法，可分析得出各个噪声源和电路中相关参数之间的关系及其对干涉仪性能的影响情况；基于上述分析，设计合适带宽的低通滤波器，消除各个高频噪声源对干涉仪的影响。

②带通滤波方案。低通滤波器对于低频段的噪声(例如 $1/f$ 噪声和缓慢漂移，包括时间漂移和温度漂移)起不到抑制作用。对于采用方波调制的光纤干涉仪探测器组件输出信号为固定频率 f_0 的方波信号，采取在探测器低通滤波电路后增加带通滤波电路，以抑制通带 $f_0 \pm \Delta f$ 之外各种频率的噪声。带通滤波器的带宽越小，等效品质因数 Q 值越高，滤波效果将越好。

光纤干涉仪用的 PIN-FET 探测器组件的带宽一般不小于 4~5MHz，如果带宽过窄或者调制频率与干涉仪本征频率不完全一致，则会引起输出信号中尖峰脉冲的展宽，造成采样区域变窄；如果带宽过宽，又会给探测器输出引入较大的高频噪声。其他电子线路的高频串扰，将会在前置放大器输出信号上叠加许多噪声，造成输出波形失真，如图 6-15 中上面的波形所示。如果 A/D 转换器的采样点位于高频串扰的位置，在这些位置对环境的变化较为敏感，会影响干涉仪的

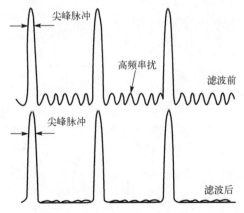

图 6-15 探测器输出及经过滤波后的信号示意图

精度。另外，这种叠加的输出信号上的高频串扰还会影响 A/D 转换器的多点采样。因此，应在 A/D 转换前引入滤波电路，对探测器输出的模拟信号进行滤波处理。实际研制中需对探测器的噪声特性、电路参数和总体性能及其之间的相互关系进行深入研究，最终才能确定带通滤波电路的相关参数。经带通滤波电路后，探测器输出图形如图 6-15 中下方的波形所示。

(2)探测器尖峰信号滤波技术

为抑制探测器尖峰脉冲信号的影响，也可采用 PIN 光电二极管结合带有时域滤波功能的低噪声检测电路方案，如图 6-16 所示。

该方案中，PIN 光电二极管实现光强信号到电流信号的转换功能，I/V 转换实现电流信号到电压信号的转换功能，I/V 转换中含有高速触发开关可实现时域滤波功能，即在光电二极管中产生尖峰电流信号时关断 I/V 转换电路的输入端，使尖峰电流信号不被转换成电压信号。光电转换方案不但能够去除"尖峰脉冲"，还能够消除"尖峰脉冲"的振铃效应对后端

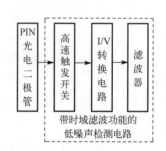

图 6-16 PIN 光电二极管低噪声检测电路方案示意图

有用信号的影响。PIN 光电二极管结合带有时域滤波功能的低噪声检测电路原理图具体如图 6-17 所示。

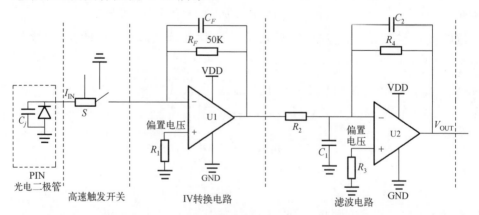

图 6-17 时域滤波低噪声检测电路原理图

6.2.3　大尺寸高对称性的光纤环制备方法

6.2.3.1　大尺寸光纤环绕制系统设计

对于世界时测量用的高精度光纤干涉仪，其精度至少需达到或优于 10^{-6}°/h 水平，光纤环作为核心敏感部件，需增大光纤环尺寸以实现精度需求。通常大型光纤干涉仪用光纤环直径为米级水平，保偏光纤长度基本需实现 20km 以上，对于大尺寸、长光纤环的互易性实现，需从 Shupe 效应、结构形变、光纤偏振、胶黏剂蠕变等方面认识误差机理，建立大尺寸光纤环的误差模型，并配备相应的大型光纤绕环机，结合光纤环的内外径尺寸、窗口比等参数进行光纤环的热特性分析改进，并通过对比研究新的绕环方法，确定能够有效抑制超长光纤温度敏感性的光纤环的关键技术，降低高精度光纤干涉仪对温度和温度变化率的灵敏度。

由于大型干涉仪要求较高的互易性和稳定性，其光纤环尺寸远超过普通的 Sagnac 干涉仪，实现方法大有不同，驱动控制系统、精密排纤控制、远视场显微放大系统、十六极对称功能实现等是重点和难点。

（1）大型绕环机运转驱动控制系统

大型绕环机各部件体积大、质量大、回转惯量大，为保证光纤绕制过程张力的平稳，就需要绕环机的回转轴及平移轴在驱动电机的驱动下快速响应，并同步协调工作，所需要的驱动电机也要具备足够的转动惯量和扭矩。另外，达到相同的线速度，电机的转速更低，为获得低速工作条件下的稳定性，需对电机及减速机进行针对性改进。

（2）大型绕环机张力控制系统设计

大型光纤绕环机可采用全闭环张力控制系统，可保证光纤环缠绕过程中，光纤上的张力始终保持在目标张力附近，从而使大型光纤环成形后的性能保持稳定。张力控制是光纤缠绕工艺中的关键技术之一，合理的张力值能否准确和稳定地实现，取决于张力控制系统。张力的精确测量又决定了张力控制系统性能的好坏。典型的光纤绕制张力控制系统结构示意图如图 6-18 所示，光纤绕线机的张力控制系统由以下几部分组成：张力传感器及放大电路、张力控制电机、舞蹈轮、放纤过渡轮支架、导向轮和 A/D 采样及反馈控制电路。绕纤过程中，光纤从放纤过渡轮导出，经过舞蹈轮、张力检测系统，最后根据导向滑轮的位置来精确绕制到已固定在主轴的光纤环骨架上。

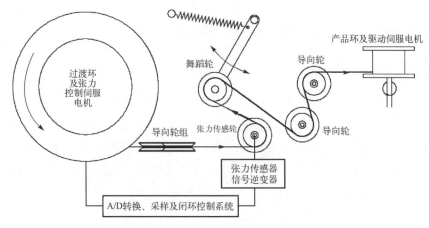

图 6-18   张力控制系统组成示意图

张力传感器放置在舞蹈轮与引导滑轮之间，光纤绕制时经过该定滑轮，可视为光纤上的张力直接作用在传感器上，会引起张力传感器的输出变化，并通过机械结构传到传感器的电阻应变片上，导致惠斯通电桥桥臂电阻的阻值发生变化，平衡状态惠斯通桥的输出为零，当其中一个电阻变化时，电桥的电压不再平衡，就会导致输出不再为零。这样张力传感器在激励电压的作用下，通过电阻应变片的变化，就可得到不同的输出电压，从而将压力信号转变成电信号，起到测量的作用。张力传感器反馈信号经 A/D 采样及电机控制电路，控制张力控制电机的转动速度，以达到调节张力的目的。

（3）远视场显微放大视频监视系统

光纤环绕制过程需要采用视频监视系统对光纤的排列情况进行实时监视，监视系统需要具备显微放大能力，视频系统的成像镜头与光纤环环面的中心位置距离越近放大效果越好，而直径达 1300mm 的光纤环要求成像镜头与光纤环环面的中心位置距离至少保持 500mm 以上。因此，光纤绕环机应配备成像距离更远的显微放大视频监视系统，典型光纤的成像效果如图 6-19 所示。

图 6-19   光纤环缠绕过程图像(经 100 倍显微放大)

6.2.3.2　十六极精密对称绕制技术

为获得较好的温度稳定性，干涉仪通常采用四极对称的方法绕制光纤环，随着光纤环温度性能指标的不断提升，高精度光纤干涉仪通常使用八极对称(图 6-20)和十六极对称(图 6-21)等更多极的绕制方法。十六极方法实际上是八极和镜像八极的交替组合，在相同的温度环境条件下，十六极对称将八极和镜像八极的相位误差部分抵消，因而相对于八极对称绕法，十六极对称绕法引起的速率误差可减小 66%以上(温度接近稳态时)，稳定时间也减小了 75%以上，相对于普通光纤干涉仪使用的四极对称绕制法，速率误差可减小 90%以上，如图 6-22 所示。

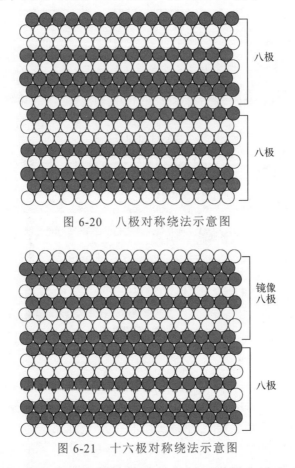

八极

八极

图 6-20　八极对称绕法示意图

镜像
八极

八极

图 6-21　十六极对称绕法示意图

从两种对称方法实现的角度考虑，十六极对称方法中交换放纤轮位置的次数减少，更有利于提升控制精度。取干涉仪层数典型值 64 为例，八极对称方法需切换放纤轮 64/4−1=15 次，而十六极对称方法只需切换

64/8=8 次。图 6-23 和图 6-24 分别为八极对称和十六极对称方法的实现过程示意图。

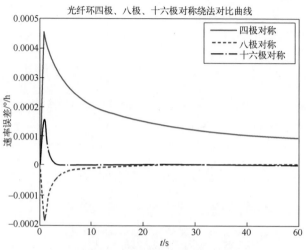

图 6-22　光纤环不同绕制方法的速率误差对比

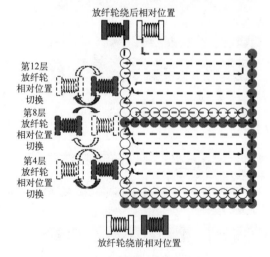

图 6-23　八极对称方法排纤示意图

　　大型光纤环绕制可采用交叉纹"正交"形态的排纤控制方式。光纤环绕制过程中，控制上层光纤第一匝与下层光纤第一匝只进行一次交叉跨越，并使上层第二匝挤压上层第一匝光纤而从上、下层第一匝形成的凹缝处经过，并与下层第一匝光纤交叉跨越，紧接着与下层第二匝光纤交叉跨越，上层后续各匝自然依次排纤即可形成交叉纹"正交"形态，如图 6-25 所示。

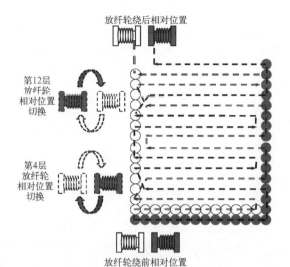

图 6-24　十六极对称方法排纤示意图

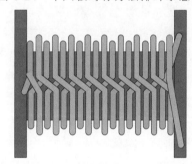

图 6-25　交叉纹"正交"形态示意图

交叉纹"平行相对"的排纤形态,对绕环机的排纤机构要求较低,是目前绕环机常用的排纤方式,但在绕制过程中由于光纤具有一定的弹性,每层第一匝光纤的排纤位置不好控制,进而影响后续光纤的绕制,在绕制排纤过程中人为干预较多,影响光纤环的对称性,不利于光纤环性能的提升。交叉纹"正交"的排纤形态,对绕纤机的排纤机构要求较高,在绕制过程中起始匝光纤位置较好控制,绕制过程中人为干预较少,光纤环对称性较好。

6.2.3.3　大型光纤环低应力施胶固化技术

大型光纤环尺寸大、精度要求高,光纤环所受应力会引起更加显著的非互易误差,需要对受力情况及应力对光纤环性能的影响进行深入分析和控制。

(1)光纤环受力分析

在外机械应力的作用下，光纤折射率和光程的变化都将使光在光纤的传播过程中产生附加相移，因而会导致干涉仪检测到附加角速率。光纤之间相互接触会产生应力，如图 6-26 所示。

当光纤干涉仪所处外界环境发生变化时，光纤胶黏剂膨胀或收缩均会对光纤产生作用力。这种情况下的作用力发生于光纤的四周，如图 6-27 所示。光纤是一种应力敏感的材料，应力的作用会引起光纤折射率的变

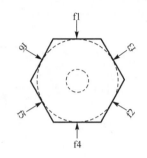

图 6-26　光纤接触受力剖面示意图

化，导致传播光的相位和强度发生改变，使光纤环产生非互易相移[104]。光纤环施胶成型时，光纤之间的空气被固化胶取代，会给光纤带来新的应力。主要包括固化过程产生的收缩应力、环境温度变化产生的热应力、黏结作用力产生的黏结应力等。此外，胶黏剂的特性以及固化方法等都可能影响光纤环性能，尤其在长光纤环中，其层数较多，易导致光纤环内部不均匀，影响其性能指标。

高精度光纤环的研制和使用过程中，胶黏剂的选择是一个非常重要的环节，选型时主要从两个方面考虑：一是要满足工艺操作的要求；二是要满足固化后温度和力学性能的要求。目前光纤环制造用胶黏剂主要分为三大类，即紫外光固化丙烯酸酯类、双组分环氧树脂类、硅橡胶类。三类胶黏剂具有不同的固化工艺和理化性能。相比于双组分环氧树脂类和硅橡胶类胶黏剂，紫外光固化丙烯酸酯类胶黏剂具有更长的可操作时间，且与光纤的外涂覆层材料同属一类，具有较好的适应性。

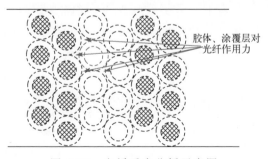

图 6-27　光纤受力分析示意图

(2) 光纤环固化工艺

光纤环固化后会产生较大的固化应力，应力大小与胶黏剂的类型和固化条件关系密切。较大的固化应力会使光纤环的温度性能严重劣化，甚至导致固化后光纤环环体开裂及光纤断裂等严重后果，是高精度光纤环研制过程中需要努力减小的。胶黏剂在固化过程中产生的应力主要与胶黏剂自身的固化收缩和固化过程中温度变化产生的热应力有关，要降低胶黏剂在固化过程中产生的应力，一方面需要选择固化收缩率较低的胶黏剂，另一方面需抑制固化过程胶黏剂的温度变化。

大型光纤环选用的胶黏剂为紫外光固化丙烯酸酯类胶黏剂时，其主要通过光固化方式来实现胶黏剂的固化。不同类型的紫外光固化胶黏剂对紫外光的吸收也不同，为获得较好的固化效果，需要光源的紫外光发射波长和胶黏剂的最佳吸收波长相匹配。另外，为保证胶黏剂充分固化，需要确保较大的光功率。但较大的光功率会产生大量的热量，使得光纤环在固化时表面温度急剧上升，最高可达到 80～90℃ 左右。较高的温度使得光纤环的应力急剧增大，影响光纤环的性能，需要在固化的同时采取冷却措施，及时释放掉多余的热量，降低光纤环固化应力，改善光纤环固化后的稳定性。

大型光纤环固化可采用多光源均匀同步固化方式。此方式在为胶黏剂的固化提供充足的固化光功率的同时，可让光纤环圆周上更大范围同步固化，结合光纤环体固化过程的同步旋转，使光纤环的固化更加均匀，减小内部残余应力。另外，由于光纤环直径较大，在多光源固化导致固化部位环体温度升高时，由于光纤环及安装结构的旋转，光源照射部位的环体热量可及时散发，降低光纤环固化的热应力，以提升光纤环固化后的温度性能。

6.2.3.4　光纤环热对称性补偿技术

光纤环在实际绕制中难以达到理想的状态，即使完全按照十六极对称绕法绕制，也会出现一定的残余 Shupe 误差。考虑到光纤环以及 Y 波导的尾纤距离光纤环中点最远，是影响光纤干涉仪 Shupe 误差权重最大的部分[105]，通过开展光纤环以及 Y 波导尾纤对称性与光纤干涉仪 Shupe 误差的量化分析与测试对比，调整尾纤随光纤环中点的热对称性，可减小光纤环的 Shupe 误差，降低光纤环的温度敏感性[101]。

光纤环的热对称性补偿方法如下：在光纤环其中一端尾纤接入长度

为 l_x 的光纤，如图 6-28 所示，光纤长度的增加使光纤环的中点发生了改变，整个光纤环的累积温度误差也随之改变，参考式 (5-16)，接入长度为 l_x 的光纤之后的光纤干涉仪 Shupe 误差可表示为[106]

$$\Omega(t) = \frac{n}{DL} \int_0^L \left[\frac{\partial n}{\partial T} + \frac{\partial n \partial \sigma(z)}{\partial^2 T} \right] \dot{T}(z,t)(L-2z)\mathrm{d}z$$
$$+ \frac{n}{DL} l_x \int_0^L \left[\frac{\partial n}{\partial T} + \frac{\partial n \partial \sigma(z)}{\partial^2 T} \right] \dot{T}(z,t)(L-2z)\mathrm{d}z \qquad (6\text{-}33)$$
$$- \frac{n}{DL} l_x \left[\frac{\partial n}{\partial T} + \frac{\partial n \partial \sigma_{\overline{lx}}}{\partial^2 T} \right] \dot{T}_{\overline{lx}}(t)$$

由新增光纤 l_x 引起的光纤干涉仪 Shupe 误差变化可表示为

$$\Delta\Omega(t) = \frac{n}{DL} l_x \int_0^L \left[\frac{\partial n}{\partial T} + \frac{\partial n \partial \sigma(z)}{\partial^2 T} \right] \dot{T}(z,t)(L-2z)\mathrm{d}z$$
$$- \frac{n}{DL} l_x \left[\frac{\partial n}{\partial T} + \frac{\partial n \partial \sigma_{\overline{lx}}}{\partial^2 T} \right] \dot{T}_{\overline{lx}}(t) \qquad (6\text{-}34)$$

式中，L 为光纤环长度，D 为光纤环平均值，n 为光纤的折射率，$\dfrac{\partial n}{\partial T}$ 为光纤的折射率温度系数，$\dot{T}(z,t)$ 为 z 处光纤在 t 时刻的温度变化率，$\dfrac{\partial n \partial z}{\partial^2 T}$ 为 z 处光纤的折射率热应力系数，$\dfrac{\partial n \partial \sigma_{\overline{lx}}}{\partial^2 T}$ 为测试接入的 l_x 段光纤的折射率平均热应力系数，$\dot{T}_{\overline{lx}}(t)$ 为 t 时刻 l_x 段光纤的温度变化率。

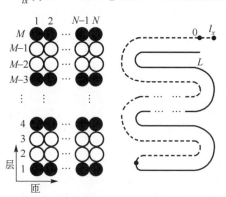

图 6-28　对称性偏差长度调整示意图

由式 (6-34) 可知，控制接入尾纤的长度能有效控制引入的温度误差，使其与光纤环固有温度误差进行叠加或抑制，实现对光纤环温度性能的有效调整，使光纤环温度误差值接近目标误差值，达到控制光纤环温度误差的目的。

通过光纤环热对称性补偿技术，可对大型光纤干涉仪约数万米长的光纤环实现毫米级热对称性控制，实现光纤环绕制后 Shupe 误差的抑制，大幅降低光纤环的温度敏感性。

6.3　高精度光纤干涉仪的环境误差抑制技术

6.3.1　光纤干涉仪温度环境误差抑制技术

抑制温度引起的光纤干涉仪分布式光路非互易性误差主要可通过改善分布式光路的热环境、减小分布式光路的 Shupe 误差系数、减小全温下光纤干涉仪偏振误差等方法。

对于高精度光纤干涉仪，Shupe 效应仍是影响光纤干涉仪精度的主要误差源，除了采取光纤环精密对称绕制以及热对称性误差补偿技术外，采取精细化的结构设计减少外界温度变化的影响也是主要解决措施之一。下面介绍具体的技术途径。

(1)光纤环的窗口比结构优化

相同长度的光纤根据高精度光纤干涉仪的需求绕制成截面不同的几何结构。不同形状的光纤环对温度扰动的响应各不相同，抑制温度扰动带来的漂移的程度也不相同。在两种光纤环方案上，首先需要保证两种光纤环的长度 L 与平均直径 D 较接近，以实现光纤干涉仪标度因数的一致性；然后要保证光纤环截面的面积近似相同，以保证光纤环有相同的有效总空间；最后要保证两种光纤环窗口比的合理性。

在高精度光纤干涉仪整体结构的基础上，优化大型光纤环的窗口比，进行仿真分析与实验验证，减小光纤环对温度的敏感性，降低高精度光纤干涉仪的温度误差。

(2)高精度光纤干涉仪热环境适应性设计

对分布式光路的外部结构可采用密封型方案，减少温度环境下空气对流对分布式光路的影响。增大光路结构件和光路敏感元件之间的热阻，减少光路外部热量对光纤干涉仪光路的影响。高精度光纤干涉仪内部的发热器件应进行合理的布局和放置，保持各部分热平衡，有源器件远离分布式光路，降低发热器件对光纤干涉仪光纤环的影响，保证分布式光路的热平衡性。

分布式光路的均匀性热设计方案以及内部结构的导热性设计方案，一般可考虑在热源附近选用导热性能好的材料，选取导热硅脂以及导热胶带，加强热传导，尽快实现材料的热均匀性；另外进行光纤环固化胶热特性分析，保证光纤环热传递的均匀性，实现分布式光路的热平衡。

用于世界时测量的高精度光纤干涉仪典型设计结构一般为 2～3 层隔热，每层相对密封且无接触，避免层之间空气流动。内层结构为特质低温度膨胀系数材料，即实现光纤环的黏接与长期稳定，也减小外界温度变化引起的变形；中层和外层可选择铁镍合金磁屏蔽材料，减小内部温度变化率和磁场影响。Y 波导和光纤环均放置于光路结构件中。另外对光纤干涉仪可采用特制的胶黏方式或增加密封圈等密封技术，减小干涉仪结构内外的空气流动，可进一步降低光纤干涉仪内部的温度变化率。

6.3.2 光纤干涉仪磁场环境误差抑制技术

光纤干涉仪零偏误差模型中的磁场误差系数(K_M)，体现为零偏磁场灵敏度，其定义为磁场引起的零偏变化量与磁场强度之比。零偏磁场误差测试主要用于光纤干涉仪技术改进和环境性能评价的测试。对于该项误差，一般采用磁屏蔽方法进行抑制。

通用的测试方法是将光纤干涉仪放置在磁场发生装置中，由磁场发生装置产生不同轴向的磁场，检测各个轴向磁场下的干涉仪零偏变化，进而计算干涉仪的零偏磁场灵敏度系数。

降低光纤干涉仪磁场灵敏度的主要方法之一是减小线圈中圆偏振光波的功率。在通常的保偏光纤干涉仪中，由于相向传播的两束光波都以线偏振传播，线圈的偏振交叉耦合引起的圆偏振光波分量较小，磁场引起的法拉第相位误差就较小。对于实际的保偏光纤，减小拉制光纤过程中或光纤线圈的绕制过程中引入的扭转，可有效减小光纤中传播的部分椭圆偏振光的比例，从而抑制对磁场的灵敏度。

降低光纤干涉仪磁场灵敏度的另一个方法是采用软磁材料(如铁镍合金)对光纤线圈进行磁屏蔽，减弱磁场对光纤的作用，该方法简单易行，磁屏蔽效果好，是目前高精度光纤干涉仪采用的主要磁屏蔽技术。

通过电磁分析软件对屏蔽罩内磁场分布进行仿真设计，针对单层和双层屏蔽罩、垂直磁场方向进行仿真，屏蔽罩结构参数分别选择了厚度、半径、导角半径、开孔数、上下罩间隙以及双层罩时内外罩间隙数个不同变量，分组进行比较。根据上述对屏蔽罩内磁场分布进行仿真，得出定量的关系及以下定性结论[16]：

①磁屏蔽罩越厚，磁屏蔽效果越好；

②磁屏蔽罩半径越大，磁屏蔽效果越好；

③磁屏蔽罩导角对磁屏蔽效果影响不大；

④磁屏蔽罩开孔越小，磁屏蔽效果越好；

⑤磁屏蔽罩上下罩间隙对磁屏蔽效果影响不大；

⑥双层磁屏蔽罩的屏蔽效果要比单层磁屏蔽罩的屏蔽效果好；

⑦双层磁屏蔽罩的层间距越小，磁屏蔽效果越好。

光纤干涉仪的最大磁场灵敏度的敏感轴通常在线圈的平面内，并且在采用磁屏蔽后可有效降低磁场灵敏度。通常根据精度要求及磁场灵敏度采用两层或三层磁屏蔽，两层磁屏蔽可将光纤干涉仪的磁场灵敏度降低 2～3 个数量级。对保偏光纤线圈进行三层磁屏蔽后，光纤干涉仪的磁场灵敏度可降低 3 个数量级以上。

光纤环作为 Sagnac 效应实现的核心部件，其性能易受磁场、温度、振动等环境影响，为提高光纤干涉仪的精度性能，需要改善光纤干涉仪在磁场、温度、振动等环境下的适应性。对光纤环结构焊接封装可将铁镍合金软磁材料连为一体，提高光纤干涉仪屏蔽性能；焊接后的结构密封性提高，可降低结构内部空气对流，减小温度场的变化；结构焊接还可提高光纤环结构强度，从而提高力学环境下的适应性。

对于米级尺寸的大型薄壁磁屏蔽罩，为避免焊接引入的应力导致结构发生形变，影响光纤干涉仪稳定性，需要选择合理的焊接热源与焊接工艺。

光纤环结构封焊可选择热应力区小的激光热源，其能量高达 10^4～10^8W/cm^2，激光焦点靠近零部件，会在几毫秒内将其熔化、蒸发，如激光照射到光纤环或者较高的焊接温度传到光纤环上，将导致光纤环可靠性降低，甚至功能丧失，需要设计合理的焊接结构，确定安全的焊接参数[16]。

另外光纤环结构壁厚通常不大于 1mm，焊接时易出现形变、咬边、焊瘤等问题，且铁镍合金为磁导材料，焊接温度过高易导致磁导率消失。为避免上述问题发生，需研究安全可靠的焊接工艺；激光焊接后结构就很难返修，需要制定控制措施，保证焊接合格率。

激光封焊后漏磁明显减小，可有效减小高精度光纤干涉仪的磁场灵敏度，相对普通的磁屏蔽方案，通常可减小一半以上。该激光焊接技术未对铁镍合金磁导率产生影响，并且焊接产生了更好的磁导线通路。光纤环封焊后的抗力学性能也得到较大幅度提高，通过结构力学仿真，封焊通常可使得结构谐振频率提高30%以上。

6.3.3　光纤干涉仪力学环境误差抑制技术

高精度光纤干涉仪在使用过程以及运输过程中，不可避免要面对和适应外界环境振动、微振动等力学环境，由于元器件及原材料存在缺陷、装调工艺的不完善和设计余量不足等因素，这些力学环境对光纤干涉仪的精度和可靠性存在一定影响，尤其是长期微振动环境应用。

光纤干涉仪在微振动环境下会导致误差增大，主要有以下两种表现形式：

①振中噪声较大，但干涉仪振中零位不变或不发生明显变化；

②振中噪声较大，同时干涉仪振中零位也发生明显变化。

各种表现形式的振动误差，可理解为振动在光路中引入了非互易性相移。在理想情况下，检测电路应能检测这一相移，产生反馈信号来抵消该相移，具体的误差表现形式有两种[93]。

（1）振动引起光学器件参数变化

组成光纤干涉仪的光学元器件中，光纤环是主要的敏感元件，当光波在光纤中传播时，由于光纤缺陷以及光纤环、器件尾纤受振动产生的寄生应力，保偏光纤的折射率和偏振态会发生改变，产生额外的相位差，导致干涉仪零偏发生变化。

（2）光纤干涉仪结构在应用频率范围内存在谐振点

在光纤干涉仪中，结构主要起到固定、支撑、保护光学器件和电路，隔离、屏蔽信号交叉耦合的作用。结构与光学器件的固连主要有三种方式：一是光纤环上的光纤通过缠绕直接附着在干涉仪骨架上；二是光学器件尾纤通过胶黏剂固定在骨架内的柔性连接；三是光学器件通过固定螺钉与骨架连接的刚性连接。无论哪种关联方式，外界激励源都会通过结构传递到光学器件。任何结构都有固有的谐振点，在谐振点上，干涉仪的受迫振动加剧，相当于能量被放大，引起结构局部变形。当结构产生谐振时，必然会牵连到光纤，引起光纤松动或尾纤抖动，进而引起偏振态的变化，导致干涉仪噪声增大，零位发生变化。

为了改善光纤干涉仪的使用环境，提高其应用于世界时测量的实用精度，可考虑采取减振的方式，使干涉仪与测试工装由刚性连接变成弹性连接，降低传入光纤干涉仪的振动能量。在减振方案设计中，包括减振设计的方法和多点减振方式的选择，其最终目标都是提高光纤干涉仪在振动环境下的使用精度。另外，提高振动环境下的使用精度，还需要精确控制干涉仪尾纤长度及其对称性。

6.4　世界时测量用高精度光纤干涉仪的参数长期稳定性提升技术

6.4.1　高精度光纤干涉仪的关键参数长期稳定性提升技术

应用于世界时测量的大型高精度光纤干涉仪需要重点解决参数长期稳定性等问题，突破以下关键技术，以实现对世界时的长期、稳定测量。

6.4.1.1　光纤干涉仪参数加速稳定技术

通过采取光纤干涉仪关键光电子器件性能参数稳定技术、光纤干涉仪长期稳定工艺处理技术、光纤干涉仪零偏和标度因数性能稳定性技术，可实现长时间工作下的高精度光纤干涉仪精度保持。

影响光纤干涉仪零偏长期稳定性的主要因素包括：光源的光功率、光谱、光电探测器响应度、光路损耗、光纤环应力、光源驱动电路、信号调制解调电路等。

光纤干涉仪光路带来的漂移包括：偏振误差、非线性克尔效应、背向反射和背向散射、温度引起的 Shupe 误差、Y 波导的调制误差、应力引起的误差和磁场引起的误差等。

光纤干涉仪电路带来的漂移主要包括：电路解调误差引起的干涉仪漂移误差、调制误差包括电路交叉干扰引起的干涉仪零偏漂移、开关电源引起的干扰误差等。

针对上述影响参数长期稳定性的因素，可采取的分析和抑制方法如下：

①光纤干涉仪的加速稳定试验与长期演变误差分析。通过长期通电条件下高精度光纤干涉仪零偏、标度因数等参数演变的加速试验，对长期演变误差进行分析，并实施抑制性能参数演变的技术改进。

②高精度光纤干涉仪建模补偿技术。对于高精度光纤干涉仪，输入轴 $0.2''$ 的变化最大将引起光纤干涉仪产生 $1.1 \times 10^{-5} \, °/h$ 的零位变化，这对于测试环境、测试工装、测试设备的精度要求以及稳定性要求均提出了

较高的要求。通过研究测试基础设施和测试设备以及温度等环境对超高精度光纤干涉仪测量精度的影响,有效激励光纤干涉仪的真实响应,建立激励与响应之间的模型,形成高精度光纤干涉仪产品性能评估的场所及测试、建模与评价方法。

为实现精确的零偏和标度因数测试与建模,可根据需求进行高精度速率转台的粗标定和基于地球自转角速度的精细标定,对高精度光纤干涉仪的零偏和标度因数模型进行精密建模,实现精确的地球自转角速度测量。

③高精度光纤干涉仪误差模型的适用性和鲁棒性提升技术。保证高精度光纤干涉仪长期储存和长期通电连续工作下的性能参数稳定。

通过高精度光纤干涉仪的加速老化试验,待光电子器件和电子元器件性能参数稳定后,再对光纤干涉仪进行工作环境的精细化温度零偏建模,建模的数据包括多次的精密化温度点零偏重复性试验,得到适应多次工作温度点的零偏输出数据最优模型,并对该模型的光纤干涉仪进行加速稳定试验,确保加速试验稳定完成后零偏稳定性仍能满足要求。

6.4.1.2 光纤环参数自动匹配技术

光在光纤环中的渡越时间与光纤干涉仪电路控制的调制信号时间(方波调制的半周期)存在一定的对准误差,该对准误差导致光纤干涉仪干涉信号存在尖峰信号,最终导致光纤干涉仪产生零偏误差。

在长寿命周期内,光纤干涉仪的光纤环伸缩、长度漂移等因素会引起光纤干涉仪渡越时间对准误差发生变化,从而引起光纤干涉仪零偏漂移。因此减小光纤干涉仪中渡越时间对准误差引起的零偏漂移对提高光纤干涉仪环境条件下的精度具有重要意义。

具有对准误差补偿功能的光纤干涉仪原理框图如图 6-29 所示。通过对渡越时间误差引起的相位差进行解调以精确控制光纤干涉仪的分频模块,从而消除高低温下对准误差引起的光纤干涉仪零偏漂移。

6.4.1.3 光纤干涉仪共模参数引起零偏漂移抑制技术

数字闭环光纤干涉仪电路主要分为前向通道(信号采集通道)、后向通道(调制通道)和光源驱动/温控电路三部分,其中,前向通道的探测器信号是微弱信号,后向通道为信号较强的脉冲型调制信号,光源驱动提供恒定的电流。由于光纤干涉仪光源驱动电路为恒流源,因而光源驱动

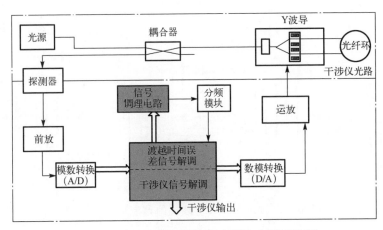

图 6-29　光纤环参数自动匹配技术原理框图

电路对光纤干涉仪前向通道和后向通道的干扰较小。光纤干涉仪电路中的交叉干扰主要存在于：①光纤干涉仪后向通道对光源驱动的干扰；②光纤干涉仪后向通道对前向通道的干扰。两种干扰会引起光纤干涉仪的零偏误差，在应用于世界时测量的高精度光纤干涉仪中不能忽略[97]。

(1) 光纤干涉仪电路后向通道干扰光源驱动电路引起零偏误差分析

光纤干涉仪调制解调电路与光纤干涉仪光源驱动电路通过电源线及地线传导、空间电磁辐射等会造成一定程度上的交叉干扰。光源恒流驱动电路受到调制信号 $V_{MD}(t)$ 的干扰，其光源驱动电流 $i(t)$ 变为

$$i(t) = i_0 + K_{VT}V_{MD}(t) + K_{VC}\frac{dV_{MD}(t)}{dt} \qquad (6\text{-}35)$$

式中，i_0 为光源驱动电路设计电流值，K_{VT} 为调制信号对光源恒流驱动电路的传导干扰系数，K_{VC} 为调制信号对光源恒流驱动电路的电磁辐射耦合干扰系数。

在固定温度下，光源输出的光功率与光源驱动电流呈线性关系，其光源在电流 $i(t)$ 时的光源光功率为

$$P_0(i(t)) = \eta i(t) = \eta i_0 + \eta K_{VT}V_{MD}(t) + \eta K_{VC}\frac{dV_{MD}(t)}{dt} \qquad (6\text{-}36)$$

式中，η 表示光源的电光转换系数。

数字闭环光纤干涉仪的调制信号波形示意图如图 6-30 所示。

闭环光纤干涉仪调制波形电压表示为

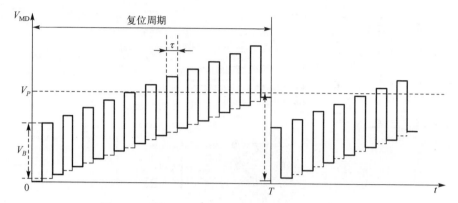

图 6-30   转速下光纤干涉仪的调制信号示意图

$$V_{MD}(t)=\begin{cases} N\cdot\tau\cdot V_P/T+V_B, & 2k\tau<t\leqslant(2k+1)\tau \\ N\cdot\tau\cdot V_P/T, & (2k+1)\tau<t\leqslant 2(k+1)\tau \end{cases} \tag{6-37}$$

式中，V_B 为调制电压，τ 为光纤环的渡越时间，N 为本征周期的数量，V_P 为半波电压。

可得单周期内闭环光纤干涉仪的调制信号表达式如下

$$V_{MD}(t)=V-\frac{2V}{\pi}\left(\sin\frac{\pi}{\tau}t+\frac{1}{3}\sin\frac{3\pi}{\tau}t+\frac{1}{5}\sin\frac{5\pi}{\tau}t+\cdots+\frac{1}{n}\sin\frac{n\pi}{\tau}t\right)+\left\lfloor\frac{t}{\tau}\right\rfloor\cdot\tau\cdot V_P\Big/T \tag{6-38}$$

式中，$\lfloor\ \rfloor$ 表示向下取整。

闭环状态下到达光电探测器的干涉光的光功率可表示为

$$\begin{aligned} P(i(t)) &=\eta i(t)[1+\cos(\phi_S(t)-\phi_F(t)+\phi_B)] \\ &=\eta i_0[1+\cos(\phi_S(t)-\phi_F(t)+\phi_B)]+\eta K_{VT}V_{MD}(t)[1+\cos(\phi_S(t)-\phi_F(t)+\phi_B)] \\ &\quad+\eta K_{VC}\frac{dV_{MD}(t)}{dt}[1+\cos(\phi_S(t)-\phi_F(t)+\phi_B)] \end{aligned} \tag{6-39}$$

式中，$\phi_S(t)$ 为 Sagnac 相位信号，$\phi_F(t)$ 为反馈信号，ϕ_B 为调制信号。为了保证探测器信号不失真，光纤干涉仪探测器后端的高通滤波器的截止频率较低，通常仅为隔直作用。经过隔直电路后的电压信号为

$$\begin{aligned} V(t) &=K_{TQ}\eta i_0\cos(\phi_S(t)-\phi_F(t)+\phi_B)+K_{TQ}\eta K_{VT}V_{MD}(t)[1+\cos(\phi_S(t)-\phi_F(t)+\phi_B)] \\ &\quad+K_{TQ}\eta K_{VC}\frac{dV_{MD}(t)}{dt}[1+\cos(\phi_S(t)-\phi_F(t)+\phi_B)] \end{aligned} \tag{6-40}$$

式中，K_{TQ} 为探测器光功率转化为电压的转换系数。

在理想闭环条件下 $\phi_S(t) - \phi_F(t) = \phi_e(t) \to 0$，因此

$$V(t) = K_{TQ}\eta i_0 \cos(\phi_e(t) + \phi_B) + K_{TQ}\eta[1 + \cos(\phi_e(t) + \phi_B)]\left[K_{VT}V_{MD}(t) + K_{VC}\frac{dV_{MD}(t)}{dt}\right]$$

$$\approx K_{TQ}\eta i_0 \cos(\phi_e(t) + \phi_B) + K_{TQ}\eta(1 + \cos\phi_B)\left[K_{VT}V_{MD}(t) + K_{VC}\frac{dV_{MD}(t)}{dt}\right]$$

$$(6\text{-}41)$$

根据闭环光纤干涉仪解调原理，光纤干涉仪解调出的实时角速度为

$$\Omega = K(V(t+\tau) - V(t))$$
$$= KK_{TQ}\eta i_0[\cos(\phi_e(t+\tau) + \phi_B) - \cos(\phi_e(t) + \phi_B)] \qquad (6\text{-}42)$$
$$+ KK_{TQ}\eta\left\{\begin{array}{l}[1 + \cos(\phi_e(t+\tau) + \phi_B)]\left[K_{VT}V_{MD}(t+\tau) + K_{VC}\dfrac{dV_{MD}(t+\tau)}{dt}\right]\\[3mm] -[1 + \cos(\phi_e(t) + \phi_B)]\left[K_{VT}V_{MD}(t) + K_{VC}\dfrac{dV_{MD}(t)}{dt}\right]\end{array}\right\}$$

式中，K 为探测器信号的解调值与光纤干涉仪角速度间的比例系数；式中第一项为实际光纤干涉仪的输入角速度，第二项为后向通道对光源驱动信号的干扰引起的角速度误差，即

$$\Omega_e = KK_{TQ}\eta\left\{\begin{array}{l}[1 + \cos(\phi_e(t+\tau) + \phi_B)]\left[K_{VT}V_{MD}(t+\tau) + K_{VC}\dfrac{dV_{MD}(t+\tau)}{dt}\right]\\[3mm] -[1 + \cos(\phi_e(t) + \phi_B)]\left[K_{VT}V_{MD}(t) + K_{VC}\dfrac{dV_{MD}(t)}{dt}\right]\end{array}\right\}$$

$$\approx KK_{TQ}\eta\left\{\begin{array}{l}(1 + \cos\phi_B)\left[K_{VT}V_{MD}(t+\tau) - K_{VT}V_{MD}(t)\right]\\[3mm] +K_{VC}\dfrac{dV_{MD}(t+\tau)}{dt} - K_{VC}\dfrac{dV_{MD}(t)}{dt}\end{array}\right\} \qquad (6\text{-}43)$$

将式(6-37)代入式(6-43)得到

$$\Omega_e \approx KK_{TQ}\eta\left\{K_{VT}[V_{MD}(t+\tau) - V_{MD}(t)] + K_{VC}\left[\frac{dV_{MD}(t+\tau)}{dt} - \frac{dV_{MD}(t)}{dt}\right]\right\}$$

$$= KK_{TQ}\eta K_{VT}\left[\frac{4V}{\pi}\left(\sin\frac{\pi}{\tau}t + \frac{1}{3}\sin\frac{3\pi}{\tau}t + \frac{1}{5}\sin\frac{5\pi}{\tau}t + \cdots + \frac{1}{n}\sin\frac{n\pi}{\tau}t\right) + \tau \cdot V_P/T\right]$$

$$(6\text{-}44)$$

从式中可看出，在方波调制时，由光纤干涉仪后向通道对光源驱动信号干扰引起的光纤干涉仪零偏误差，与调制信号对光源恒流驱动电路的传导干扰系数 K_{VT} 成正比。

(2) 光纤干涉仪电路后向通道干扰前向通道引起零偏误差分析

假设探测器信号光电转换隔直后的电压信号为 $V_Q(t)$，K_{VTQ} 表示后向通道对前向通道的传导耦合系数，K_{VCQ} 表示后向通道对前向通道的辐射干扰耦合系数，则干涉仪 A/D 转换器处的电压信号为

$$V_{AD}(t) = V_Q(t) + K_{VTQ}V_{MD}(t) + K_{VCQ}\frac{dV_{MD}(t)}{dt} \quad (6\text{-}45)$$

光纤干涉仪解调出的角速度为

$$\Omega = K\left\{\begin{bmatrix}V(t+\tau) + K_{VTQ}V_{MD}(t+\tau) + K_{VCQ}\dfrac{dV_{MD}(t+\tau)}{dt}\end{bmatrix} \\ -\begin{bmatrix}V(t) + K_{VTQ}V_{MD}(t) + K_{VCQ}\dfrac{dV_{MD}(t)}{dt}\end{bmatrix}\right\} \quad (6\text{-}46)$$

由后向通道对前向通道的交叉耦合干扰而引起的光纤干涉仪角速度误差为

$$\Omega_e = KK_{VTQ}[V_{MD}(t+\tau) - V_{MD}(t)] + KK_{VCQ}\left[\frac{dV_{MD}(t+\tau)}{dt} - \frac{dV_{MD}(t)}{dt}\right]$$

$$= KK_{VTQ}\frac{4V}{\pi}\left[\left(\sin\frac{\pi}{\tau}t + \frac{1}{3}\sin\frac{3\pi}{\tau}t + \frac{1}{5}\sin\frac{5\pi}{\tau}t + \cdots + \frac{1}{n}\sin\frac{n\pi}{\tau}t\right) + \tau \cdot V_P/T\right]$$

$$(6\text{-}47)$$

当干涉仪采取方波调制时，从式 (6-47) 可看出光纤干涉仪后向通道对前向通道的耦合干扰引起的光纤干涉仪零偏误差与后向通道对前向通道干扰的传导耦合系数 K_{VTQ} 成正比。

(3) 光纤干涉仪电路交叉干扰引起零偏误差的综合分析

光纤干涉仪电路的交叉干扰主要有光纤干涉仪后向通道对光源驱动电路的干扰和后向通道对前向通道的干扰，对两部分干扰共同作用引起的光纤干涉仪零偏进行分析。

光纤干涉仪中光源驱动和前向通道受到后向通道的干扰后，实际到达前向通道 A/D 转换器的电压信号可表示为

$$V_{AD}(t) = K_{TQ}\eta i_0\cos(\phi_S(t) - \phi_F(t) + \phi_B) + K_{TQ}\eta K_{VT}V_{MD}(t)[1 + \cos(\phi_S(t) - \phi_F(t) + \phi_B)]$$

$$+ K_{TQ}\eta K_{VC}\frac{dV_{MD}(t)}{dt}[1 + \cos(\phi_S(t) - \phi_F(t) + \phi_B)] \quad (6\text{-}48)$$

$$+ K_{VTQ}V_{MD}(t) + K_{VCQ}\frac{dV_{MD}(t)}{dt}$$

光纤干涉仪解调出的角速度为

$$
\begin{aligned}
\Omega &= K(V_{\mathrm{AD}}(t+\tau) - V_{\mathrm{AD}}(t)) \\
&= KK_{\mathrm{TQ}}\eta i_0\left[\cos(\phi_e(t+\tau)+\phi_B) - \cos(\phi_e(t)+\phi_B)\right] \\
&\quad + KK_{\mathrm{TQ}}\eta \left\{ \begin{array}{l} [1+\cos(\phi_e(t+\tau)+\phi_B)]\left[K_{\mathrm{VT}}V_{\mathrm{MD}}(t+\tau)+K_{\mathrm{VC}}\dfrac{\mathrm{d}V_{\mathrm{MD}}(t+\tau)}{\mathrm{d}t}\right] \\[4mm] -[1+\cos(\phi_e(t)+\phi_B)]\left[K_{\mathrm{VT}}V_{\mathrm{MD}}(t)+K_{\mathrm{VC}}\dfrac{\mathrm{d}V_{\mathrm{MD}}(t)}{\mathrm{d}t}\right] \end{array} \right\} \\
&\quad + K\left\{ \begin{array}{l} \left[K_{\mathrm{VTQ}}V_{\mathrm{MD}}(t+\tau)+K_{\mathrm{VCQ}}\dfrac{\mathrm{d}V_{\mathrm{MD}}(t+\tau)}{\mathrm{d}t}\right] \\[4mm] -\left[K_{\mathrm{VTQ}}V_{\mathrm{MD}}(t)+K_{\mathrm{VCQ}}\dfrac{\mathrm{d}V_{\mathrm{MD}}(t)}{\mathrm{d}t}\right] \end{array} \right\}
\end{aligned} \tag{6-49}
$$

可得到由于光纤干涉仪交叉耦合引起的角速度误差为

$$
\begin{aligned}
\Omega_e &= KK_{\mathrm{TQ}}\eta \left\{ \begin{array}{l} [1+\cos(\phi_e(t+\tau)+\phi_B)]\left[K_{\mathrm{VT}}V_{\mathrm{MD}}(t+\tau)+K_{\mathrm{VC}}\dfrac{\mathrm{d}V_{\mathrm{MD}}(t+\tau)}{\mathrm{d}t}\right] \\[4mm] -[1+\cos(\phi_e(t)+\phi_B)]\left[K_{\mathrm{VT}}V_{\mathrm{MD}}(t)+K_{\mathrm{VC}}\dfrac{\mathrm{d}V_{\mathrm{MD}}(t)}{\mathrm{d}t}\right] \end{array} \right\} \\
&\quad + K\left\{ \begin{array}{l} \left[K_{\mathrm{VTQ}}V_{\mathrm{MD}}(t+\tau)+K_{\mathrm{VCQ}}\dfrac{\mathrm{d}V_{\mathrm{MD}}(t+\tau)}{\mathrm{d}t}\right] \\[4mm] -\left[K_{\mathrm{VTQ}}V_{\mathrm{MD}}(t)+K_{\mathrm{VCQ}}\dfrac{\mathrm{d}V_{\mathrm{MD}}(t)}{\mathrm{d}t}\right] \end{array} \right\}
\end{aligned} \tag{6-50}
$$

在理想的闭环条件下，且 $\phi_B = \pi/2$ 时，可简化为

$$
\begin{aligned}
\Omega_e &\approx \frac{4V}{\pi}[KK_{\mathrm{TQ}}\eta(1-\sin\phi_e)K_{\mathrm{VT}}+KK_{\mathrm{VTQ}}] \\
&\quad \cdot \left[\left(\sin\frac{\pi}{\tau}t+\frac{1}{3}\sin\frac{3\pi}{\tau}t+\frac{1}{5}\sin\frac{5\pi}{\tau}t+\cdots+\frac{1}{n}\sin\frac{n\pi}{\tau}t\right)+\tau\cdot V_P/T\right]
\end{aligned} \tag{6-51}
$$

由式（6-51）可见，当干扰系数发生变化时，将会引起光纤干涉仪零偏发生漂移。

此外，若光纤干涉仪在长期运行中，其电子元器件性能参数产生漂移，使得不同调制时刻的前向通道增益发生变化，即光纤干涉仪控制回路中引入了误差量，导致高精度光纤干涉仪产生零偏漂移。

光纤干涉仪的输出包含光纤干涉仪敏感的真实角速度和零偏误差，通常在几个光纤环渡越时间内，光纤干涉仪温度和湿度等环境基本可认为恒定不变，故光纤干涉仪的交叉干扰系数保持不变，光纤干涉仪电路

交叉干扰引起零偏误差保持不变。将光纤干涉仪敏感轴反转 180°时，光纤干涉仪敏感的真实角速度将极性反向，而光纤干涉仪的交叉干扰引起的零偏误差不发生变化。通过将反转前后的干涉仪输出相减即可消除电路干扰引起的零偏误差，得到真实的干涉仪转速，即

$$\begin{cases} \omega_+ = \omega_0 + \omega' \\ \omega_- = -\omega_0 + \omega' \end{cases} \tag{6-52}$$

$$\omega = \omega_+ - \omega_- = 2\omega_0 \tag{6-53}$$

式中，ω_0 表示光纤干涉仪输入的角速率，ω_+ 表示给 Y 波导施加正方向调制信号解调出的光纤干涉仪角速率，ω_- 表示给 Y 波导施加负方向调制信号解调出的光纤干涉仪角速率，ω' 表示引入的漂移误差，ω 表示光纤干涉仪输出的角速率。

在世界时测量的应用背景下，不可能将光纤干涉仪在短时间进行周期性的物理翻转，因而需要找出改变光纤干涉仪敏感轴方向的其他方法。在光纤干涉仪中，Y 波导驱动电极所施加电压的极性可决定光纤干涉仪的标度因数符号，因而通过改变调制信号的极性可达到光纤干涉仪敏感轴方向的变化，等效为光纤干涉仪物理翻转 180°。

因此，可采取 Y 波导极性转换差分调制技术抑制光纤干涉仪的零偏漂移。将调制通道的电信号施加在光纤干涉仪 Y 波导的正反两个电极上，在 Y 波导的两个电极所加的电压极性变化时，光纤干涉仪标度因数的符号发生正负对称变化，相当于光纤干涉仪正反向旋转，再差分输出可有效抑制光纤干涉仪的低频漂移误差。Y 波导极性转换差分通过信号处理器的时序信号控制调制信号给 Y 波导施加的电压极性，如图 6-31 所示。

通过对光纤干涉仪的 Y 波导（调制器件）进行 4τ 周期的极性反转切换，可从理论上消除光纤干涉仪电路内部耦合干扰，以及长期工作条件下电子元器件、光电子器件参数漂移引起的光纤干涉仪零偏误差，该抑制方法示意图如图 6-32 所示。由于世界时测量用光纤干涉仪调制信号周期通常为 10μs 量级，而环境温度的变化一般为分钟量级或小时量级，因而在几个甚至几十个干涉仪调制周期内的温度可看成是恒定值。为了保证调制信号的极性变化过程中光纤干涉仪的交叉干扰不发生变化，可将调制信号的切换电路放置于 Y 波导的附近，可使光纤干涉仪电路的调制信号对干涉仪的驱动电路和前向通道的干扰变化最小。

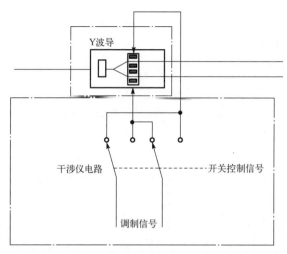

图 6-31　Y 波导极性转换差分调制示意图

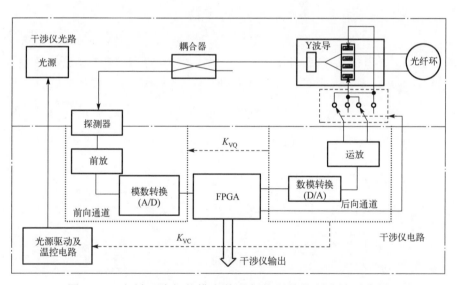

图 6-32　光纤干涉仪共模参数引起的误差抑制方法示意图

6.4.2　高精度光纤干涉仪的误差对消技术

随着惯性仪表精度的持续提升，惯性仪表精度的测试方法越来越受到测试条件的制约，很难验证更高量级的分辨率水平。为此，参考纳量级传感器等超精密仪器行业的验证方法，可采用多表平行测试结合频域相干分析的方法，消除共有环境噪声，获得高精度光纤干涉仪零偏输出的高稳定性以及较低的噪声功率谱密度（Power Spectral Density，PSD）。

该方法可在一定程度上克服环境扰动的影响，获得更高的测试精度。

(1) 双表平行测试噪声分离技术

通常实现方法如下：将高精度的光纤干涉仪敏感轴向精密对齐，并且相互之间紧靠在一起，通过对两个干涉仪输出信号之间的相干性以及各自信号输出的 PSD 进行计算，就可将干涉仪输出的噪声分量从微扰动背景信号中分离出来。

双光纤干涉仪信号组成示意图如图 6-33 所示，两个干涉仪输出 y_1 和 y_2 各自都是由两个部分组成的，分别是作为公共输入的环境微扰动部分 x 以及各自干涉仪噪声引起的两个部分 n_1 和 n_2。由于输入而造成的信号 PSD 部分通常被称为相干功率，并且可按照下式进行计算，即

$$\hat{G}_{xx} = r_{12}^2 G_{11} \tag{6-54}$$

或

$$\hat{G}_{xx} = r_{12}^2 G_{22} \tag{6-55}$$

式中，$\hat{G}_{xx}$ 是相干功率的估计值，G_{11} 是信号 y_1 的 PSD，G_{22} 是信号 y_2 的 PSD，r_{12}^2 是 y_1 和 y_2 之间的相干性系数平方，表示为

$$r_{12}^2 = \left| G_{12} \right|^2 \big/ (G_{11} \times G_{22}) \tag{6-56}$$

式中，G_{12} 是 y_1 和 y_2 之间的交叉谱密度。

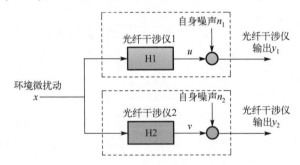

图 6-33 双光纤干涉仪信号组成示意图

光纤干涉仪噪声的估计值 $\hat{G}_{n_1 n_1}$、$\hat{G}_{n_2 n_2}$ 称为非相干功率，表示为

$$\hat{G}_{n_1 n_1} = G_{11} - r_{12}^2 G_{11} \tag{6-57}$$

$$\hat{G}_{n_2 n_2} = G_{22} - r_{12}^2 G_{22} \tag{6-58}$$

这些噪声的估计值都是保守的，约为实际干涉仪噪底的两倍，也就

是实际的干涉仪噪声将低于非相干功率估计值。

上述双干涉仪 PSD 数据处理技术已在地震传感系统普遍采用，并已成功应用在世界时测量用的光纤干涉仪项目中。

(2) 四表测试误差对消技术

除了采取平行并列放置的双表方案外，还可采取正交与平行同步检测工作的四表方案。通过四表同步采样以及差分对消等方案，对地表扰动、输入轴变化以及各项环境扰动进行评价分析与抑制，可消除长期通电作用下光纤干涉仪的光纤材料、结构材料、固化胶材料蠕变等引起的共模误差量，提升光纤干涉仪的长期测试精度。

典型的光纤干涉仪的四表联测对消结构示意图如图 6-34 所示，将性能相同的四轴光纤干涉仪分别置于天地两向和南北两向，经过安装误差的校正，以抵消地表的扰动、环境扰动、长期参数演变等引起的共模误差，实现地球转速的高准确测量。

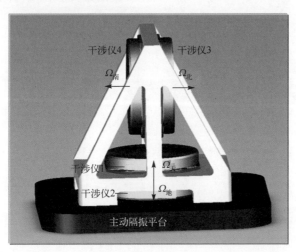

图 6-34　光纤干涉仪四表测试误差对消结构示意图

高精度光纤干涉仪的误差抑制除了采取多表对消技术之外，温度补偿也是常用的误差抑制手段，具体抑制方法将在后续章节详细阐述。

第 7 章
基于高精度光纤干涉仪的
世界时测量精密环境构建技术

7.1 概述

随着惯性仪表自身精度的不断提升，对其精密测量环境条件提出了更高要求，一般精度测量时可忽略的环境扰动逐步成为必须高度重视的因素。环境扰动一般可分为温度、振动等常见扰动以及磁场变化、电磁干扰等。现阶段常见的惯性仪表测试环境受限于周围人类活动、场所选址等因素，一般难以达到测试环境要求。

对于世界时测量用大型光纤干涉仪，精度需达到 $1\times10^{-6}°/h\,(1\sigma)$ 乃至 $1\times10^{-7}°/h\,(1\sigma)$ 量级。美国空军的中央惯性制导实验室（Central Inertial Guidance Test Facility，CIGTF）的环境测试陀螺仪的精度可优于 $5\times10^{-7}°/h\,(1\sigma)$，美国 AITL 实验室（The Advanced Inertial Test Laboratory）和俄罗斯门捷列夫计量研究院用于战略级陀螺和加速度计温度模型测试的温控系统波动度均优于 $0.001℃$[107-109]。

在地球表面，利用高精度光纤干涉仪进行地球自转角速度的测试，主要依托本地地球转速矢量 Ω 的稳定性精度。地球转速矢量对被测光纤干涉仪的激励作用是通过实验室的地基工作面、测试设备工作面和试验工装工作面来依次传递的，各层工作面的稳定性决定了地球转速矢量的传递稳定性，其扰动定义为间接扰动。实验室内，被测干涉仪周围空间环境的温度、湿度、电场、磁场、气压的稳定性，也直接影响到工作面的稳定性，其扰动定义为直接扰动。

在诸多影响光纤干涉仪测量地球转速稳定性的环境因素中，温度和振动是影响较大的因素。温度影响光纤干涉仪的光纤环非互易性误差、光电子器件误差、电路误差以及结构变形引起的零偏和标度因数误差，振动主要通过地基传递外界环境扰动，影响光纤干涉仪的应力误差及其非互易性误差、线振动和角振动引入的零位误差、结构变化引入的零偏和标度因数误差等。温度和振动对光纤干涉仪的输出影响分析参见 6.1 节以及 6.3 节。

因此，世界时测量用高精度光纤干涉仪的精密环境构建技术主要针对温度环境、地基环境以及振动、磁场等其他环境的构建及其环境性能评价。

7.2　地基环境构建关键技术

国际上已正式将振动公害列为七种环境公害之一。所谓振动公害是指人类活动引起的交通车辆、地面、建(构)筑物等的振动对人的工作和生活环境以及身体健康的影响、对建(构)筑物安全的影响以及对精密仪器正常使用的影响等[110]。

7.2.1　振动环境分析

环境振动是一种宽频带的随机振动，振幅一般为微米、亚微米量级，加速度在$(10^{-5} \sim 10^{-7})g$量级。由于高频振动在地层中衰减很快，所以地表所感受到的主要是低频振动信号。

外界环境振动主要通过建筑物支承结构或空气传递给实验室振敏精密仪器。环境振动的振源一般分为两类：自然振源和人工振源。人工振源主要包括变压器、风机、压缩机等动力设备产生的稳态波振动；人员走动及城市轨道交通造成的非稳态随机振动；与精密仪器相连的压缩空气气源、油泵等辅助设备激励引起的稳态波或冲击波振动等；自然振源主要包括大地脉动、浪涌和风力引起的非稳态随机振动等。环境振动的特点和振级不仅依赖于激励的大小，还依赖于土壤、基础、地板和建筑物其他结构部件所组成的动力系统对振动的滤波效果。

自然振源(大地脉动和风等)振幅通常为几十到几百纳米，地震之类通常振动频率在 0.1～30Hz，风激振频率范围大多在 0.1～2Hz。人工振源(城市轨道交通和动力设备等)振幅变化较大，振动频率在 1～150Hz；建筑物基础自然频率一般大于 10Hz(与土壤特性相关)；地面垂直向的自然频率通常为 6～30Hz，水平向则更高些；实验室人员走动产生的振动频率一般在 1～3Hz 范围内。因此一般认为精密仪器环境振动测量关注的频率范围为 0.1～150Hz。

(1)国内外相关振动影响的标准情况

由 ISO TC108 机械振动、冲击与状态监测标准化技术委员会制定的相关国际标准主要有：ISO 8569:1996《振动与冲击对建筑物内敏感设备影响的测量和评价》、ISO/TS 10811-1《建筑物内敏感设备的振动与冲击 第 1 部分测量和评价》、ISO/TS 10811-2《建筑物内敏感设备的振动与冲击 第 2 部分分类》、ISO 4866:199《建筑物的振动 振动测量及其对建筑物影响的评价指南》。其中，ISO 8569 标准涉及环境振动对振敏型仪器影响的测量[111]。该标准对建筑物内对冲击与振动敏感的仪器设备的测量方法做出了规定。标准涉及的敏感设备主要有计算机系统(含外围设备)、远程通信设备、实验室仪器(如电子显微镜、质谱仪、气体色谱仪、激光和 X 射线仪)、高精度加工仪器(如微电子生产设备)、高精度光学仪器和照相复制设备、火车交通控制中心的机电系统、安全装置(火警设备)和存取控制设备等。考虑的振动和冲击源有外部振源：如交通、施工中的爆破、打桩和振动夯实等，也包括噪声激励；室内使用的设备如冲床、锻锤、旋转机械(如空气压缩机、空调机泵)和在建筑物内运行的重型设备；与设备维护和运行相关的人员活动；自然振源，如地震、水库水和风；内部振源：如设备自身引起的振动等。标准中指出测得的振动和冲击数据可用来建立数据库，以便建立特定设备的振动允许值，同时有利于划分不同允许值的环境条件。

ISO 8569 标准规定关注的频率范围为 0.5～250Hz。一般认为优势频率小于 100Hz。振动幅值和持续时间主要取决于振源、振源与敏感设备的距离以及支撑敏感设备的建筑物构件的响应。用质点速度来评价建筑物振动参数，该值在 10^{-4}～2×10^{-2}m/s 范围内。标准中规定三个正交轴时程的振动测量应包括速度变化量(包括最大值和给定时间段内的平均值)、持续时间测量，通过频谱分析可获得速度和频率、功率谱密度的关系曲线。

(2)环境振动数据分析方法

精密仪器环境振动测量范围可考虑频率为 1/120～250Hz，动态范围为 140dB，可测量微振动的加速度为 $10^{-9}g$，振动速度 10^{-7}m/s。

对精密仪器产生影响的环境振动可能是正弦波(如旋转机械)、随机波(如各类交通工具)或瞬态波(如打桩和爆炸等)。为了辨别可能出现的不同振源，通常应同时对精密仪器运行和非运行状态进行测量，并在空间三个正交方向上记录其所承受的振动时程。

数据分析方法可采用单一均方根值(RMS)、等效峰值速度响应谱、恒带宽均方根谱、功率谱密度和 1/3 倍频程均方根谱等[112,113]。计算结果可用振动加速度、速度、位移的单峰值或与频率相关的峰值表示。研究结果表明，1/3 倍频程带宽可近似精密仪器的宽带响应，利用它可考虑被激起的频率成分。

如果对精密仪器设备振动允许值要求太严，势必造成实验室建设的高成本;而如果太宽,又可能导致仪器设备性能的下降,因此其值只能通过实验确定,即通过采集精密仪器正常工作振动量和数据统计分析来确定环境振动的控制值;同时还需综合考虑经验值和仪器设备制造商提供的信息给出。鉴于环境振动所具有特殊复杂的动态特性,测量中通常需要进行连续多天的检测,才能分析掌握环境振动(主要振源)对精密仪器影响的规律。

7.2.2　常见的地基环境选址分析

在高精度惯性仪表的测试环境构建方面,美国的研究工作较为深入。1990 年,美国中央惯性制导实验室(CIGTF)的抗微振稳定平台的稳定性指标达到:DC~100Hz 频率范围的转角稳定性优于 $1.0×10^{-9}$rad/Hz$^{1/2}$,平移稳定性优于 $1.0×10^{-9}$g/Hz$^{1/2}$。从 2007 年开始,为满足新型远程导弹用高精度惯性器件测试需求,制定了新的发展目标,将现有纳量级(10^{-9})稳定性水平向皮量级(10^{-12})突破[108]。

在基岩稳定性水平上部的扰动源,按照频域范围主要分为人类活动、微振波和亚微振波三类,如图 7-1 所示。研究发现,DC~0.1Hz 是以倾角扰动成分为主,主动式或悬吊式方案可将这部分扰动抑制在 0.02″($1×10^{-8}$rad)

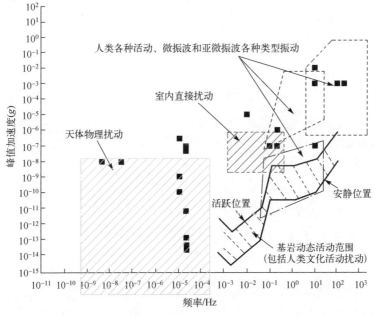

图 7-1　地球表面结合纳量级设计目标的位移扰动源统计分布情况

以下；0.1～100Hz 是以平移扰动成分为主，通过采取设施隔振设计、空气弹簧支撑、合理选址，可将这部分扰动抑制在 $1 \times 10^{-8}g$ 以下。

应用于世界时测量的高精度光纤干涉仪测试环境选址应充分考虑地球物理地质运动、地表水系气候、人文等扰动源条件，一般可采用基于熵权与优劣解距离法(Technique for Order Preference by Similarity to Ideal Solution，TOPSIS)[114]作为评价各试验场所的选址效果。

7.2.2.1 选址一级标准(地区层次)

(1)波浪振动

考虑到海洋潮汐以及海洋季风等影响，沿海地区场所不太适宜世界时测量，但可通过主动减振技术抑制海洋环境的影响。

(2)地区构造振动

该项考虑五个因素：断层、活跃层、地震震中、板块边缘、冰川后隆起。

(3)地区气候

该项考虑四个因素：年平均风速、年平均雷暴天数、年平均降水量、洪水泥石流等灾害发生频率。统计符合要求地区的四个因素数值，用 TOPSIS 法计算最优解，并统计每个地区与最优解的接近度，选取排名靠前的 10 个地区(典型值)进行二级标准匹配分析。

7.2.2.2 二级标准(次级地区层次)

(1)固定因素

该项考虑六个因素：喀斯特地形、地下水、水库、底辟构造、大型采石场或露天采矿区、岩体应力。

(2)流动性因素

该项考虑两个因素：河流、大型人口工业集中区。

考虑实施过程的可行性，首先对这 10 个地区、8 个因素所涉及的数量、面积进行统计，选择其中 6～8 个地区。再对这 6～8 个地区中的地点，按距离进一步选择出五个合适地点，进行下一步分析。

7.2.2.3 三级标准(定点层次)

(1)定点因素

该项考虑八个因素：冲积土或厚土层、植被面积、泵站或输油管道、道路或铁路、机场或航线、输电线或转接塔、霜冻、农牧业集中区。对经过二级标准筛选的地点，在其给定范围内，对上述八项因素的数量进行统计，并采用 TOPSIS 法进行最优解求解及接近度分析，给出最合适的 2～3 个地点。

（2）评价分析

构建抗振基座选址评价模型，采用熵权法确定评价指标的权重，权重较为客观合理。然后运用 TOPSIS 法对论证方案进行评价排序，得出方案可行性评价。

结合上述分析情况，国内某大型光纤干涉仪研究机构的测试环境选址分别位于我国西北部秦岭山区以及黄土高原地区，该地区人类活动较少，地质活动稳定，具备一定的交通条件，既方便大型光纤干涉仪长期稳定测试，也满足适当的运行维护条件。

7.2.3　高稳定地基构建技术

高稳定地基环境构建应从土壤力学、隔振材料、土建结构设计、隔振器入手，提升实验室隔振地基稳定性和评测系统，满足高精度光纤干涉仪的世界时测量要求。

7.2.3.1　地基减振

为避免测试基座的扰动影响本地地速矢量的传递，进而影响光纤干涉仪测试结果的精度，在建立实验室的土壤力学模型、分析地质数据和人文环境条件基础上，选取适宜的隔斜抗振材料、减振器，采用向下深挖等方法，减少基座建筑朝阳面与朝阴面间的温度差，进而降低地温效应，减少 24h 周期地脉动的幅值。同时，设计合理的抗振力学模型及其建筑结构实现方案，构建超低加速度扰动、超低角速度扰动环境，通过改善地球转速矢量的分量稳定性，提高光纤干涉仪零偏稳定性测试结果。深埋是测试基座减振的一个重要手段，测试基座的隔振效果随着基座埋置深度的增大而提高。结合土木工程设计要求，以实地测得的地面地脉动和井下地脉动作为振源输入，可知：

①对于地脉动中低频成分（0.001～10Hz）的隔振，按照隔振效果由好到差的顺序依次为全封闭混凝土屏障、未闭混凝土屏障、柔性材料屏障。

②全封闭混凝土屏障的优点：对低频隔振效果较好；隔振后的振动幅值（有效值）较小。

　　在隔振稳定平台构建中，隔振材料选取技术很重要。防微振质量的周边需采用多层的隔振材料，衰减外来扰动的能量。隔振材料中通常选用干砂土，由于砂粒的相互运动，可吸收季节间的能量渗透，较厚的干砂土可吸收地表风吹林木、高大建筑晃动产生的扰动能量。

7.2.3.2　基座稳定平台

　　为实现高精度光纤干涉仪的精确角速度测量，可根据精度的需要设计双层质量基座稳定平台，典型设计方案如图 7-2 所示，其中支撑光纤干涉仪的平台一般为大理石平台，大理石平台具有热膨胀系数小、密度高、硬度大等特点，大理石经过抛光打磨加工做成尺寸足够覆盖干涉仪和监测系统的平台，提供稳定的干涉仪放置平台。

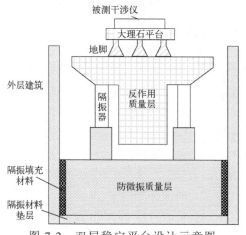

图 7-2　双层稳定平台设计示意图

　　在图 7-2 中，支撑大理石平板稳定性的结构由防微振质量层、反作用质量层两个主要部分组成。根据土壤扰动特征测试数据，在防微振质量层下设计了隔振材料垫层，充分衰减外来扰动。采用大型整体的防微振质量，可衰减转折频率右侧扰动；通过对反作用质量的控制可衰减转折频率左侧及自身扰动，以达成全频带的整体稳定性。通过隔振器对反作用质量施加主动控制，可将稳定平台工作面转折频率左侧和本身的稳定性成数量级地大幅降低。

　　实验室应配备实验室基墩扰动监测系统，主要利用高精度倾斜仪(或电子水平仪)和地震检波器同时监测基墩的倾斜、振动等情况。监测系统的实时观测数据也可为干涉仪误差模型的建立和解析方法的提出提供必要的数据支撑。

　　图 7-3 为地下多级控温隔振实验室设计示意图，该实验室设计有三层控温措施，其中中间层为主动控温层，具体实现方法见后续章节；用于高精度光纤干涉仪测试的地基构建方式为：设计深度超过 5m 的混凝土柱子，如条件允许可附着在基岩上，混凝土柱子上方与混凝土基墩相连接，基墩的尺寸可与光纤干涉仪及其测试大理石平台的尺寸相匹配，考虑安装方便，基墩尺寸可略小于大理石平台。为了实验室的结构安全稳定，光纤干涉仪测试地基以外的地面下方也应设计多组混凝土柱子，深度应超过 2m。尤其需要注意的是，光纤干涉仪测试地基与实验室其他位置地基应设置有隔振沟，并填充隔振材料（干沙土等），以减缓实验室的振动对光纤干涉仪测试地基的影响。

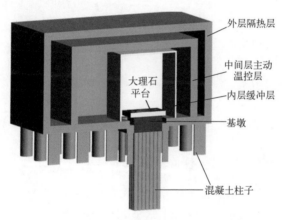

图 7-3　多级控温隔振实验室设计示意图

　　陕西秦岭地区某实验室实现的基座稳定平台以及扰动检测系统如图 7-4 所示，重量超 3 吨的大理石平台保证了基座的稳定性，另配备了四

图 7-4　某典型基座稳定平台以及扰动检测系统

路高精度电子水平仪监测大型光纤干涉仪结构以及基座的稳定性。在该实验室内光纤干涉仪测试原始数据如图 7-5 所示,在全天 24 小时测试过程中,无外界环境干扰,无昼夜差别,精度保持稳定,适宜大型光纤干涉仪长期稳定测试。

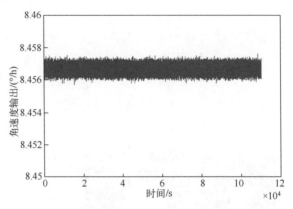

图 7-5   实验室内光纤干涉仪测试原始数据(1s)

7.2.4   高精度地基环境评价技术

7.2.4.1   基于倾角和平移监测系统的地基环境评价技术

光纤干涉仪测试实验室的隔振地基在整个 DC~100Hz 频段,以 0.1~100Hz 频段的平移扰动以及倾角扰动为主要扰动因素。因此,在测试基座扰动监测与环境评价技术方面,一般围绕平移监测系统和倾角监测系统进行研究工作。基座扰动测试评估系统如图 7-6 所示。

图 7-6   基座扰动测试评估系统

①倾角测量：倾角监测系统一般分辨率需达到 0.1″，测试工装可采用零热胀系数的材料制作，如微晶玻璃材料的温度系数为 $10^{-8}/℃$ 量级，相对于温度系数 $10^{-5}/℃$ 量级的金属材料，可降低热胀因素导致的工装倾角变化；此外，采用新型摆式倾角传感器，将模拟输出更换为数字输出，可进一步提升倾角测量分辨率，最高可实现 $0.01″/Hz^{1/2}@10^{-3}\sim1Hz$ 精度水平。

②平移测量：平移测量一般采用高精度的地震检波器系统，在 $0.1\sim100Hz$ 范围，理论分辨率最高可达到 $<0.01\mu g/Hz^{1/2}$。

此外，对于倾角监测系统和平移测量系统，可采取双测试系统平行测试，结合频域相干分析，剔除共有环境噪声的频域数据处理技术，大幅提高了传感器测试精度。

由于水平仪的测量会受到环境温度、湿度以及大气压强变化的影响，在增加了恒温、恒湿控制的密闭实验室中，水平仪的监测可避免环境的干扰从而得到更加精准的观测结果。

7.2.4.2 基于傅里叶变换的地基环境分析与评估方法

傅里叶变换是一种常用的信号分析方法，主要包括非周期信号的傅里叶变换和周期信号的傅里叶级数。由于计算机采集的信号大多数是离散的、非周期的，以下只涉及非周期信号的傅里叶变换。

非周期信号的傅里叶变换主要分为连续非周期的傅里叶变换、序列（离散非周期）的傅里叶变换和离散傅里叶变换，其中序列的傅里叶变换是连续周期函数，周期为 2π。而计算机处理的是离散有限长信号，因此着重考虑离散傅里叶变换。

离散傅里叶变换是一种适合数字计算机处理的傅里叶变换形式，它将 N 点长的离散时间信号 $x[n]$ 变换为 N 点长的离散频谱序列，即

$$X(k) = \mathrm{DFT}[x(n)] = \sum_{n=0}^{N-1} x(n)\mathrm{e}^{-\mathrm{j}\frac{2\pi}{N}kn}, \quad 0 \leq n \leq N-1 \tag{7-1}$$

$$x(n) = \mathrm{IDFT}[X(k)] = \frac{1}{N}\sum_{k=0}^{N-1} X(k)\mathrm{e}^{\mathrm{j}\frac{2\pi}{N}kn}, \quad 0 \leq k \leq N-1 \tag{7-2}$$

由于离散傅里叶变换是有限长序列作为主值区间，扩展成周期序列后，分解成离散傅里叶级数在一个主周期区间获得的，所以离散傅里叶变换与周期序列的傅里叶级数有相同的特点，即离散性、谐波性、收敛

性。但实际采集到的有限长序列，其成分比较复杂，使得频谱特性不再具有明显的规律。但从信号的频谱趋势上，可判断时域信号的复杂程度。

静态环境下，光纤干涉仪的输出信号可表示为

$$w_{\text{out}} = w_k + w_{\text{ek}} + b_k + e_k \tag{7-3}$$

式中，w_k 是真实的输入角速度，w_{ek} 是地球角速度在光纤干涉仪敏感轴上的投影，b_k 是光纤干涉仪的零偏，e_k 是光纤干涉仪的随机噪声。光纤干涉仪输出及随机噪声因环境而变化，最终导致光纤干涉仪输出信号发生改变。对上述测试环境得到的光纤干涉仪数据，进行傅里叶变换。

从图 7-7 可看出，环境 A 采集的光纤干涉仪信号，经傅里叶变换后，频谱上仅有数个大频率点，围绕其附近出现数个小幅值的频率点，具有类谐波性、类收敛性，说明时域信号含有类周期信号，复杂程度低。环境 B 采集的光纤干涉仪信号，经傅里叶变换后，频谱起伏无规律，高频信号幅值大，说明时域信号中高频成分多，复杂程度高。根据时域信号傅里叶变换的特点可知，环境 A 优于环境 B，在环境 A 测试光纤干涉仪，更能反映光纤干涉仪的真实水平。

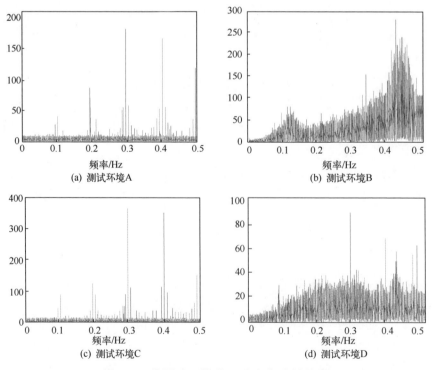

图 7-7　某测试环境傅里叶变换分析结果

将该光纤干涉仪放在四种不同环境下进行测试，一是验证自评估技术的有效性；二是评定环境的优劣，对后续高精度光纤干涉仪的测试场地提供指导。图 7-7 所示的测试环境 A 是恒温恒湿，带较深隔振地基，周围噪声小的实验室。测试环境 B 是常温，带隔振地基，周围噪声大的实验室。测试环境 C 是常温，带隔振地基，周围噪声小的实验室。测试环境 D 是常温，无隔振，周围噪声大的实验室。通过对多种测试环境下的傅里叶变换分析与评价，可减小环境对光纤干涉仪的精度指标带来的影响，而且能够提高光纤干涉仪测试的效率和准确性。

7.3　温度环境构建关键技术

7.3.1　自然温度环境选择分析

光纤干涉仪测试实验室的温度环境选择应尽量选择四季变化小、昼夜温差小、人为因素影响小的实验场所，保证环境与外界环境之间有较大的热阻。因此通常选择较深的地下实验室、矿洞、纵深较深的山洞等。

为了给光纤干涉仪提供稳定的测量环境，在选址阶段应主要考察测量环境的温度变化和倾斜变化等情况，图 7-8 为陕西渭南某地下实验室在未采取主动温控措施下的温度测试结果。

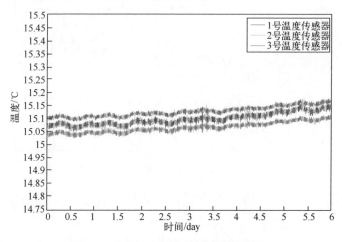

图 7-8　某地下实验室温度测量结果

从图 7-8 中可看到，温度存在一定的周期性变化，每日温度变化幅度小于 0.025℃，该测试结果说明实验室已具备了较良好的温度环境。可在此基础上，通过采取多级主动温控措施进一步降低温度变化，为光纤干涉仪提供稳定的温度环境。

7.3.2　高稳定温度环境构建技术

高精度光纤干涉仪输出受环境温度波动影响显著，为避免环境温度扰动影响测试精度，应采用高精度温度传感器、更具操作性的多级温控以及能量转换技术，通过干涉仪温度试验热场分析，实现高效的热能传递、储能、交换结构，采用水冷或风冷方式快速交换排出的热能，设计专用的控制系统，在实验室环境下实现超低温度扰动的高精度光纤干涉仪环境构建技术，满足高精度角速度测量的需求。

世界时测量用光纤干涉仪的测试环境应具备地基稳定、外界干扰少等特点。实验站设计应具备高精密仪器室和数据监测室，如图 7-9 所示，其中高精密仪器室具备二级以上温控条件，二级温控室的温控精度至少应达到±0.1℃，此外，还可利用隔热罩对高精度光纤干涉仪装置进行三级温控或采用相变材料减缓内部温度变化，使干涉仪内部的温度精度达到±0.01℃。

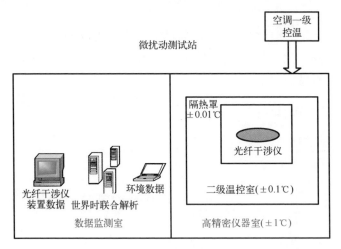

图 7-9　高精度光纤干涉仪装置测试环境设计示意图

以下为陕西渭南某精密实验室多级温控设计方案，如图 7-10 所示。

(1)多级温控系统

①一级温控：首先通过物理隔离的方式，减少干涉仪放置区域与其

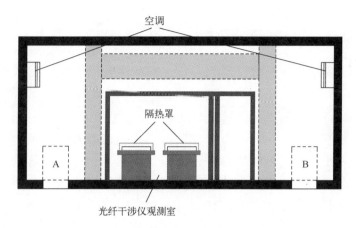

图 7-10　某精密实验室温控设计示意图

他区域之间的空气流动，减慢同一楼层不同房间之间的温度交换，干涉仪观测室设置于区域的中部，远离 A、B 两扇门，可减少观测人员出入带来的温度交换；其次对 A、B 两扇门做密封处理，干涉仪观测期间，保证实验室所在的整个区域是一个与外部环境没有热交换的独立区域；然后在区域外再设置多道可封闭的隔离门，目的是尽可能地减小地下室最底层不同房间之间的空气流动，减少热量交换，以期获得尽可能稳定的总体温度环境。

②二级温控：在该区域可采取风冷控温或水冷控温，作为二级温控措施，用于调节总体温度，保证干涉仪观测室尽可能处于恒温环境中。

③三级温控：干涉仪观测室的房间墙体采用空心墙体设计，内部填充干燥隔热介质，作为三级温控措施，保证房间温度的稳定性，目标使干涉仪实验室温度变化率小于 0.05℃。

④四级温控：利用相变材料制成的隔热罩对光纤干涉仪进行四级温控，最终实现干涉仪实际工作温度变化率小于 0.01℃。

⑤其他隔温控制措施：避免数据采集室的采集仪器运行发热的影响，数据采集室和干涉仪室之间墙体采取隔离不连接的设计，减少采集仪器热源的干扰。

（2）环境监测系统

环境监测系统应包括温度监控、湿度监控、大气气压监控、地基倾斜与振动监控等，目的是为光纤干涉仪测量维持稳定测量环境，同时也为了在光纤干涉仪测量运行期间实时监控测量环境的各项环境指标，为后续数据处理提供环境监测的数据。

7.3.3 风媒控温环境构建技术

风媒控温方式是一种以空气为传热媒介的控温方式,其优点是控温速度快、造价低,适用于快速控温场合。

(1)风媒控温实验室空间布局方案

一般地,对于恒温恒湿系统建筑空调房间的布置,应该遵循以下几个原则:应该规划出一个区域集中布置空调房间;条件允许的情况下,尽量采用走廊回风;温度精度高的房间尽量布置在内区,由温度精度低的恒温室或者环廊包围;使用情况相似的恒温室最好相邻布置。在设计恒温恒湿室的门、墙、窗等围护结构时,应参照相关规范,按照要求的围护结构特性参数进行设计。在满足生产工艺要求以及人体舒适度要求的前提下,恒温恒湿室的高度应尽可能地降低。

(2)风控气流控制方案

恒温恒湿空调系统气流组织主要分为侧送侧回、上送下回,选择主要遵循以下原则:

①对于温度精度为±2~±3℃的系统,可在符合方便系统布置的原则的基础上采用一种合适的气流组织方式。

②对于温度精度为±0.5~±1.0℃的系统,应尽量采用上送下回,如侧送侧回或者顶棚孔板送风,其中侧送侧回形式回风口应与送风口同侧布置。

③对于温度精度为±0.2~±0.5℃的系统,采用上送下回。

④对于温度精度为<±0.1℃的系统,应采用顶棚孔板送风,下部均匀回风的气流组织模式,并设置恒温套间。

当高精度光纤干涉仪的测试实验室的层高较低,或层高较高但有吊平顶可供利用时,单位面积需要送风量较大,而测试区域又需要保持尽量低的风速时,或对区域温差有严格要求时,应尽量采用顶棚孔板送风方式进行气流控制。

顶棚孔板送风是利用吊顶上面的空间为稳压层,空气由送风管进入稳压层后,在静压作用下,通过在吊顶上开设的具有大量小孔的多孔板,均匀地进入空调区的送风方式,而回风口则均匀地布置在测试间的下部。

根据送风温差和测试间热湿负荷可确定测试区域的送风量,根据送风量和工作区最大风速限制可计算出送风孔板的孔径。

因此,针对高精度光纤干涉仪的控温需求和低风速要求,顶棚孔板送风+底部回风方案是较适宜的风控气流方案。

（3）风媒控温处理方法

采取顶棚孔板送风+底部回风的气流方案后，快速实现实验室的精准控温较为关键。采取的二级控温的风冷典型方案如图 7-11 所示，该方案中，首先测试实验室的回风与室外新风混合进入循环空调机组，空气通过表冷器冷却到机械露点温度进行除湿，然后通过一级电加热对空气加热至接近设定控温点，如湿度过低则对空气进行电极加湿（等温加湿），处理过的空气通过风机送入风道，空气进入末端控制区域房间后，最后经过风道上安装的可控硅二级电加热对送风温度进行补偿后送入实验室末端控制区域。

在图 7-11 所示的技术方案中，一级加热用于控制送风温度，可分为不同加热功率的三段，由各自固态继电器独立控制，使控制更准确、合理同时也达到节能的目的。二级加热采用可控硅加热控制方式，可控硅的工作方式为：移相触发加热，可控硅导通角被调整，电压随之变化，从而调整加热功率，实现精准控温。

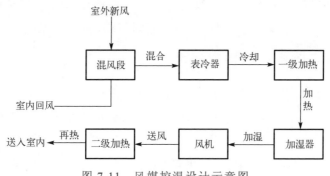

图 7-11　风媒控温设计示意图

在图 7-11 所示的技术方案中，送风温湿度包括送风温湿度实时检测、送风温度 PID 调节、送风温度给定值自设定等三部分。其中送风实时温度与送风温度可设计组成 PID 回路，控制一级加热的输出，达到恒定送风温度。此外，送风温度应随实验室外部的季节变化而调整，冬季送风温度应大于实验室内目标温度，而夏季送风温度小于实验室内目标温度。

图 7-12 为北京航天控制仪器研究所的某风媒控温实验室设计方案，实验室整体采用两级温控设计，第一级温控作用于实验室内的空气环境，提供基本的温湿度控制，控制精度在±2℃以内，由极静室恒温恒湿控制系统实现；第二级温控设置于悬吊检测平台上，由独立的控制系统控制与极静室内环境进行热交换，该级控制精度为±0.25℃。

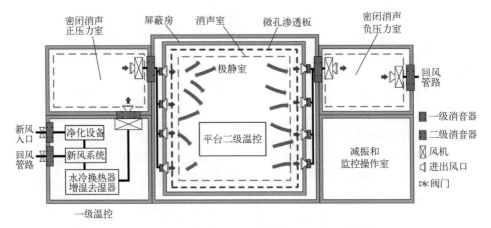

图 7-12　典型的风媒控温实验室设计示意图

为了在保证温湿度控制精度的同时提高系统的隔振降噪性能，针对实验室的各个环节进行了噪声及振动来源分析，并采取多种隔振降噪手段相结合的方式，在控制系统的各个环节中采取消振隔音措施，搭建专用的隔振地基和阻尼减振器，避免机组自身的运行振动和噪声传递到极静室，同时减少外部管线和排风系统对极静室周边设备和室外环境的影响。

7.3.4　水媒控温环境构建技术

水媒控温方式是一种以水或者油为传热媒介的控温方式，其优点是扰动更小、能耗更低、维护较少，更适用于高精度光纤干涉仪的长期运行。

测试实验室水媒控温方案一般采用的末端设备为毛细水管，通常测试间六面均铺设毛细水管，在每组毛细水管主管上设置电动调节阀，室内设置高精度温度传感器，根据室内温度来控制电动调节阀的开度以达到室内温度精度要求。考虑到精度要求与能耗，室内毛细管可分为冷、热毛细管，分别配置冷、热源。冷源采用风冷涡旋式一体机供冷，供冷水温度不低于机器露点温度，热源采用一体式恒温水箱供热。

同样，水冷控温方式相对于风冷控温方式，也存在维修麻烦、价格昂贵、控温稳定时间较长等缺点。

以下简要介绍北京航天控制仪器研究所某水媒控温实验室设计方案以及测试情况。

7.3.4.1　实验室结构设计

水媒控温实验室设计示意图如图 7-13 所示，实验室包括展示厅、讨论室(准备间)、设备间、测试间以及水媒控制间。干涉仪测试间为"房中房"结构,四面墙体与其他功能房间相邻,在原有山洞空间内进行内部墙体砌筑、建设保温和防水工程,并考虑隔振措施。测试间隔断墙从外到内为"砖混+保温层+水冷盘管+高惰性金属壁板+装饰材料"设计方案。

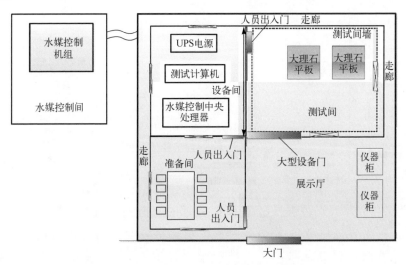

图 7-13　某水媒控温实验室设计示意图

7.3.4.2　温度控制方案设计

该设计对测试间采用以水为媒介的精密温度控制设计方案,其余房间暂不考虑精密温度控制,维持原有山洞的低温度变化环境即可,以下为该方案内容。

测试间温控方案采用精密温控水冷机组+毛细水管网格栅方案,温度控制系统通过精密温控水冷机组提供精确控制的水进入六组毛细水管,每组毛细水管布置在测试间的每个面,在每组毛细水管主管上设置电动调节阀,室内设置高精度温度传感器,根据室内温度来控制电动调节阀的开度达到室内温度精度要求。将毛细水管安装于预制沟槽式保温板中,上敷均热层及彩钢板面层,建设时需要与土建人员紧密配合。毛细管网栅所有的部件之间通过热熔焊或密封圈连接件相互结合,二次回路的所有材料需满足抗腐蚀特性;毛细管网栅与供水管之间用热熔焊或通过软管快接头的方式连接。

为了维持实验室的温度稳定,实验室六面为高惰性的厚岩棉板,高惰性的厚岩棉板后敷设毛细盘管,毛细盘管水温实际运行时会产生波动,通过高惰性的岩棉板的蓄热能力降低毛细管的温度波动。实验室减缓毛细管温度变化的示意图如图 7-14 所示。

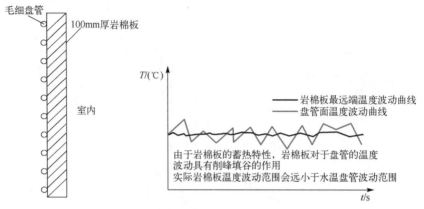

图 7-14　实验室减缓毛细管温度变化的设计示意图

图 7-15 为水媒控温实验室模拟运行的稳态温度分布仿真示意图,图中可见在水媒控制壁的主动温控下,实验室温度较为稳定且均匀,由于光纤干涉仪的自身发热,在大理石平板周围约有 0.4℃的温差,温差相对较小且较均匀,可满足光纤干涉仪的需求。

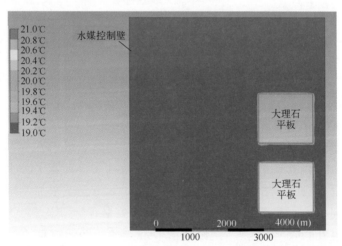

图 7-15　水媒控温实验室温度分布仿真示意图

图 7-16 为水媒控温实验室空气对流仿真示意图,由于光纤干涉仪的发热,在实验室内部有一定的空气流动,因为温差较小,且为密闭空间,

仿真分析风速不超过 0.05m/s，在光纤干涉仪周围风速不超过 0.03m/s，考虑到光纤干涉仪通常有多层磁屏蔽外罩以及防风隔热罩，故该风速影响可忽略不计。

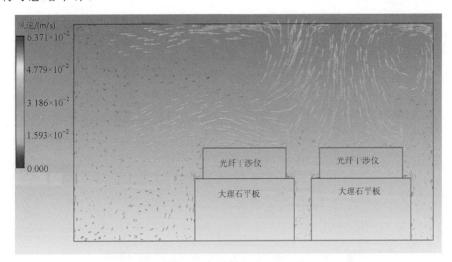

图 7-16　水媒控温实验室空气对流仿真示意图

7.3.4.3　温度控制实验室运行情况

该水媒控温实验室自2023年2月以来，已实现长期稳定运行。图 7-17 为水媒温度控制系统运行界面，图中实时记录冷水机组与六组毛细水管的温度以及温度控制情况。

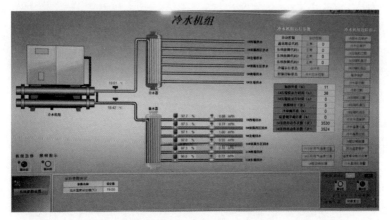

图 7-17　某典型实验室内的水媒控温系统运行界面

实际运行以来，该水媒控温实验室通过多级温控设计，实现测试间的温度精度约为 0.01℃。同时在被测的光纤干涉仪外增加了保温罩等减小温度变化率的措施，目前已实现较理想的控温精度，实测数据表明，实验室内连续 48 小时测试温度变化率不超过 0.001℃/h。图 7-18 为温控实验室连续两个月的温度测试结果，两个月测试温度变化小于 0.02℃，温度稳定性较理想，可满足大型光纤干涉仪的长期测试对温度环境的要求。

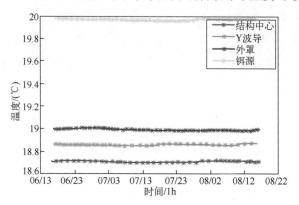

图 7-18　温控实验室连续 2 个月温度测试结果

7.4　电磁干扰隔离关键技术

高精度光纤干涉仪测试平台受到的振动干扰，除了由大地基传导而来的振动之外，还有环境中的声耦合振动与电磁干扰耦合振动，在对测试平台有着较高振动要求的情况下，声环境与电磁干扰所带来的振动干扰不可忽视。电磁波除了会对测试平台产生振动干扰，还会对电子仪器设备产生电磁干扰。因此，必须有应对环境噪声与电磁干扰的隔离措施。

7.4.1　电磁干扰与隔离

与介质振动传递的噪声不同，电磁干扰以空间电磁场变化为共同特征，常见的电磁干扰主要有以下几种。

（1）50Hz 工频干扰

50Hz 工频干扰一般出现在动力输电线或发电厂附近，且能量主要集中在源点附近，此后便快速衰减，一般只是布放在干扰源有效辐射区（几百米以内）内受影响。我国标准的 50Hz 交流电以输电线为轴心，向四周均匀辐射电磁场，而且场的强度和有效辐射范围与输电功率成正比。除常见的 50Hz 工业电外，其余的工频干扰主要集中在无线的信息传递，如广播电视塔、大功率电台、通信基站等；这些工频信号的特点是它们本身就是电磁波，其基波信号频率在几百几千赫兹或几兆赫兹甚至更高，即干扰信号的频带范围远在有效振动信号带宽之外；正是因为用作信息传递的电磁波能量集中在几百几千赫兹以上的某些频点上，而且有效辐射范围与发射源功率成正比，所以其传播特性类同 50Hz 交流电，所不同的是 50Hz 交流电干扰的是振动数据，高频电磁波干扰的是测振仪器。

(2) 自然界产生的随机电磁场

自然界中带电云层相撞可能产生雷电，由雷电引发的电磁干扰一般在 100km 内为强场区，其中心频率为 15kHz 左右，上边带达兆赫兹级，下边带 1.4kHz 是陡然衰减点，雷电不仅会大面积地以脉冲串的形式干扰振动数据，同时可能大面积地烧损地面采集设备。此外，自然界中还存在地面电离层波导、地球苏曼 (Schumann) 共振以及空气放电等。

对于漏电引入的干扰，确保传感器到平台、平台对地的绝缘，而对于交变磁场引入的干扰，一方面建立电磁屏蔽室，并远离变电站这种辐射巨大的电磁场，另一方面传感器本身也需要屏蔽壳进行屏蔽。

高精度光纤干涉仪的外层一般具有 2~3 层的磁屏蔽结构(铁镍合金材质)，干涉仪的信号处理电路通常也有铝合金材料进行电磁屏蔽，这些屏蔽措施可大幅抑制外部环境的电磁与磁场干扰。

7.4.2　电源与独立地线设计

(1) 电源设计

高精度光纤干涉仪及测试系统要求电压波动不超过±10%。为了保证供电电压稳定，以及突然断电等情况带来的严重危害，实验室通常会配置不间断电源(UPS)。一方面，UPS 在市电输入正常时，可起到稳压作用，对市电稳压后供给测试设备与仪器；另一方面当市电突然断电时，UPS 立即将电池的直流电通过逆变器切换转换后继续供应交流电，使测试设备与仪器维持正常工作。

(2) 独立地线

独立接地一方面是为了防止设备故障时其壳体带电危及人身安全，同时是为了保证设备与仪器正常情况下可靠工作。接地电阻太大或不稳定会引入电场噪声，引起设备、仪器运行不稳定、测试误差等问题。对于中低精度的测试设备可多台共接一根独立地线，但对于高精度光纤干涉仪及其测试设备必须安装专用的独立地线，例如，采取加厚的铜柱、铜板进行单独接地，埋深应不低于 $2m$[115]。

独立地线设计与安装时，注意要远离地下高压电缆。在施工前一定要注意做好勘探，检查地下是否有管道、电缆等，防止施工过程中破坏管道、电缆；同时充分考虑实验室土质的特点，确保合理的设计方案与接地效果。为了保证接地电阻，在实际施工过程中水平接地极和每根垂直接地极的埋深应尽量大，此外，通过使用降阻剂可有效降低接地电阻。

第 8 章
基于高精度光纤干涉仪的世界时测量与数据处理方法

8.1 概述

为了将光纤干涉仪的输出数据转换为高精度的世界时，需要将测试中的测试误差进行分析、抑制和补偿，对测试过程进行优化，对测试数据进行滤波与修正处理，常见的测试误差包括：

①测试设备误差。任何测试设备总存在一定的误差，选用设备时要保证其精度能满足所要求的测试精度。

②输入条件误差。光纤干涉仪输入的外界条件，如温度、湿度、角速度和大气压等，其精度必然对测试精度有影响，要保证其影响在允许的范围之内。

③信息读取误差。信息读取误差直接影响读数的准确性和测试结果，因此应尽量采用自动化测试设备，以减少人工操作过程中可能带来的失误，数据读取装置的精度也要与待测仪表的精度相适应。

④模型误差。为了分别考察各个不同的精度项目，精度测试通常基于误差模型进行。误差模型就是光纤干涉仪输出总误差与各子项误差间关系的线性近似数学描述。

实际应用的误差模型均为对误差模型在一定程度上简化的数学描述，所忽略的因素会对所考察的项目带来一定的误差。因此，模型的选取或建立，要与测试需要达到的精度相适应。

⑤数据处理及环境噪声的影响。测试中的量化噪声、环境噪声以及各种随环境变化的因素均会影响测试结果。因此，对实验室的场地、环境条件要有严格的控制。数据处理中应利用统计、平滑、滤波等方法来处理实验结果。

除了上述仪表常见的测试误差，在高精度光纤干涉仪用于世界时测量时，还需要考虑局部地质环境变化以及地球潮汐作用下引起的光纤干涉仪输入轴定向误差等，并从误差中分离出地球自转等输入量变化，如图 8-1 所示，需要依据不同观测误差的影响机理，细化分解各项观测误差，并采取相应的数据处理与误差修正方法，以实现高精度的世界时解算与输出。

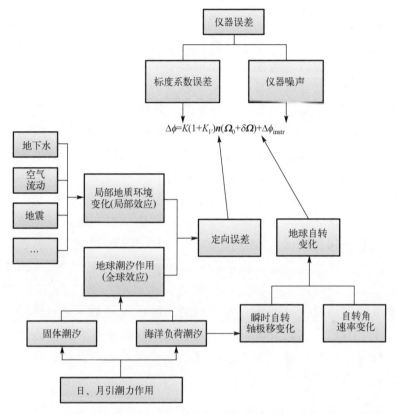

图 8-1　光纤干涉仪测量过程中的各项影响因素与测试误差示意图

8.2　原始测试数据处理与分析

应用于世界时测量的高精度光纤干涉仪测试数据是在各种规定条件下的一系列相应观测数据的记录，但这样的数据只是一种原始记录，一般并不是实验的结果或结论。因此，需要根据原始数据得出正确的实验结果或做出正确的结论，这就需要正确的数据处理分析方法。

8.2.1　测试数据预处理与检验

（1）异常数据鉴别

人工采集测试数据时，有时会发现异常数据或奇异数据，也称为野点或坏点。倘若能判明产生异常数据的原因，就有理由将它舍弃。问题在于往往难以找到出现异常数据的原因，但将它作为正常测试数据来计算,又会使结果带有不合理的因素。应该指出,在利用数据采集系统或计算机采集数据时,由于强干扰或意外原因,也会使传输中的数据点丢失或出现较大的误差。为了尽可能地减小数据处理误差,在处理它们之前,应按某个判据或准则找出异常观测数据并予以舍弃,必要时还要在该点位置补入一个合适的数据。对于同一物理量的 N 次测试所得的数据中异常数据的判定,可按误差理论提出的各种判据,根据情况选择使用。对于高精度光纤干涉仪的采集数据,可选取肖维涅(Chauvenet)判据和格拉布斯(Grubbs)判据等方式对异常数据进行判断。

(2) 数据补值

对于连续变化的测试数据,可根据正常情况下,物理量不可能瞬间突变的特点来判定测试数据是否为异常数据,也可按照上述特性补入一个数据,代替被舍弃异常数据的数据,以便于后续分析。通常较简单的方法是一阶差分方法,它根据前面 $t-2$ 和 $t-1$ 时刻的测试数据对 t 时刻的测试数据给出预报值,并将它与现时刻的实际观测数据进行比较。当二者的差值超出已给出的界限,足以判定测试数据不符合正常连续变化规律时,可做异常数据处理而予以舍弃,并根据数据的连续变化规律或其他事先制定的规则进行补值。

8.2.2 测试数据平滑与滤波

测试数据滤波的目的主要是从含干扰的信号中得到有用信号的准确估计值。滤波理论是在对系统可观测信号进行测量的基础上,根据一定的滤波准则,采用某种统计最优的方法,对系统的状态进行估计的理论和方法,因此用于角速度测量的光纤干涉仪滤波方法一般是最优估计方法。

1795 年,德国数学家高斯(Gauss)提出了最小二乘估计方法,它不考虑观测信号的统计特性,仅保证测量误差的方差最小,一般情况下滤波性能较差,但其只需要测量模型,因此在很多领域仍有应用。1940 年,美国数学家维纳(Weiner)等人提出了维纳滤波,其利用了信号的统计特性,是一种线性最小方差滤波方法,但它是一种频域方法,且滤波器是非递推的,不利于实时应用[16]。

卡尔曼滤波是 1960 年美国数学家卡尔曼(Kalman)提出的从部分量测信号中估计出更多信号(状态量)的一种滤波方法,该方法基于最小均方差准则,由于其广泛的适应性和递推算法结构,在工程上得到广泛使用。在其发展过程中，为改善算法的数值稳定性，提高计算效率，平方根滤波、UD 分解滤波、奇异值分解滤波等一系列数值鲁棒的滤波算法相继被提出。针对多传感器信息的融合，避免集中滤波计算量大和容错能力差的不足，分散滤波方法得以提出和完善。在众多的分散滤波中，联邦滤波器 (Federated Filter) 由于设计灵活、计算量小、容错性能好而受到重视。但常规卡尔曼滤波在应用中存在两方面的不足：一是需要精确已知系统的模型和噪声的统计特性；二是只适用于线性系统，且要求观测模型也是线性的[16]。

对于光纤干涉仪可使用滤波技术，如卡尔曼滤波用于光纤干涉仪随机误差建模、小波滤波用于光纤干涉仪降噪等。光纤干涉仪输出信号中除有用测量信息外，还含有各种噪声，如光子噪声、相对强度噪声、热相位噪声等。因此通常在应用中需对光纤干涉仪的输出信号进行预处理，采用数字滤波器尽可能滤除这些噪声，留下有用信号。

数字滤波器可分为传统滤波器和现代滤波器。传统滤波器假定输入信号中的有用成分和希望滤除部分分别位于不同的频带，因而可通过一个线性系统滤除输入信号中的噪声。如果噪声和有用信号的频谱相互混叠，则传统滤波器达不到滤波的效果。现代滤波器是从含有噪声的信号估计出有用信号和噪声信号，这种方法是把信号和噪声都视为随机信号，利用其统计特征引导出信号的估计算法，因此现代滤波器是一种非线性滤波，相比传统滤波器，更适合处理具有非线性、非平稳特性的信号。

8.2.3　基于滤波技术的光纤干涉仪信号处理方法

传统数字滤波器按功能可分为低通、高通、带通和带阻滤波器，可通过设计滤波器的截止频率、通带、阻带等参数实现对输入信号的滤波处理，这种方法是基于经典滤波理论中信号与噪声谱不重叠假设的。光纤干涉仪输出信号中有用信号的频率大部分都较低，尤其对于世界时测量用，其环境引起的噪声通常在高频段，因此采用低通滤波器能够更有效地保留光纤干涉仪的有用部分，同时滤除噪声。

滤波器按照通带滤波特性来分，主要有切比雪夫 (Chebyshev) 滤波器、巴特沃斯 (Butterworth) 滤波器、贝塞尔 (Bessel) 滤波器等。当滤波器阶数相同时，切比雪夫滤波器通带有波纹，阻带下降较快；巴特沃斯滤波器通带最平坦，阻带下降慢；贝塞尔滤波器通带有波纹，阻带下降慢，幅频特性的选频特性较差。因此，通常选用切比雪夫和巴特沃斯两种滤波器进行光纤干涉仪的低通滤波器设计，实现高频噪声的滤波[116-119]。

8.2.4 基于 Allan 方差的测试数据分析方法

一般而言，应用于世界时测量的高精度光纤干涉仪由于其高精度的光电转换以及高频采样，其输出覆盖了更多的高频噪声，其中主要是白噪声，以及自身和环境变化引起的有色噪声。

光纤干涉仪输出数据可通过功率谱密度或 Allan 方差进行分析，分离出不同特性误差，具体包括角度随机游走、量化噪声、零偏不稳定性、速率斜坡、正弦性误差以及速率随机游走等误差。这种分析有助于对光纤干涉仪输出信号特性的理解和认识。

根据维纳-辛钦（Wiener-Khinchin）定理，对于一个均值为零的随机过程 $x(t)$，其功率谱密度 $S_x(\omega)$ 和自协方差 $K_x(\tau)$ 是一对傅里叶变换对[93]，即

$$S_x(\omega) = \int_{-\infty}^{\infty} \mathrm{e}^{-\mathrm{j}\omega\tau} K_x(\tau)\mathrm{d}\tau$$

$$K_x(\tau) = \int_{-\infty}^{\infty} \frac{\mathrm{e}^{\mathrm{j}\omega\tau}}{2\pi} S_x(\omega)\mathrm{d}\omega$$

(8-1)

自协方差

$$K_x(\tau) = \langle x(t)x(t+\tau) \rangle$$

(8-2)

式中，$\langle x(t) \rangle$ 表示 $x(t)$ 在 t 时刻的均值。因而有

$$\langle x^2(t) \rangle = K_x(0) = \int_{-\infty}^{\infty} \frac{1}{2\pi} S_x(\omega)\mathrm{d}\omega$$

(8-3)

$x(t)$ 平方的平均等于其功率谱密度在频率 $f = \dfrac{\omega}{2\pi}$ 上的积分。

对于单自由度系统

$$S_y(\omega) = \left| \bar{H}(\mathrm{j}\omega) \right|^2 S_x(\omega)$$

(8-4)

式中，$y(t)$ 是 $x(t)$ 通过冲激响应函数为 $H(t)$ 的线性滤波器后的输出，表示为

$$y(t) = \int_0^t H(t-t')x(t')\mathrm{d}t'$$

(8-5)

$\bar{H}(s)$ 是 $H(t)$ 的拉普拉斯（Laplace）变换

$$H(s) = \int_0^{\infty} \mathrm{e}^{-st}H(t)\mathrm{d}t$$

(8-6)

式 (8-5) 可用于描述光纤干涉仪的速率输出估计。如果 $x(t)$ 表示输入速率，即 $x(t)=\Omega(t)$，则 $y(t)=\hat{\Omega}(t)$ 表示速率输出的估计，$\bar{H}(s)$ 是光纤干涉仪的归一化闭环传递函数，且 $\bar{H}(0)=1$

$$\bar{H}(s)=\frac{K}{Ts+1} \tag{8-7}$$

式中，T 是闭环的时间，因此

$$\left|\bar{H}(\mathrm{j}\omega)\right|^2=\frac{K^2}{(T\omega)^2+1} \tag{8-8}$$

可得到

$$\left\langle\hat{\Omega}^2(t)\right\rangle=\int_{-\infty}^{\infty}\frac{1}{2\pi}\frac{K^2}{(T\omega)^2+1}S_\Omega(\omega)\mathrm{d}\omega \tag{8-9}$$

根据式 (8-9) 可计算不同误差源对随机漂移 $\sqrt{\left\langle\Omega^2(t)\right\rangle}$ 的影响。

Allan 方差是目前用于光纤干涉仪零偏相关误差分析的主要方法，它能够确定产生误差的基本随机过程的特性，有助于根据角速度数据识别不同特性的误差项，获得各项误差的误差系数，从而为改善光纤干涉仪的随机漂移提供依据[93]。

(1) 角度随机游走

角度随机游走表征的是光纤干涉仪零偏输出的白噪声，其主要来源包括光信号本身的光子噪声和相对强度噪声，探测器接收光信号的散粒噪声和探测器组件中转换电阻产生的热噪声，以及相干时间比采样时间短的其他高频噪声。其相关的速率噪声功率谱密度可表示为

$$S_{\Omega,\mathrm{RWC}}=N^2 \tag{8-10}$$

式中，N 为角度随机游走系数（ARW），通常简称为随机游走系数或随机游走。

由 Allan 方差与速率噪声功率谱密度之间的关系

$$\sigma^2(\tau)=4\int_0^\infty S_\Omega(f)\frac{\sin^4(\pi f\tau)}{(\pi f\tau)^2}\mathrm{d}f \tag{8-11}$$

可知

$$\sigma_{\Omega,\mathrm{RWC}}^2(\tau)=\frac{N^2}{\tau} \tag{8-12}$$

$$N = \sigma_{\Omega,\mathrm{RWC}}(\tau)\sqrt{\tau} \qquad (8\text{-}13)$$

式 (8-13) 表明，角度随机游走在由 $\sigma(\tau)$ 对 τ 构成的 Allan 方差双对数坐标曲线的斜率为 $-1/2$。

(2) 量化噪声

量化噪声主要是由全数字闭环光纤干涉仪信号处理中的 A/D 与 D/A 转换器的数字特性引起的。如果光纤干涉仪工作在跨条纹状态，而输出的脉冲当量太大或输出的数字量最小位对应的角速度太大也会表现出量化噪声。其功率谱密度可表示为

$$S_{\Omega,Q}(f) = \frac{4Q^2}{\tau_0}\sin^2(\pi f \tau_0) \approx (2\pi f)^2 \tau_0 Q^2 \qquad (8\text{-}14)$$

式中，$f < \dfrac{1}{2\tau_0}$，Q 为量化噪声系数，将式 (8-14) 代入式 (8-11)，得到

$$\sigma_{\Omega,Q}^2(\tau) = \frac{3Q^2}{\tau^2} \qquad (8\text{-}15)$$

量化噪声在由 $\sigma(\tau)$ 对 τ 构成的 Allan 方差双对数坐标曲线的斜率为 -1。

(3) 零偏不稳定性

零偏不稳定性是零偏漂移的一部分，主要包括光纤干涉仪光路偏振误差、寄生干涉引起的零偏漂移，或其他低频环境因素引入的误差和探测器的闪烁噪声。

与此误差相关的速率噪声功率谱密度为

$$S_{\Omega,\mathrm{BI}}(f) = \begin{cases} \left(\dfrac{B^2}{2\pi}\right)\dfrac{1}{f}, & f \leqslant f_0 \\ 0, & f > f_0 \end{cases} \qquad (8\text{-}16)$$

式中，B 为零偏不稳定系数，f_0 为截止频率。

将式 (8-16) 代入式 (8-11) 并完成积分，即

$$\sigma_{\mathrm{BI}}^2(\tau) = \frac{2B^2}{\pi}\left[\ln 2 - \frac{\sin^3 x}{2x^2}(\sin x + 4x\cos x) + C_i(2x) - C_i(4x)\right] \qquad (8\text{-}17)$$

式中，$x = \pi f_0 \tau$，C_i 为余弦积分函数。当 τ 远大于 f_0 时，$\sigma_{\mathrm{BI}}^2(\tau) \to (2B^2/\pi)\ln 2 = B'$，在 $\sigma(\tau)$ 对 τ 的双对数曲线图中零偏不稳定性对应着 e 段曲线，其纵坐标所指便是光纤干涉仪的零偏不稳定性 B'。零偏不稳

定性仅用来表示 Allan 方差分析的双对数曲线中斜率为零部分所对应的误差。

还需指出的是，在描述光纤干涉仪的精度时，零偏稳定性与零偏不稳定性所表述的含义是有差异的。零偏稳定性（Bias Stability）衡量在一次上电过程中光纤干涉仪的零偏变化情况，单位为°/h 或 rad/s，工程上常用一段时间积分采样（或取平均值）的标准偏差来衡量，该指标需要明确 1 倍标准偏差（1σ）或者 3 倍标准偏差（3σ）。零偏稳定性指标通常还需体现积分时间，但是积分时间是不固定的，如果是中低精度的光纤陀螺，积分时间通常为 1s 或者 10s，如果是高精度光纤陀螺，积分时间通常为 100s，但对于世界时测量用高精度光纤干涉仪，其不需要较快的输出响应，积分时间选择 1h 是较为合适的。零偏不稳定性（Bias Instability）这个参数是用 Allan 方差计算的，是 Allan 方差分析曲线在不同积分时间下的拟合最低点（斜率为零），单位一般为°/h。

(4) 速率斜坡

在有限的长时间间隔内，速率斜坡是一种非平稳的随机过程，以一种趋势项漂移表现在光纤干涉仪输出数据中。该误差的来源多为光纤干涉仪光源强度随时间发生长期缓慢而单调的变化、光纤干涉仪敏感轴相对于安装基准面法向的缓慢偏移，以及环境温度缓慢变化、辐照总剂量不断累积等。速率斜坡的功率谱密度为

$$S_{\Omega}(f) = R^2 / (2\pi f)^3 \tag{8-18}$$

式中，R 为速率斜坡系数。将式 (8-18) 代入式 (8-11) 并完成积分，得到

$$\sigma_{\Omega,R}^2(\tau) = \frac{R^2 \tau^2}{2} \tag{8-19}$$

在 $\sigma(\tau)$ 对 τ 的双对数曲线图中，速率斜坡对应着 g 段曲线，R 为曲线上 $\tau = \sqrt{2}$ h 对应的数值。式 (8-19) 表明，速率斜坡误差在由 $\sigma(\tau)$ 对 τ 构成的 Allan 方差双对数坐标曲线的斜率为 1，R 的数值等于 $\tau = \sqrt{2}$ h 对应的 $\sigma(\tau)$。

(5) 正弦性误差

正弦性误差通常表现为光纤干涉仪输出零偏的一种周期性波动，其周期和幅值带有不确定性。波动周期较短、频率较高的正弦误差通常是由闭环回路的增益参数匹配不准确而引起的，波动周期较长的正弦误差可能是由光路偏振误差、测试平台的周期性抖动或外界环境因素的周期

性扰动引起的。正弦误差的功率谱密度为

$$S_{\Omega}(f) = \frac{1}{2}\Omega_0^2[\delta(f-f_0) + \delta(f+f_0)] \tag{8-20}$$

式中，Ω_0 为正弦性误差系数，f_0 为正弦频率。

对应的 Allan 方差为

$$\sigma^2(\tau) = \Omega_0^2\left[\frac{\sin(\pi f_0 \tau)}{\pi f_0 \tau}\right]^2 \tag{8-21}$$

正弦性误差在由 $\sigma(\tau)$ 对 τ 构成的 Allan 方差双对数坐标曲线中呈正弦振荡，曲线中连续的数个正弦信号波峰构成的直线斜率为-1，要确定正弦性误差系数 Ω_0，Allan 方差曲线中需要有多个正弦信号的波峰。

(6) 其他噪声

在某些特定情况下，如光纤干涉仪闭环回路参数不够优化、特殊的外界环境因素影响等，光纤干涉仪的零偏输出中还有可能包含指数噪声、速率随机游走等特性的噪声，这类噪声一般表现为光纤干涉仪零偏输出的非规律性漂移，量级较小，可忽略。

一般而言，光纤干涉仪测试数据中可能包含着上述部分或全部的误差类型，而且不同的误差在频域分布于不同 τ 所对应的频率区域。上述误差特性的 Allan 方差曲线示意图如图 8-2 所示。在总误差的 Allan 方差曲线中，由于各误差成分的斜率互不相同，因此可对整条曲线进行分段，按照各误差曲线的理论斜率分别进行最小二乘拟合，获得角度随机游走误差 N (图中 b 段)、零偏不稳定性误差 B (图中 e 段)、速率斜坡误差 R (图中 g 段)、量化噪声误差 Q (图中 a 段)以及正弦误差(图中 d 段)的估计值。

(7) 各项误差与光纤干涉仪角速度输出的关系

不同特性误差的功率谱密度之和为光纤干涉仪输出的功率谱密度，光纤干涉仪的角速度输出可表示为各个误差系数的函数，即

$$\sqrt{\langle \hat{\Omega}^2(t) \rangle} = \left\{ \int_{-\infty}^{\infty} \frac{1}{2\pi} \frac{K^2}{(T\omega)^2+1}\left[N^2 + \omega^2\tau_0 Q^2 + \frac{B^2}{\omega} \right. \right.$$
$$\left. \left. + R^2/(2\pi f)^3 + \frac{1}{2}\Omega_0^2[\delta(f-f_0) + \delta(f+f_0)] \right] \mathrm{d}\omega \right\}^{1/2} \tag{8-22}$$

式中，各参数的含义见式(8-10)~式(8-21)。

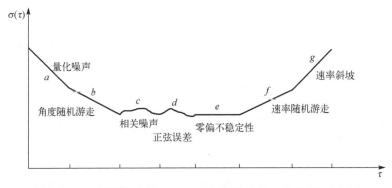

图 8-2　各种误差项在 Allan 方差分析曲线中的特征示意图

8.3　基于高精度光纤干涉仪的世界时输出模型与误差修正方法

8.3.1　基于光纤干涉仪的世界时输出模型

利用光纤干涉仪进行世界时观测的原理基于 Sagnac 效应。通过测量地球自转引起的 Sagnac 效应相位差,利用相位差与地球自转角速度的对应转换关系实现地球自转角速度的实时精确测量,建立光纤干涉仪测量地球自转角速度的信号输出模型,通过该模型可清楚地分析出影响世界时解算的各项误差,便于后续开展相应的数据修正。

光纤干涉仪的输出相位差 $\Delta\Phi$ 可表示为关于地球自转参数和干涉仪定向参数等的函数[120],即信号输出模型为

$$\Delta\Phi = K\boldsymbol{n}\cdot\boldsymbol{\Omega} + \Delta F_{\text{instr}} = K_0(1+K_a)\boldsymbol{n}\cdot(\boldsymbol{\Omega}_0 + \Delta\boldsymbol{\Omega}) + \Delta F_{\text{instr}} \tag{8-23}$$

式中, K_a 表示光纤干涉仪标度因数偏差, $\boldsymbol{n}$ 为光纤环平面的法向量, $\boldsymbol{n}$ 的变化反映了光纤干涉仪的定向变化, $\boldsymbol{\Omega}_0$ 为地球的平均自转角速度矢量, $\Delta\boldsymbol{\Omega}$ 为地球自转角速度的变化矢量,它包含了地球瞬时自转极和瞬时自转角速率的变化, ΔF_{instr} 表示光纤干涉仪器的固有噪声。

结合光纤干涉仪的初始安装状态,干涉仪初始时刻水平安装于地球表面,干涉仪测量到的角速度量是地球自转角速度矢量在干涉仪观测平面法向量方向上的投影分量。建立地固坐标系下的光纤干涉仪测量世界时模型,需要通过建立坐标旋转关系来实现。

以干涉仪测量平面为基准,建立描述干涉仪观测量的平台坐标系,

如图 8-3 所示，直角坐标系 Q-$x'y'z'$ 即为平台坐标系。同时如图 8-4 所示，以测试站为原点建立一个与地固坐标系完全相同的坐标系 Q-xyz，它与地固坐标系 O-XYZ 之间是平移关系。假设 $\boldsymbol{\Omega}'$ 为坐标系 Q-$x'y'z'$ 下的角速度矢量，$\boldsymbol{\Omega}$ 为坐标系 Q-xyz 下的角速度矢量，两坐标系下矢量旋转关系可表示为

$$\boldsymbol{\Omega}' = \boldsymbol{R}_x(-T_{ew})\boldsymbol{R}_y(-T_{ns})\boldsymbol{R}_y(\theta)\boldsymbol{R}_z(\lambda)\boldsymbol{\Omega} \tag{8-24}$$

式中，θ 为测试站所在位置的余纬角，即 $\theta = 90° - \varphi$，φ 为测试站所在位置的纬度角，λ 为测试站的经度，T_{ns}、T_{ew} 分别表示干涉仪测量平台在地球潮汐以及局部地质环境变化的作用下产生观测平台的倾斜变化，分别以向北和向东为正。$\boldsymbol{R}_x(\alpha)$、$\boldsymbol{R}_y(\alpha)$、$\boldsymbol{R}_z(\alpha)$ 分别表示围绕 x 轴、y 轴、z 轴旋转的旋转矩阵，具体形式可表示为

$$\boldsymbol{R}_x(\alpha) = \begin{pmatrix} 1 & 0 & 0 \\ 0 & \cos\alpha & \sin\alpha \\ 0 & -\sin\alpha & \cos\alpha \end{pmatrix} \tag{8-25}$$

$$\boldsymbol{R}_y(\alpha) = \begin{pmatrix} \cos\alpha & 0 & -\sin\alpha \\ 0 & 1 & 0 \\ \sin\alpha & 0 & \cos\alpha \end{pmatrix} \tag{8-26}$$

$$\boldsymbol{R}_z(\alpha) = \begin{pmatrix} \cos\alpha & \sin\alpha & 0 \\ -\sin\alpha & \cos\alpha & 0 \\ 0 & 0 & 1 \end{pmatrix} \tag{8-27}$$

在图 8-4 中的 Q-xyz 坐标系下，地球的瞬时自转角速度矢量可表示为

$$\boldsymbol{\Omega} = (\Omega_1, \Omega_2, \Omega_3) = \Omega_0(m_1, m_2, 1 + m_3) \tag{8-28}$$

式中，m_1、m_2 表示瞬时地球自转轴的位置（即坐标），m_3 表示地球瞬时自转角速度的变化。

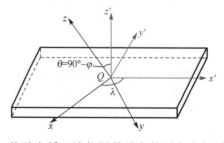

图 8-3　基于光纤干涉仪测量平台的平台坐标系示意图

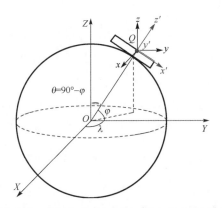

图 8-4　以测试站为中心的地球坐标系与平台坐标系之间的关系示意图

而在平台坐标系 $Q-x'y'z'$ 下，旋转角速度矢量可表示为

$$\boldsymbol{\Omega}' = (\Omega_1', \Omega_2', \Omega_3') \tag{8-29}$$

依据 $Q-xyz$ 与 $Q-x'y'z'$ 坐标系间的转换关系可得到角速度矢量 $\boldsymbol{\Omega}$ 和 $\boldsymbol{\Omega}'$ 的坐标转换关系，将角速度矢量 $\boldsymbol{\Omega}'$ 在平台坐标系 $Q-x'y'z'$ 下展开可得到

$$
\begin{aligned}
\Omega_1' &= (\cos T_{\text{ns}} \cos\theta \cos\lambda + \sin T_{\text{ns}} \sin\theta \cos\lambda)\Omega_1 \\
&\quad + (\cos T_{\text{ns}} \cos\theta \sin\lambda + \sin T_{\text{ns}} \sin\theta \sin\lambda)\Omega_2 \\
&\quad + (-\cos T_{\text{ns}} \sin\theta + \sin T_{\text{ns}} \cos\theta)\Omega_3
\end{aligned} \tag{8-30}
$$

$$
\begin{aligned}
\Omega_2' &= \begin{pmatrix} -\cos T_{\text{ew}} \sin\lambda + \sin T_{\text{ew}} \sin T_{\text{ns}} \cos\theta \cos\lambda \\ -\sin T_{\text{ew}} \cos T_{\text{ns}} \sin\theta \cos\lambda \end{pmatrix} \Omega_1 \\
&\quad + \begin{pmatrix} \cos T_{\text{ew}} \cos\lambda + \sin T_{\text{ew}} \sin T_{\text{ns}} \cos\theta \sin\lambda \\ -\sin T_{\text{ew}} \cos T_{\text{ns}} \sin\theta \sin\lambda \end{pmatrix} \Omega_2 \\
&\quad + (-\sin T_{\text{ew}} \sin T_{\text{ns}} \sin\theta - \sin T_{\text{ew}} \cos T_{\text{ns}} \cos\theta)\Omega_3
\end{aligned} \tag{8-31}
$$

$$
\begin{aligned}
\Omega_3' &= \begin{pmatrix} -\sin T_{\text{ew}} \sin\lambda - \cos T_{\text{ew}} \sin T_{\text{ns}} \cos\theta \cos\lambda \\ +\cos T_{\text{ew}} \cos T_{\text{ns}} \sin\theta \cos\lambda \end{pmatrix} \Omega_1 \\
&\quad + \begin{pmatrix} \sin T_{\text{ew}} \cos\lambda - \cos T_{\text{ew}} \sin T_{\text{ns}} \cos\theta \sin\lambda \\ +\cos T_{\text{ew}} \cos T_{\text{ns}} \sin\theta \sin\lambda \end{pmatrix} \Omega_2 \\
&\quad + (\cos T_{\text{ew}} \sin T_{\text{ns}} \sin\theta + \cos T_{\text{ew}} \cos T_{\text{ns}} \cos\theta)\Omega_3
\end{aligned} \tag{8-32}
$$

对于初始时刻水平安装的光纤干涉仪，在平台坐标系 $Q-x'y'z'$ 下，光纤环平面的法向量方向与 $Q-x'y'z'$ 坐标系的 z' 轴平行，因此法向量 $\boldsymbol{n}$ 可表示为

$$\boldsymbol{n} = (0, 0, 1) \tag{8-33}$$

在坐标系 $Q-x'y'z'$ 下，根据 Sagnac 效应方程，光纤干涉仪测量得到的 Sagnac 相位差 $\Delta\phi$ 可表示为

$$\Delta\phi = Kn \cdot \boldsymbol{\Omega} = K\Omega_3' \tag{8-34}$$

因此将式(8-34)代入即可导出 ITRS 坐标系下的光纤干涉仪测量世界时模型为

$$\Delta\phi = K'[m_1\cos\varphi_0\cos\lambda_0 + m_2\cos\varphi_0\sin\lambda_0 + (1+m_3)\sin\varphi_0] \\ + K'(\mathrm{d}T_{ns}\cos\varphi_0 - \mathrm{d}\varphi\cos\varphi_0) + \Delta\phi_{\mathrm{instr}} \tag{8-35}$$

式中，$K' = \dfrac{8\pi A}{\lambda c}\Omega_0 = K\Omega_0$，$\Omega_0 = 7.2921150\times10^{-5}\,\mathrm{rad/s}$ 为地球平均自转角速度，$\mathrm{d}T_{ns}$ 表示干涉仪法向在南北方向的倾斜量，$\mathrm{d}\varphi$ 表示测试站的纬度变化。

从光纤干涉仪测量世界时的模型中，可确定在世界时解算过程中需要考虑的误差项，设计基于高精度光纤干涉仪的世界时数据解算流程示意图如图 8-5 所示。

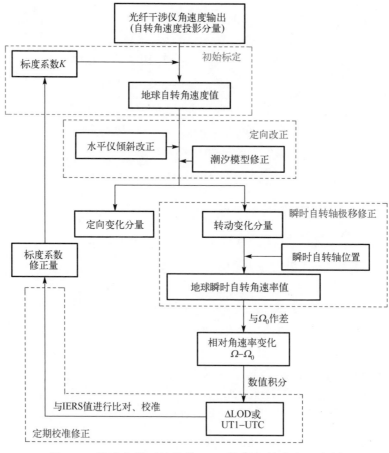

图 8-5　基于光纤干涉仪的 UT1 数据解算流程示意图

8.3.2　用于世界时测量的高精度光纤干涉仪的标定方法

光纤干涉仪的标度因数是实现 Sagnac 相位差与地球自转角速度转换的关键参数,标度因数的理论计算公式与光纤环的长度和平均面积相关,但干涉仪通常尺寸较大,其通过转台进行角速度标定较难,难以进行试验场所的定期标定;此外,受环境干扰因素的影响,光纤干涉仪的标度因数也存在一定的误差变化。

要得到准确地球自转角速度值,必须对干涉仪的标度因数进行精确标定。可通过在试验场所设置双位置或四位置的基准,利用地球自转的短期高稳定性和位置模式的高精度角速度输入基准,对大型光纤干涉仪进行精确标定,下面介绍其基本原理。

光纤干涉仪测量的 Sagnac 相位差、标度因数和地球自转角速度的关系可表示为

$$\Delta\Phi = K_0 \cdot \omega = K \cdot \Omega \sin\varphi \tag{8-36}$$

式中,Ω 为地球的真实自转角速度值,K 为真实标度因数,φ 为干涉仪测量平台初始安装时法线方向的真实指向。在式(8-36)中,干涉仪真实标度因数与干涉仪初始定向的正弦值之间是相乘关系,因此可将两个未知量的乘积作为一个新参数进行标定,即

$$P = K \sin\varphi \tag{8-37}$$

$$P = \frac{K_0 \omega}{\Omega_0} \tag{8-38}$$

可将 P 作为一个新参数进行标定,利用 IERS 提供并计算的地球自转角速度值和不同位置下的高精度角速度输入基准,对大型光纤干涉仪进行精确标定。但考虑到对光纤干涉仪的朝向进行不同位置的调整,操作难度较大且需要较高的位置基准和稳定性,稳定时间和标定时间均较长,故该标定方法不适宜应用在光纤干涉仪中。

除了不同位置下光纤干涉仪标定方法,利用 IERS 提供的地球自转角速度及当地纬度、敏感轴指向等信息进行标定,是一种较简化的方法,但需采取误差分离方法提取相应的零偏变化量与标度因数变化量,6.4.1.3 节中实现的光纤干涉仪共模参数引起零偏漂移抑制技术与 6.4.2 节中实现的高精度光纤干涉仪的误差对消技术是一种较好的抑制零偏变化量的方法。

8.3.3　基于高精度光纤干涉仪的世界时测量误差修正方法

8.3.3.1　光纤干涉仪输入基准轴倾斜的影响

在日月引潮力的作用下，地球会发生周期性的形变，并导致地球表面和内部各点产生位移和相应的重力（重力加速度）值变化，即地球的潮汐效应，会对光纤干涉仪产生影响的主要包括地球固体潮和海洋潮汐。光纤干涉仪在测量地球自转角速度的过程中，除了会受到潮汐的影响外，还会受到局部地表非潮汐形变带来的影响，该部分变化难以通过模型精确模拟，只能通过水平仪实时监测其倾斜变化，因此消除光纤干涉仪的定向误差需要通过仪器测量与模型校正相结合的方法来共同实现[120]。

为了分析输入基准轴倾斜对光纤干涉仪测量的影响，定义参数 T_{ns}、T_{ew} 分别表示干涉仪测量平台在地球潮汐以及局部地理环境的作用下产生的倾斜变化，该倾斜变化会导致测量平台的法线相对于铅垂线在南北方向和东西方向上产生对应的倾斜角度，可将两个方向上的倾斜角度分别表示为

$$T_{ns} = T_{ns}(t_0) + dT_{ns} \qquad (8\text{-}39)$$

$$T_{ew} = T_{ew}(t_0) + dT_{ew} \qquad (8\text{-}40)$$

式中，$T_{ns}(t_0)$、$T_{ew}(t_0)$ 分别表示在 t_0 时刻测量平台在南北方向和东西方向上的倾斜角度，dT_{ns}、dT_{ew} 表示随时间的推移测量平台产生的倾斜角度。$T_{ns}(t_0)$ 和 $T_{ew}(t_0)$ 通常指代初始时刻平台的倾斜量，如果在初始时刻光纤干涉仪完全水平安装，则光纤干涉仪在初始时刻的倾斜量为 $T_{ns}(t_0) = 0$，$T_{ew}(t_0) = 0$。那么随着测量时间的推移，dT_{ns} 和 dT_{ew} 直接反映了光纤干涉仪测量平台实际产生的倾斜变化角度。图 8-6 为 dT_{ns} 和 dT_{ew} 的示意图。

对于水平安装于地面的光纤干涉仪来说，干涉仪测量输出的原始地球自转角速度值是瞬时地球自转角速度矢量在光纤环平面法线方向上的投影，该投影量与光纤环平面在地球赤道面上的投影面积大小成正比，与干涉仪所在的纬度有关。测量平台的倾斜变化会引起光纤环平面在赤道面上的投影面积发生相应的改变，从而对干涉仪的原始测量数据值产生影响。产生的倾斜变化对地球自转角速度值的影响可表示为

$$\Omega = \Omega_0 \sin(\varphi_0 + dT_{ns}) \cos dT_{ew} \qquad (8\text{-}41)$$

式中，φ_0 为干涉仪所在位置的地理纬度，依据式(8-41)可从理论上计算

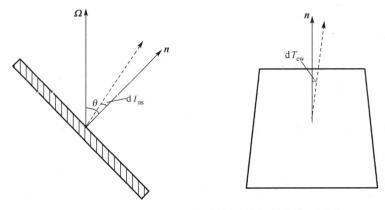

图 8-6 南北方向和东西方向上输入轴倾斜变化示意图

出在相同测量环境中，当光纤干涉仪测量平台安放于不同纬度位置下，在南北方向和东西方向分别产生相同的倾斜变化角度时，对应会产生的地球自转角速度测量误差。

当测量平台分别在南北和东西方向上产生 100nrad 的倾斜时，不同纬度(北纬)条件下干涉仪产生的测量误差如表 8-1 所示。

表 8-1　在不同纬度下测量平台倾斜引起的光纤干涉仪测量误差　(单位：rad/s)

纬度/(°)	100nrad 的倾斜引起的光纤干涉仪测量误差	
	南北方向	东西方向
0	7.29×10^{-12}	0
5	7.26×10^{-12}	3.18×10^{-20}
10	7.18×10^{-12}	6.33×10^{-20}
30	6.32×10^{-12}	1.82×10^{-19}
45	5.16×10^{-12}	2.58×10^{-19}
60	3.65×10^{-12}	3.16×10^{-19}
80	1.27×10^{-12}	3.59×10^{-19}
85	6.36×10^{-12}	3.63×10^{-19}
90	-3.66×10^{-12}	3.64×10^{-19}

从表 8-1 中可看出，南北方向的倾斜变化对光纤干涉仪测量的影响会随着纬度的升高而逐渐减小，而东西方向的倾斜变化对光纤干涉仪测量的影响会随着纬度的升高而逐渐增加。其中赤道和极点位置是两个特殊位置，当干涉仪水平安装在赤道(0°)上时，光纤环平面法向量与地球自转角速度矢量相互垂直，光纤干涉仪输出为 0；水平安装于赤道上的干涉仪在东西方向上产生的倾斜对光纤干涉仪的测量不会产生影响，只

有南北方向发生倾斜变化会产生测量结果。当干涉仪安装在北极点(90°)位置时,光纤环平面法向量与地球自转角速度矢量完全重合,此时干涉仪在南北和东西方向发生的倾斜变化对光纤干涉仪产生的影响效果相当。除上述两种特殊情况外,在其余位置南北方向和东西方向产生的理论角速度测量误差均相差五个数量级以上。

因此,为了实现长时间、高精度的地球自转角速度测量,高精度光纤干涉仪需保持在恒温、恒湿的密闭环境中,同时应在测量平台的不同位置安放高精度电子水平仪,以实时监测平台的倾斜等输入基准变化情况。

测试环境所在位置的地壳几何形变以及潮汐形变,也会对干涉仪的测量精度产生影响。此外,电子水平仪自身也会产生漂移或其他误差。因此,测量过程中需要利用多台水平监测设备实时监测平台的倾斜变化,并定期进行水平监测设备的校准,以便于对光纤干涉仪进行准确地定向修正。

8.3.3.2 光纤干涉仪输入基准轴倾斜误差的测量与修正方法

光纤干涉仪在测量地球自转运动的过程中,测量平台除了受到来自地球潮汐的影响外,测试站周围的人为活动以及局部地质环境变化等都会引起测试站的局部地表发生轻微振动或是产生轻微几何形变,这将导致干涉仪测量平台发生倾斜变化,进而影响干涉仪的测量结果。上述非潮汐效应引起的地表倾斜变化影响是不可忽略的,这些变化的特点是具有偶然性和随机性,难以通过精确的模型模拟出来,但通过高精度水平仪可精确测量出来,因此为了实时监控这部分倾斜变化的影响,可在光纤干涉仪的测试平台上安放多个水平仪来实时监测测试平台的倾斜变化,再通过水平仪的精确测量数据与上文介绍的潮汐模型相结合的方法来共同来消除光纤干涉仪测量过程中因平台倾斜而产生的误差[120]。

监测平台倾斜变化的仪器应选用高精度电子水平仪,水平仪的直接测量结果反映的是某一时刻瞬时水平面与地平面之间的夹角,两者之间关系示意图如图 8-7 所示。以南北方向的倾斜变化为例,图 8-7 所示的南北方向倾斜变化包含三个倾斜角度,其中 ξ 为瞬时水平面与地平面之间的夹角,该角度也是水平仪的直接输出量;ξ' 为地平面与水平面之间的夹角,该角度变化是因地表发生几何形变倾斜而产生,该角度代表干涉仪的光纤环测量平面的法线相对于安放点水平面法线(即重力铅垂线)

的偏移角度，该角度对光纤干涉仪的测量数据会产生直接的影响；ξ'' 为瞬时水平面与水平面之间的夹角，该角度变化代表潮汐作用下干涉仪安放点因重力变化而产生的地方铅垂线偏移。水平仪在南北方向上直接测量到的倾斜变化角度就是观测点 Q 的地平面法线与瞬时铅垂线在南北方向上的夹角 ξ。

　　潮汐引起的铅垂线变化示意图如图 8-8 所示。测试站点的瞬时铅垂线一般定义为测试站点的总引潮力（原引潮力与由潮汐形变导致质量重新分布产生的附加引潮力之和）与该点重力的合成矢量的方向。图中 g 为重力加速度，a 为引潮力加速度，$a_\perp$ 为引潮力的垂直分量，也表示潮汐引起的重力变化，$g+a$ 即为重力与引潮力的合成矢量，其方向即为瞬时铅垂线的方向。而瞬时铅垂线与重力铅垂线之间的夹角 Θ 即代表在引潮力作用下测试站点产生的地方铅垂线偏移角度。

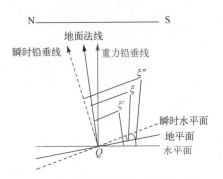 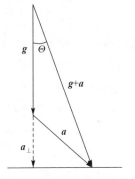

图 8-7　水平仪测量倾斜变化示意图　　图 8-8　潮汐引起的铅垂线变化示意图

　　通过上述分析可知，利用水平仪可完整地测量出测试站的地表几何形变产生的倾斜变化，该倾斜变化中既包括潮汐效应引起的倾斜，也包括测试站附近非潮汐效应产生的倾斜变化。在实际测量过程中，可利用高精度水平仪实时监测干涉仪测量平台的倾斜变化，并利用水平仪的测量数据对光纤干涉仪的测量数据进行定向误差校正。但是，水平仪的实际测量数据中除了包含因地表几何形变产生的倾斜数据外，还包含了反映地方铅垂线偏移的数据。

　　由于光纤干涉仪在测量过程中，只对地表的几何形变敏感，对地方铅垂线偏移不敏感，如果仅通过水平仪的测量数据来对干涉仪进行定向误差修正，将会在消除地表几何形变倾斜误差的同时引入地方铅垂线变化的误差，而测试站的地方铅垂线变化可通过潮汐模型模拟得出。因此，通常在对光纤干涉仪测量数据进行定向误差修正时，选择用水平仪测量与模型修正相结合的方法，首先利用水平仪的倾斜测量数据对干涉仪测量数据进行倾斜修正，以消除测量数据中因地表几何形变而产生的倾斜误差，然后利用潮汐的理论模型精确模拟测试站位置的地方铅垂线变化数据，并对水平仪修正后的数据结果进行补偿，以消除上步修正中引入的地方铅垂线变化误差，根据式(8-35)，完成对光纤干涉仪的定向误差修正。

8.3.3.3　潮汐对光纤干涉仪测量平台倾斜的影响与修正方法

在日月引潮力的作用下，地球会发生周期性的形变，并导致地球表面和内部各点产生位移和相应的重力(重力加速度)值变化，这就是地球的潮汐效应，会对地面角速度测试设备产生影响的主要包括地球固体潮和海洋潮汐。

(1)地球固体潮对地面角速度测量平台倾斜的影响分析

地球固体潮是地球在月球、太阳和其他天体的引力作用下所产生的周期性形变现象。太阳、月球和地球在相对运动的过程中位置发生变化，导致日月对地球的引力也随之改变，由于地球具有弹性特征，使得地面点产生周期性的形变现象，它使地球在地心与摄动天体的连线方向拉长，在连线的垂直方向趋于扁平。固体潮同时也会使地面测试站的实际坐标随时间做周期性变化。对于固定安放在地面上的光纤干涉仪来说，这些变化都会导致光纤环测量平面的法线方向发生倾斜，使得光纤干涉仪输出的测量结果中因干涉仪定向变化而产生对应的角速度测量值。

地球上某点的引潮力是作用于该点的来自太阳、月球星辰(主要以太阳、月球引力为主)的引力以及各种惯性力的总和。太阳、月球引力引起的潮汐分别对应着日潮和月潮。二者遵循着相同的力学作用原理。以月球引力引起的潮汐为例，地球和月球组成的地月系统同时绕着地月系质心运行，如图 8-9 所示，此时地球上的任意点 A 均受到四种力的作用：地球引力、地球自转离心力、月球引力和地球绕地月系质心旋转的惯性离心力。四个力当中前两个力就是通常意义下的重力场，可单独考虑，而后两个力即是产生引潮力的主要作用力[120]。

图 8-9 为地月系统的引潮力示意图，地月系统围绕着地月系质心 O 运动，在不考虑地球自转的情况下，地球上任意一点所受到的惯性离心力均相同，即等于地球质心处的离心力，并且方向始终平行于质心连线，A 点处的离心力可表示为

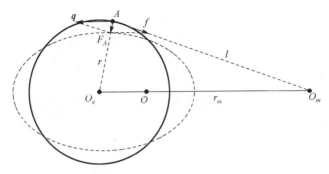

图 8-9　地球引潮力示意图

$$q = -\omega^2 \cdot \overline{OO_e} \cdot e_r \qquad (8\text{-}42)$$

式中，ω 是地球自转角速度，e_r 表示地心 O 至月心方向的单位矢量。考虑到地球质心受到的月球引力在数值上等于地球质心处的惯性离心力，所以有

$$q = -\omega^2 \cdot \overline{OO_e} \cdot e_r = -G \frac{M_m}{r_m^2} e_r \qquad (8\text{-}43)$$

式中，G 为万有引力常数，M_m 为月球的质量，r_m 为地心距月心的瞬时距离。

因此，A 点处月球产生的引潮力即为月球引力与惯性离心力的矢量和，由于地球上某点所受引潮力实际上是太阳、月球及其他众多天体引力的共同作用产生，各个天体均有自身的轨道运动，加之地球的自转，从而使地球形成十分复杂的周期性潮汐形变，固体地球的潮汐形变称为固体潮。

以月球为例，计算由月球引起的引潮力及引潮力位。设地球、太阳的质量分别为 M_e、M_s，地球表面 A 点所受的月球引潮力可表示为

$$F_A = \frac{GM_m}{l^2} e_l - \frac{GM_m}{r_m^2} e_r \qquad (8\text{-}44)$$

式中，e_l 表示 A 点全月心方向的单位矢量，l 是 A 至月心的距离。

由于引潮力 F_A 为保守力，月球在 A 点的引潮力可用位函数来表示，因此，通常引入引潮力位 $V_m(A)$，表示为

$$V_m(A) = -\frac{GM_m}{r_m^2} r\cos z_m + \frac{GM_m}{l} \qquad (8\text{-}45)$$

式中，r 为地心至 A 点的距离，z_m 为月亮的地心天顶距。可将地心处的

引潮力位设为零，则式(8-45)将改写为

$$V_m(A) = -\frac{GM_m}{r_m^2}r\cos z_m + \frac{GM_m}{l} - \frac{GM_m}{r_m}$$ (8-46)

式中，A 点与月心距离的倒数 $\frac{1}{l}$ 可用 Legendre 函数表示为

$$\frac{1}{l} = \sum_{n=0}^{\infty}\frac{r^n}{r_m^{n+1}}P_n(\cos z_m)$$ (8-47)

将式(8-47)代入式(8-46)，整理得

$$V_m(A) = -\frac{GM_m}{r_m^2}r\cos z_m - \frac{GM_m}{r_m} + \frac{GM_m}{r_m}\sum_{n=0}^{\infty}P_n(\cos z_m)$$ (8-48)

由于 $P_0(\cos z)=1$，$P_0(\cos z)=\cos z$ 代入式(8-48)化简得到

$$V_m(A) = \frac{GM_m}{r_m}\sum_{n=2}^{\infty}\left(\frac{r}{r_m}\right)^n P_n(\cos z_m)$$ (8-49)

同理可得，太阳在 A 点处的引潮力位可表示为

$$V_s(A) = \frac{GM_s}{r_s}\sum_{n=2}^{\infty}\left(\frac{r}{r_s}\right)^n P_n(\cos z_s)$$ (8-50)

综合式(8-49)和式(8-50)可得到 A 点处的总引潮力位为

$$V_n(A) = \frac{GM_m}{r_m}\sum_{n=2}^{\infty}\left(\frac{r}{r_m}\right)^n P_n(\cos z_m) + \frac{GM_s}{r_s}\sum_{n=2}^{\infty}\left(\frac{r}{r_s}\right)^n P_n(\cos z_s)$$ (8-51)

式中，$V_n(A)$ 表示 A 点处的 n 阶引潮力位。

在引潮力的作用下，地球发生的潮汐形变不但取决于引潮力的大小，同时也与地球内部结构对引潮力的响应有关系。假设初始状态下，地球为一个刚体，刚体地球在引潮力的作用下不会发生形变，在刚体地球表面有一层海水覆盖，此时地球表面的潮汐形变完全可由引潮力来确定，与地球内部结构无关。这种假设下地表各点产生的形变称为平衡潮。

通常情况下，在一个完全弹性、球对称、非自转的地球上某点 A，在引潮力位 $V_n(A)$ 的作用下，会引起位移和附加位的变化，变化的量与相应的平衡潮值成正比。1909 年，英国物理学家勒夫(Love)引入了两个无量纲的参数 $h_n(A)$ 和 $k_n(A)$ 来描述地球真实潮汐形变与平衡潮之间的关系，$h_n(A)$ 定义为在引潮力的作用下，地球上 A 点的径向位移与平衡潮时

对应的径向位移之比；$k_n(A)$ 定义为由潮汐形变引起的地球质量重新分布产生的附加引力位与引潮力位之比[121]。1912 年，日本地球物理学家志田顺（Shun Shida）又引入了一个无量纲的参数 $l_n(A)$ 来表示切向位移场，其定义为 A 点的切向位移与平衡潮时相应的切向位移之比。$h_n(A)$、$k_n(A)$ 和 $l_n(A)$ 用来描述真实地球在太阳、月球引力作用下发生的潮汐形变，这组参数便是勒夫-志田数（Love-Shida Number），一般简称为勒夫数。在给定地球模型的情况下，勒夫数大小仅与 A 点的向径有关[120]。

①完全弹性球对称、非自转地球模型的固体潮倾斜。

假设地球是一个完全弹性、球对称的均匀非自转球体，在该地球模型下，分析地球产生的潮汐倾斜。地球在太阳、月球引潮力的作用下，一般情况下只考虑到二阶引潮力位[120]，可计算在地球上某点 A 的总引潮力位为

$$V_2(A) = \frac{GM_m}{r_m}\left(\frac{r}{r_m}\right)^2 P_2(\cos z_m) + \frac{GM_s}{r_s}\left(\frac{r}{r_s}\right)^2 P_2(\cos z_s) \qquad (8\text{-}52)$$

在式（8-52）中需要将月球天顶距 z_m 和太阳天顶距 z_s 转换为测试站纬度 φ 和时角 T_m、T_s，以及赤纬 δ_m、δ_s 的函数，下标 m、s 分别代表月球和太阳的分量。

②自转、微椭和非弹性地球的理论模型倾斜。

实际的地球并不完全是具有完全弹性、各向同性介质的非自转球对称的理想模型，地球的真实形状更接近于一个旋转椭球体，现代潮汐模拟理论已逐步考虑到了地球的椭率、自转和地幔介质的非弹性、各向异性和侧向非均匀性等的影响，在具体分析过程中一般采用广义球谐函数有限截断、小参数扰动以及位移场变分等数值积分方法。在流体静力平衡近似下，采用正则坐标和广义球谐函数展开，将均匀自转、微椭、弹性地球的形变方程转化为位移和张量分量的常微分方程组。对于地球的潮汐形变，因潮汐引起的位移 $\boldsymbol{u}_n^m$ 不再像具有弹性、非自转、均匀球对称的地球模型一样仅仅只是同阶次球型位移，而是不同阶次球型位移和环形位移的无穷耦合链[120]，具体可表示为

$$\boldsymbol{u}_n^m = \boldsymbol{\sigma}_n^m + \sum_{k=1}^{\infty}(\boldsymbol{\sigma}_{n-2k}^m + \boldsymbol{\tau}_{n-2k+1}^m + \boldsymbol{\tau}_{n+2k-1}^m + \boldsymbol{\sigma}_{n+2k}^m), \quad n-2k \geqslant m \qquad (8\text{-}53)$$

式中，n、m 分别表示球谐展开的外部引潮力位的阶和次，$\boldsymbol{\sigma}$、$\boldsymbol{\tau}$ 分别代表球型和环形位移矢量。

对于式 (8-53) 表示的潮汐位移，若要对潮汐运动方程进行数值积分，必须在一定近似条件下对方程做截断处理，采用该方法，通常在地球椭率的一级近似下，截取式 (8-53) 的前五项表示为

$$u_n^m = \sigma_{n-2}^m + \tau_{n-1}^m + \sigma_n^m + \tau_{n+1}^m + \sigma_{n+2}^m \tag{8-54}$$

通过对标量方程的数值积分，获得相应阶次的球形位移 σ 和环形位移 τ，最终得到潮汐位移解，进而建立一个自转、微椭、弹性地球的固体潮理论模型。

在考虑地球的自转和椭率的情况下，勒夫数的表示会更为复杂，在该条件假设下，n 阶 m 次地球的引潮力位所激发的位移解可表示为[120]

$$\boldsymbol{u} = \frac{\Phi_{nm}(a)}{g_0(a)} \Bigg[\boldsymbol{e}_r (h_0 Y_n^m + h_+ Y_{n+2}^m + h_- Y_{n-2}^m)$$

$$+ \boldsymbol{e}_\theta \left(l_0 \frac{\partial Y_n^{m0}}{\partial \theta} + \omega_+ \frac{m}{\sin\theta} Y_{n+1}^m + \omega_- \frac{m}{\sin\theta} Y_{n-1}^m + l_+ \frac{\partial Y_{n+2}^m}{\partial \theta} + l_- \frac{\partial Y_{n-2}^m}{\partial \theta} \right) \tag{8-55}$$

$$+ i\boldsymbol{e}_\lambda \left(l_0 \frac{m}{\sin\theta} Y_n^{m0} + \omega_+ \frac{\partial Y_{n+1}^m}{\partial \theta} + \omega_- \frac{\partial Y_{n-1}^m}{\partial \theta} + l_+ \frac{m}{\sin\theta} Y_{n+2}^m + l_- \frac{m}{\sin\theta} Y_{n-2}^m \right) \Bigg]$$

式中，$(\boldsymbol{e}_r, \boldsymbol{e}_\theta, \boldsymbol{e}_\lambda)$ 表示球坐标系下的三个基向量；$\Phi_{nm}(a) Y_n^m$ 表示外部引潮力位，Y_n^m 为球谐函数 $Y_n^m(\theta, \lambda) = P_n^m(\cos\theta) e^{im\lambda}$，$\theta$ 表示测试站所在位置的余纬，λ 为测试站所在位置的经度；上标 0 表示正则分量；$g_0(a)$ 为赤道平均重力值，则 $\dfrac{\Phi_{nm}(a)}{g_0(a)}$ 表示平衡潮高；h_0、l_0 代表球对称近似下的勒夫数；h_+、l_+、h_-、l_- 为相应勒夫数的球形耦合部分；ω_+、ω_- 为勒夫数的环形耦合部分。

在太阳、月球引潮力的作用下，地球表面以及内部介质都将发生变化，这将导致地球质量重新分布，发生形变产生形变附加位。在测试站 A 点处的潮汐形变附加位可表示为

$$V_G = \Phi_{nm}(a) \left[k_0 \left(\frac{a}{r} \right)^{n+1} Y_n^m + k_+ \left(\frac{a}{r} \right)^{n+3} Y_{n+2}^m + k_- \left(\frac{a}{r} \right)^{n-1} Y_{n-2}^m \right] \tag{8-56}$$

与位移场类似，式 (8-56) 中 k_0 表示球对称部分，k_+ 和 k_- 表示球形耦合部分。由于体膨胀不存在环形位移场，不会导致地球引力位的扰动。所以，勒夫数 k 中不存在环形耦合部分。

由式 (8-56) 可看出，在无自转、球对称的地球模型下，只需要两个参数（h_0 和 l_0）即可描述潮汐的位移场。但对于自转、微椭、非弹性的地

球模型，潮汐的位移场则需要八个参数来描述，地球椭率和自转会导致 n 阶的球型位移场中耦合进四个 $n-2$ 阶和 $n+2$ 阶的球型位移场以及两个 $n+1$ 阶和 $n-1$ 阶的环形位移场，从而使勒夫数形成纬度依赖。

③自转、微椭、非弹性地球模型的固休潮倾斜。

地球外部引潮力位引起的潮汐位移包含了相邻阶的球型位移场和环形位移场的耦合[120]。重新整理式 (8-56)，将球形位移场和环形位移场分开表示，则 n 阶 m 次外部引潮力位引起的潮汐位移 $\boldsymbol{u}$ 可改写为

$$\boldsymbol{u} = \frac{\Phi_{nm}(a)}{g_0(a)}\left[\boldsymbol{e}_r(h_- Y_{n-2}^m + h_0 Y_n^m + h_+ Y_{n+2}^m) + l_-\left(\boldsymbol{e}_\theta \frac{\partial Y_{n-2}^m}{\partial \theta} + i\boldsymbol{e}_\lambda \frac{m}{\sin\theta} Y_{n-2}^m \right) \right.$$
$$+ l_0\left(\boldsymbol{e}_\theta \frac{\partial Y_n^m}{\partial \theta} + i\boldsymbol{e}_\lambda \frac{m}{\sin\theta} Y_n^m \right) + l_+\left(\boldsymbol{e}_\theta \frac{\partial Y_{n+2}^m}{\partial \theta} + i\boldsymbol{e}_\lambda \frac{m}{\sin\theta} Y_{n+2}^m \right) \quad (8\text{-}57)$$
$$\left. + \omega_+\left(\boldsymbol{e}_\theta \frac{m}{\sin\theta} Y_{n+1}^m + i\boldsymbol{e}_\lambda \frac{\partial Y_{n+1}^m}{\partial \theta} \right) - \omega_-\left(\boldsymbol{e}_\theta \frac{m}{\sin\theta} Y_{n-1}^m + i\boldsymbol{e}_\lambda \frac{\partial Y_{n-1}^m}{\partial \theta} \right) \right]$$

地球固体潮汐引起的地面光纤干涉仪测量平台在南北方向的倾斜变化 T_{ns} 可表示为

$$T_{\text{ns}} = \boldsymbol{e}_\theta \cdot \nabla \boldsymbol{u} \cdot \boldsymbol{e}_r \quad (8\text{-}58)$$

而光纤干涉仪测量平台在东西方向的倾斜变化 T_{ew} 可表示为

$$T_{\text{ew}} = \boldsymbol{e}_\lambda \cdot \nabla \boldsymbol{u} \cdot \boldsymbol{e}_r \quad (8\text{-}59)$$

式中，$\nabla = \boldsymbol{e}_r \frac{\partial}{\partial r} + \boldsymbol{e}_\theta \frac{1}{r}\frac{\partial}{\partial \theta} + \boldsymbol{e}_\lambda \frac{1}{r\sin\theta}\frac{\partial}{\partial \lambda}$ 是球坐标系下的哈密顿算符。

在自转、微椭、非弹性的地球模型下，模拟光纤干涉仪测量平台在固体潮汐的作用下所产生的倾斜变化量可表示为

$$T_{\text{FOG}} = T_{\text{ns}}^{v_0} + T_{\text{ns}}^{u_0}$$
$$= (h_0 - l_0)\frac{\Phi_{nm}(a)}{ag_0}\frac{\partial Y_n^m(\theta,\lambda)}{\partial \theta} \quad (8\text{-}60)$$

而地球固体潮产生的潮汐倾斜的倾斜总量 T_{tilt} 可表示为

$$T_{\text{tilt}} = -(1 + k_0 - h_0)\frac{\Phi_{nm}(a)}{ag_0}\frac{\partial Y_n^m(\theta,\lambda)}{\partial \theta} \quad (8\text{-}61)$$

测试站所在位置的地方铅垂线偏移则为（潮汐作用产生，局部地质环境变化不产生铅垂线偏移）

$$T_{\text{VD}} = -(1 + k_0 - l_0)\frac{\Phi_{nm}(a)}{ag_0}\frac{\partial Y_n^m(\theta,\lambda)}{\partial \theta} \quad (8\text{-}62)$$

在数据处理过程中，考虑固体潮产生的影响，分析三阶引潮力位产生的影响即可，其中主要考虑的潮波分量包括长周期潮波、周日波、半日波以及三分之一日波，通过模拟计算可得出，影响光纤干涉仪测量所产生的角速度测量误差可达到日变化在$10^{-11}\text{rad}/\text{s}$量级。

(2)海洋潮汐对地面角速度测量平台倾斜的影响分析

前面分析了在太阳、月球引潮力作用下由固体潮引起的地球形变对光纤干涉仪测量的影响。除了固体潮的影响外，海洋以及大型湖泊等在引潮力的作用下同样会对地球产生周期性的影响，产生的潮汐称为负荷潮，由海洋负荷潮引起的地球形变同样会使地面角速度测量平台产生倾斜变化，从而影响地面角速度测量平台的测量结果。海洋的质量负荷一方面会对地球施加一个压力，另一方面也对地球产生一个引力作用，地球表面71%的面积是海水覆盖，因此在考虑地球因引潮力产生的影响时，海洋负荷潮也是需要考虑的因素之一。通常情况下，负荷潮问题的分析可转换为求地球对地面上点负荷的响应来实现，先求出地球对地球表面上一个点负荷的响应结果，其解为负荷格林函数，然后利用线性系统响应的可叠加性进行褶积积分得到整个海洋负荷的响应结果。现代负荷潮理论给出了球对称地球模型下,由负荷效应引发的地球形变的格林函数。

地球对单点质量负荷的响应可通过格林函数来描述，格林函数可表示为空间中两个变量(r,θ)的函数，r为参考点到地心的距离，θ为参考点到负荷点的角矩，θ还可表示为负荷点到参考点的余纬。在分析海洋负荷潮引起的倾斜变化时，选用球对称近似下的地球模型，并将负荷点选在了极点位置，因此海洋负荷潮在地球表面$(r=R_0)$产生的倾斜变化的格林函数结果就仅为余纬θ的函数，依据潮汐倾斜的定义，可得到倾斜格林函数为[120]

$$T'_{\text{tl}}(\theta) = -\frac{1}{m_e}\sum_{n=0}^{\infty}(1+k'_n-h'_n)\frac{\partial P_n(\cos\theta)}{\partial\theta} \tag{8-63}$$

式中，m_e为地球总质量，k'_n、h'_n、l'_n为负荷勒夫数，与固体潮倾斜类似，式(8-63)所示倾斜格林函数同样可分为两部分：一部分是因负荷潮产生的地表几何形变倾斜，另一部分是因负荷潮导致参考点引力位变化而引起的铅垂线变化，它们分别可表示为

$$T'_{\text{FOG}}(\theta) = -\frac{1}{m_e}\sum_{n=0}^{\infty}(-h'_n+l'_n)\frac{\partial P_n(\cos\theta)}{\partial\theta} \tag{8-64}$$

$$T'_{\mathrm{VD}}(\theta) = -\frac{1}{m_e} \sum_{n=0}^{\infty} (1 + k'_n - l'_n) \frac{\partial P_n(\cos\theta)}{\partial \theta} \tag{8-65}$$

式(8-64)用来描述表面点质量负荷作用在球对称近似地球模型上所产生的静态形变影响。依据式(8-35)的世界时测量模型可将负荷潮引起的倾斜变化转换为等价的旋转角速度变化量,在地面角速度测量平台的定向误差修正过程中予以消除。

8.3.3.4 地球瞬时自转轴极移变化的分析与修正方法

光纤干涉仪在监测地球自转的过程中,地球瞬时自转轴的实时位置变化同样会引起光纤干涉仪的测量产生相应的相位差变化。光纤干涉仪对地球瞬时自转轴的变化敏感,因此在提取地球自转角速度变化测量数据的过程中,需要将地球瞬时自转轴的指向变化考虑进去。世界时是地球自转角速度的反映,因此在解析世界时的过程中需要将地球自转轴的变化消除。

地球自转是一个复杂的动力学系统,在自转的过程中,地球不仅会受到来自海洋、大气、地核、地幔以及地壳等地球自身因素的影响,同时还受到来自太阳、月亮、其他行星等外部天体的引力作用,在这些影响的共同作用下,地球自转轴会发生轻微变化,该变化具有不同周期,由于光纤干涉仪主要优势集中在高频段,即地球自转轴的周日、半日极移变化影响较大。

地球自转过程中,瞬时自转轴会产生一个本征周期接近一天的近周日自由摆动和周期为半天的摆动,产生该部分主要原因之一是海洋和大气的负荷潮引起的地球质量的重新分布以及海洋、大气与地球的潮汐摩擦产生的耗散作用的影响。对于海洋和大气负荷潮对地球瞬时自转轴产生的影响,可采用 IERS 提供的解析模型来分析。

IERS 在其决议中给出了具体的计算方法,但值得注意的是,决议中给出的有关极移变化的计算所指代的是天球中间极(Celestial Intermediate Pole,CIP)的极移变化。而大型光纤干涉仪所敏感的是地球瞬时自转轴的变化,因此难以直接利用两表的参数进行计算,必须进行相应的转换。

地球瞬时自转轴的极移(IRP)与 CIP 的极移之间的转换关系示意图如图 8-10 所示,转换关系如下

$$m = p + i\frac{\dot{p}}{\Omega_0} \tag{8-66}$$

式中，$i=\sqrt{-1}$，p 表示 CIP 的极移，用复数形式可表示为

$$
\begin{aligned}
p &= p_x + ip_y \\
&= [a\sin(\arg_i(t)) + b\cos(\arg_i(t))] - i[c\sin(\arg_i(t)) + d\cos(\arg_i(t))]
\end{aligned}
\tag{8-67}
$$

式中，(p_x, p_y) 分别表示 CIP 在 x 轴方向和 y 轴方向上的极移，系数 a、b、c、d 可从 IERS 给出的决议中获取，它们分别对应 IERS 2010 决议中的 Tabs 8.2a 和 Tabs 8.2b 中第 10～13 列系数。Tabs 8.2a 和 Tabs 8.2b 详细给出了在 71 个不同分潮波的影响下，CIP 轴产生的周日和半周日的极移变化。结合式 (8-66) 和式 (8-67) 可实现 CIP 的极移与地球瞬时自转轴的极移的相互转换。

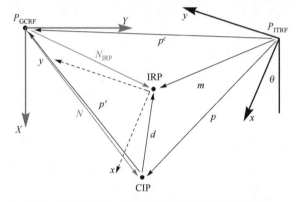

图 8-10   IRP 与 CIP 的几何转换关系示意图

8.3.3.5   光纤干涉仪漂移补偿与校准方法

在光纤干涉仪的测量过程中，如果测量值出现较大漂移，则可利用 VLBI 的精确 UT1 测量结果对 P 值进行重新校准，标定与校准过程示意图如图 8-11 所示，校准过程中，对初始标定 P 值进行修正的方式为

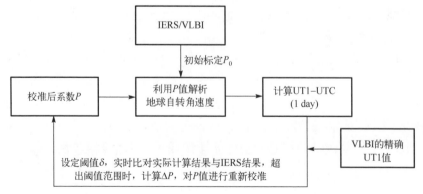

图 8-11   光纤干涉仪的标定与校准过程示意图

$$[\text{UT1}-\text{UTC}]-[\text{UT1}-\text{UTC}]_{\text{IERS}}=\frac{\Delta P}{P}\times 86400 \tag{8-68}$$

8.4　基于高精度光纤干涉仪的世界时测量方法及具体实现案例

8.4.1　光纤干涉仪测量值与 UT1 的映射转换关系

放置于地球表面与地球固连的大型光纤干涉仪可实时监测地球自转的变化，并提供实时测量的地球自转角速度测量数据，干涉仪的原始测量数据经过一系列误差修正后可提取出反映地球自转快慢变化的地球自转角速度数据，提取的地球自转角速度值与地球平均自转角速度 Ω_0 作差，可得到地球自转角速度变化量 $\Delta\Omega$，通过对 $t_0\sim t$ 时间段内解算所得的 $\Delta\Omega$ 值进行数值积分，可得到该时间段内 $(\text{UT1}-\text{UTC})$ 值的变化量为

$$\Delta(\text{UT1}-\text{UTC})_{(t-t_0)}=[\text{UT1}-\text{UTC}]_t-[\text{UT1}-\text{UTC}]_{t_0}$$
$$=\frac{1}{\Omega_0}\sum_{k=t_0}^{t}\Delta\Omega(k) \tag{8-69}$$

如果在光纤干涉仪测量的初始 t_0 时刻，标定了初始的 $[\text{UT1}-\text{UTC}]_{t_0}$ 值，则利用光纤干涉仪对地球自转的实时测量数据，并依据式 (8-69) 连续对解算所得的 $\Delta\Omega$ 值进行积分累加，即可解算得到任意时刻的 $[\text{UT1}-\text{UTC}]_t$ 值。为方便后续对解算结果进行比对校准，解算的 UT1 参数结果同样以 $(\text{UT1}-\text{UTC})$ 的形式给出。

当 $t_0\sim t$ 的时间间隔是一天中的 UTC00：00：00～23：59：59 时，通过积分所得的地球自转角的差值即为一天的日长变化 (ΔLOD)，具体可表示为

$$\Delta\text{LOD}=\frac{\displaystyle\sum_{t=1}^{86400}\Delta\Omega(t)\mathrm{d}t}{\Omega_0} \tag{8-70}$$

式中，$\Delta\Omega(t)$ 为 UTC 的每一秒钟光纤干涉仪测量得到的地球瞬时自转角速度与地球平均自转角速度的差值，在精度要求不高的情况下，还可近似表示为

$$\Delta\text{LOD}\approx\frac{\Delta\Omega(t)}{\Omega_0}\times 86400 \tag{8-71}$$

8.4.2 基于高精度光纤干涉仪的地球自转钟

原子钟的工作原理是基于原子能级跃迁振荡周期的稳定性，使得基于原子能级跃迁振荡周期的时间可通过原子钟可随时读取，所得时间为原子时。基于高精度光纤干涉仪的地球自转钟是一种用来获取 UT1 参数的时钟，它的时间依赖于地球自转周期的稳定性以及光纤干涉仪的性能，从该时钟可随时读取地球自转角，由于地球自转角与基于地球自转的时间有对应的函数转换关系，所以通过该时钟获取的时间即为世界时(UT1)。

结合大型光纤干涉仪可实时测量地球自转角速度的特点，可基于大型光纤干涉仪建立能够实时测量并解算 UT1 的地球自转钟系统。

基于光纤干涉仪的地球自转钟基本结构示意图如图 8-12 所示，主要

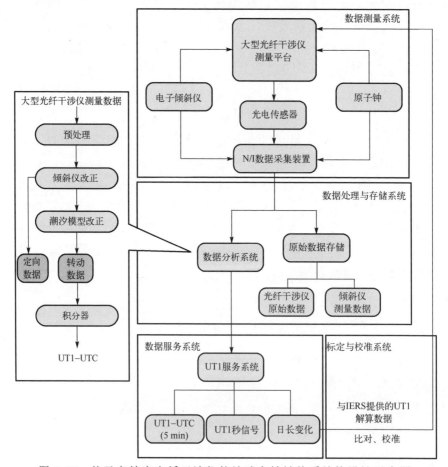

图 8-12　基于高精度光纤干涉仪的地球自转钟体系结构设计示意图

包含数据测量系统、数据处理与存储系统、数据服务系统和标定与校准系统等组成。

由于光纤干涉仪可实时监测地球自转变化，并连续不断地输出地球瞬时自转角速度测量数据，所以基于光纤干涉仪的地球自转钟理论上具有实时解算并提供 UT1 参数服务的能力，该时钟具有以下优势：

①基于大型光纤干涉仪的地球自转钟具有良好的实时性，光纤干涉仪可感知并记录下地球自转每一时刻的变化情况。

②基于大型光纤干涉仪的地球自转钟可提高 UT1 参数获取的时间分辨率。

③利用大型光纤干涉仪对地球自转的短周期高频变化具有很高的测量灵敏度，可与现阶段主要的 UT1 测量方法形成良好的互补性。

8.4.3　基于高精度光纤干涉仪的地球自转钟校准方法

光纤干涉仪受自身材料蠕变、器件参数退化等内因影响和外部环境变化等外因影响，干涉仪的测量数据存在缓慢的趋势性变化(即漂移)，漂移的存在会导致基于光纤干涉仪测量数据解算的 UT1 参数在经过一段时间的积分累加后，输出的 UT1 参数逐渐偏离真实值。

对于漂移产生的影响，可利用光纤干涉仪实测解算的 UT1 参数与 IERS 提供的 UT1 参数结果进行定期比对，并结合比对结果对基于光纤干涉仪的地球自转钟进行定期校准。校准过程实质上是对地球自转钟标定值 P(计算方式及含义见 8.3.2 节)的修正过程，校准过程中需要用到 IERS 提供的 UT1 计算结果，以 δ_{UT1} 表示基于干涉仪的 UT1 解算结果与 IERS 提供的 UT1 解算结果之间的差值，即

$$\delta_{\text{UT1}} = [\text{UT1} - \text{UTC}]_{\text{FOI}} - [\text{UT1} - \text{UTC}]_{\text{IERS}} \tag{8-72}$$

式中，$[\text{UT1} - \text{UTC}]_{\text{FOI}}$ 表示利用光纤干涉仪测量数据解算得到的 UT1 参数值，$[\text{UT1} - \text{UTC}]_{\text{IERS}}$ 表示通过 IERS 获取的 UT1 参数值，通过建立 δ_{UT1} 与 P 值修正量之间的对应关系，可定期对地球自转钟的 P 值进行校准，使得基于大型光纤干涉仪的地球自转钟输出的 UT1 计算结果始终保持在允许的误差范围内。

IERS 网站定期发布的 $[\text{UT1} - \text{UTC}]$ 数据是 IERS 服务组织综合 VLBI、GNSS 等测量方法的观测数据综合解算得到，其表示每日 UTC 的 0 时刻对应的 UT1 的修正值。每日获取的 $[\text{UT1} - \text{UTC}]_{\text{IERS}}$ 值可反映当日的地球

自转角速度变化情况，它们之间的关系可近似表示为

$$[UT1-UTC]_{IERS} \approx \frac{\Omega-\Omega_0}{\Omega_0} \times 86400 \qquad (8\text{-}73)$$

同理，利用光纤干涉仪测量数据解算的 $[UT1-UTC]_{FOI}$ 值也可表示为相同形式，即

$$[UT1-UTC]_{FOI} \approx \frac{\Omega'-\Omega_0}{\Omega_0} \times 86400 \qquad (8\text{-}74)$$

式中，Ω' 表示依据光纤干涉仪测量得到的实测地球自转角速度值，将式 (8-73) 和式 (8-74) 代入式 (8-72)，可得到

$$\delta_{UT1} = \frac{\Omega'-\Omega}{\Omega_0} \times 86400 \qquad (8\text{-}75)$$

以 P_n 表示在两次相邻的校准时刻内，基于光纤干涉仪的地球自转钟解算 UT1 参数所使用的标定系数，可得到干涉仪测量的地球自转角速度为

$$\Omega' = \frac{K_0\omega}{P_n} \qquad (8\text{-}76)$$

如光纤干涉仪发生长期的漂移，会导致地球自转钟的解算结果发生变化，此时地球的真实自转角速度值 Ω 对应的标定值用 P_{n+1} 来表示，则 Ω 可表示为

$$\Omega = \frac{K_0\omega}{P_{n+1}} \qquad (8\text{-}77)$$

结合式 (8-76) 和式 (8-77) 可得出

$$\Omega'-\Omega = \frac{(P_{n+1}-P_n)}{P_n}\Omega = \frac{\Delta P}{P_n}\Omega \qquad (8\text{-}78)$$

式中，ΔP 表示地球自转钟标定系数的修正量，结合式 (8-75) 可得到标定系数的修正量 ΔP 与 δ_{UT1} 的对应转换关系为

$$\delta_{UT1} = \frac{\Delta P}{P_n}\frac{\Omega}{\Omega_0} \times 86400 \qquad (8\text{-}79)$$

式中，$\frac{\Omega}{\Omega_0} \approx 1$，因此式 (8-79) 可近似表示为

$$\delta_{UT1} \approx \frac{\Delta P}{P_n} \times 86400 \qquad (8\text{-}80)$$

当 δ_{UT1} 超过所设定的误差阈值范围时，说明地球自转钟解算的 UT1 参数结果偏离真值，需要对自转钟的标定值 P 值进行重新校准。式 (8-80) 中的 δ_{UT1} 也可表示为

$$\Omega_{FOI} \quad \Omega_{IERS} = \frac{\Delta P}{P'} \Omega_0 \tag{8-81}$$

结合上述分析，基于光纤干涉仪的地球自转钟经过多次迭代校准后，标定系数值将得到修正与更新，UT1 的解算精度将大幅提升。

8.4.4　基于高精度光纤干涉仪的世界时测量试验验证

8.4.4.1　高精度光纤干涉仪精度试验情况

作者团队在解决了上述影响大型高精度光纤干涉仪互易性误差、定向误差等关键技术问题的基础上，于 2023 年完成了大型高精度光纤干涉仪（BFOI-1500）研制，实物如图 1-5 所示。为了实现更精确、更稳定地测量地球自转角速度，BFOI 安装于陕西省秦岭地区某精密温控实验室内，表头指天向，该测试环境具备恒温、恒湿、低噪声、低人为扰动等优点。

图 8-13 为 BFOI 测试地球自转角速度以及位于相同测试平台上的水平仪的倾角输出曲线，为了更好地展示短期的测试精度以及不同日期的敏感角速度变化，选择其中的典型 15 天数据进行分析，时间段是 2023 年 5 月 29 日 0 时～2023 年 6 月 13 日 0 时，对应简化儒略日（MJD）为 60093～60108，

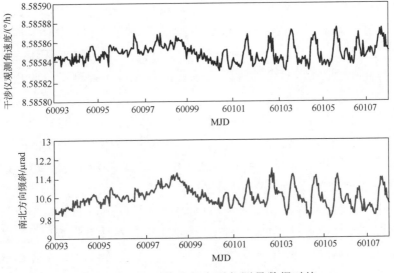

图 8-13　BFOI 输出与水平仪测量数据对比

数据时间跨度为 15 天，每个数据间隔为 1 小时[23]。从图 8-13 中可看出，BFOI 阶段性输出具有明显的周期性输入轴倾斜现象(温度、气压以及固体潮汐、极移等因素引起)，与水平仪输出相关度较高。

采取前文提出的周日项及定向测量误差消除方法，误差改正前后的 BFOI 角速度输出数据如图 8-14 所示，误差改正前后，BFOI 的角速度输出稳定性改善了两倍以上，在温度与倾角稳定阶段时，取连续测试 6 小时数据，BFOI 零偏稳定性最好结果为 9.7×10^{-7}°/h(1h，1σ)[23]。

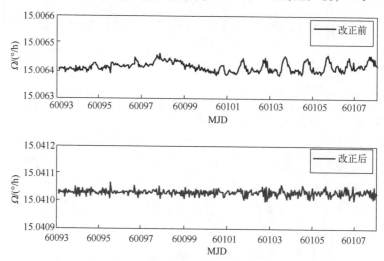

图 8-14　BFOI 消除周日项变化以及倾斜改正后的角速度输出结果

选取连续 6 小时数据依据《GJB2426A-2004 光纤陀螺仪测试方法》第 5.12 条零偏系列测试，陀螺仪零偏测试时间应大于 1 小时或样本数应 6 次以上。数据长度过长，各种环境误差(潮汐、极移以及环境变化等交变信息)项均会发散，对角速度数据求标准偏差并不能准确反映出光纤干涉仪的高精度。

Allan 方差分析方法是一种对原始数据先进行差分，然后进行各积分时间下的稳定性分析的方法，该方法可大幅消除环境因素引起的漂移对精度的影响，用该方法分析超高精度光学陀螺仪的噪声或精度比较合适，德国 G-ring、ROMY 等激光陀螺仪均用 Allan 方差分析方法得到的参数来描述陀螺的精度水平。选择图 8-14 中经倾斜改正后的数据稳定段进行 BFOI 的精度分析，图 8-15 为 BFOI 的 Allan 方差噪声分析曲线，参照德国 G-ring、ROMY 等激光陀螺仪的精度评价方法(取 Allan 方差曲线的斜率为零的拟合底部值)，即精度指的是零偏不稳定性，图 8-15 所示的 BFOI

的零偏不稳定性优于 1.0×10^{-6}°/h。零偏不稳定性这一指标通常反映了仪表在不同积分周期下的精度最优值,目前作者团队实现的 BFOI-1500 光纤干涉仪精度指标为国际上已报道的光纤干涉仪/光纤陀螺仪最好水平[23]。

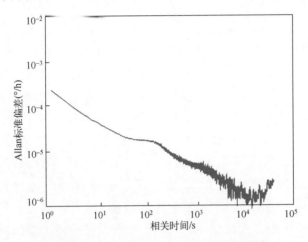

图 8-15　光纤干涉仪 Allan 方差分析曲线

角速度测量灵敏度(Sensitivity)反映了不同频率下的角速度输出信号的灵敏度或自噪声水平,常用功率谱密度(PSD)来表示,功率谱密度可以对角速度输出信号进行傅里叶变换、自相关法等方法来计算,德国 G-ring、ROMY、我国华中科技大学 HUST-1 等大型激光陀螺仪使用灵敏度或功率谱密度曲线反映角速度输出信号的噪声水平。图 8-16 为 BFOI

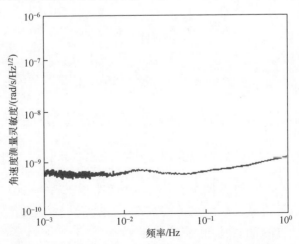

图 8-16　光纤干涉仪角速度测量灵敏度分析曲线

光纤干涉仪在不同频率的角速度测量灵敏度分析曲线,在 0.001～0.01Hz 等低频范围内,光纤干涉仪具备较高的灵敏度,为 $5.6\times10^{-10}\,rad/s/Hz^{1/2}$,因此,光纤干涉仪更适宜于世界时参数的长周期测量。

8.4.4.2 世界时测量及验证情况

根据式(8-69)对图 8-14 中的光纤干涉仪角速度改正值进行世界时解算,将干涉仪初始时刻 t_0 与 IERS 公报的 C04 时间序列 $[UT1-UTC]_{t_0}$ 相对齐,将测量解算得到的世界时与 IERS 公报 C04 时间序列的 UT1 进行对比验证,对比结果如图 8-17 所示[23]。数据结果显示,世界时测量系统在连续 15 天的观测过程中,世界时 UT1 测量值较稳定,其标准偏差约为 1.5ms,与 IERS 公报值相比对,世界时测量最大误差为 7ms,实现了已报道的光纤陀螺仪/干涉仪测量世界时的最高精度水平。与德国 G-ring 激光陀螺仪世界时测量精度(最大误差 2ms)处于一个数量级的水平,验证了基于高精度光纤干涉仪的世界时测量系统的 UT1 测量功能和高性能。

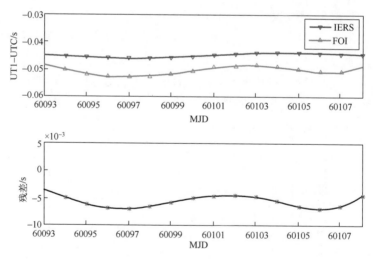

图 8-17 基于高精度光纤干涉仪的世界时测量结果及 IERS 对比验证情况

综上,表 8-2 为作者团队光纤干涉仪实现的指标及对比情况,光纤干涉仪在较小的尺寸下已经实现较高的角速度测量精度和世界时精度,在较短的时间内实现了精度的数倍提升。表 8-2 中给出了目前报道精度最高的光纤干涉仪与激光陀螺仪的典型指标,除此之外,用于地球自转参数测量的大型激光陀螺仪还包括意大利 GINGERino

激光陀螺仪、新西兰 UG 系列激光陀螺仪、美国 GEO sensor 激光陀螺仪、华中科技大学的 HUST 系列激光陀螺仪等，上述单位目前报道的角速度测量最高精度（精度的含义同上）约为 3×10^{-11}rad/s[47,122]，即 6.2×10^{-6}°/h。另外对于美国 Honeywell 公司等传统激光陀螺仪和光纤陀螺仪研制单位，目前已实现角速度测量精度最高为 10^{-5}°/h 量级，尚未有大型激光陀螺仪和大型光纤干涉仪的研制报道。

表 8-2　光纤干涉仪实现的指标及对比情况

陀螺仪/干涉仪类别	中国 BFOI-1000 光纤干涉仪①	中国 BFOI-1500 光纤干涉仪②	德国 G-ring 激光陀螺仪③	德国 ROMY 4C 激光陀螺仪④
敏感轴数量	单轴	单轴	单轴	四轴
尺寸	Φ1m 圆形	Φ1.5m 圆形	4m×4m 正方形	边长 12m 四面体
精度，即零偏不稳定性或 Allan 曲线的拟合最低值	2.5×10^{-11}rad/s (5.2×10^{-6}°/h)	5×10^{-12}rad/s (1.0×10^{-6}°/h)	5×10^{-13}rad/s (1×10^{-7}°/h)	2.0×10^{-12}rad/s (4.1×10^{-7}°/h)
灵敏度或功率谱密度（PSD）	1.5×10^{-9} rad/s/Hz$^{1/2}$ (0.001Hz)	5.6×10^{-10} rad/s/Hz$^{1/2}$ (0.001Hz)	2×10^{-11} rad/s/Hz$^{1/2}$ (0.001Hz)	2×10^{-11} rad/s/Hz$^{1/2}$ (0.001Hz)
世界时误差	估算<20ms	<7ms	<2ms	未提及

注：①引自 BFOI-1000 型光纤干涉仪 2021 年的文献[20]及数据；
②引自 BFOI-1500 型光纤干涉仪 2023 年的文献[23]及数据。
③引自 G-ring 激光陀螺仪 2023 年的文献[17]及数据；
④引自 ROMY 激光陀螺仪 2021 年（目前最新）的文献[26]及数据。

考虑到 BFOI-1500 高精度光纤干涉仪直径仅 1.5m，相对于 G-ring 激光陀螺仪的 4m×4m 的尺寸，光纤干涉仪面积仅为激光陀螺仪的 1/9，且还有更长的光纤环的绕制余量、更低噪声的探测与信号处理技术，因此高精度光纤干涉仪未来有较大的潜力达到甚至超越 G-ring 激光陀螺的世界时测量精度。

8.4.5　基于高精度光纤干涉仪的地球自转钟授时方法

基于高精度光纤干涉仪的地球自转钟数据服务系统结构示意图如图 8-18 所示，输出的数据主要包含 UTC 时号、地球瞬时自转角 [UT1−UTC]、日长变化（ΔLOD）以及地球瞬时自转角速度等，并且解算生成的 UT1 参数报告每天存储一次，保存于数据库中，便于随时取用。

未来对于地球自转钟观测解算的 UT1 服务可采用网络授时方法，同时也可采用电话、长短波、卫星等方式实现 UT1 服务。

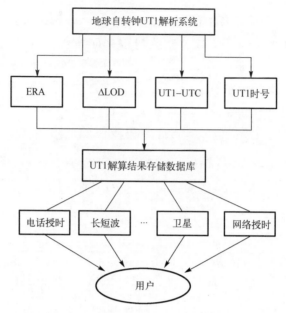

图 8-18 地球自转钟数据服务系统结构示意图

第 9 章
高精度光纤干涉测量技术
在其他领域的应用

9.1　概述

随着光纤干涉仪精度的提高，Sagnac 光纤干涉测量技术和相关产品可推广应用到更广领域。作为一种高精度的惯性测量仪表，光纤干涉仪目前能够达到的最高精度已优于 1×10^{-6}°/h（1σ）。后续光纤干涉仪的精度提升潜力较大，具体包括：受机械加工精度的影响较小，可绕制光纤长度较长，光电检测噪声可进一步减小，实现更大尺寸的干涉仪的可制造能力较强，光路噪声抑制方法可进一步提升等。突破上述关键技术后，未来光纤干涉仪精度有望实现 10^{-8}°/h（1σ）水平。

当进一步突破高精度、小型化、耐恶劣环境的方案设计技术、地外星体的环境误差抑制技术以及多传感器融合的星体自转参数解算技术后，光纤干涉仪可应用在月球、火星等地外天体上测量月球时、火星时等参数，为地外星体的飞行器精密定轨提供准确的行星时参数，从而提升深空探测的控制精度、飞行效率和运载能力。

光纤干涉仪除了可测量地球的自转参数，也可通过多站点联合解算的方式来测量地球极移等大地测量参数。地球的极移将导致太阳的直射角度、等效经纬度变化，影响地球表面的日照、温度、降水等大气与海洋气候信息，进而引起地球生物、生态环境变化；极移也会影响地球的离心力，并产生平衡潮汐，引起海平面压力、风和水汽输送变化，进而影响地球的海洋、大气环境变化。通过光纤干涉仪测量地球的极移，可对地球的环境变化起到相关度分析乃至预测的作用。

光纤干涉仪还可用来测量地震、日月引力潮汐、气候环境变化的影响。另外，随着光纤干涉的进一步提升，如精度达到 10^{-14}rad/s（即 2×10^{-9}°/h）量级，还可用于测量 De Sitter 测地岁差、引力拉拽（Lense Thirring 效应）等相对论效应[47]，具体如图 9-1 所示。

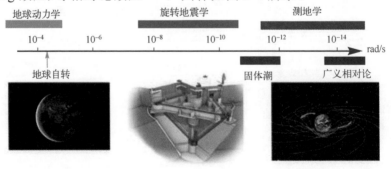

图 9-1　不同精度下的大型干涉仪在物理学中的应用

9.2 高精度光纤干涉测量技术在地外星体自转参数测量方面的应用

9.2.1 星体自转参数测量的意义

我国探索太空的步伐不断加快,对月球、火星等地外星体的探测、采样返回等均在实施计划中,地外星体探测的飞行器轨道计算以及定轨等工作是决定飞行器任务成败的重要环节[20],飞行器定轨需要依靠精确、实时的星体自转参数进行轨道转换[123],该星体自转参数受太阳等星体活动、引力潮汐等影响,变化量较大且不均匀,难以用原子时等时间准确表示。

以火星为例,火星的方位和自转参数包括岁差、章动、极移(也称极地运动)和日长(LOD),这些自转参数变化与行星内部构造及其大气层的动力学有关[124]。从国外的火星奥德赛号、火星勘测轨道飞行器和火星全球勘测者号的无线电跟踪观测中,首次在火星上探测到被称为钱德勒摆动的极移,周期为 206.9 ± 0.5 day,振幅为 10 cm[125]。代表火星时的 LOD 年信号变化幅度为 0.253 ms,半年信号的变化振幅为 0.246 ms[126],火星 LOD 变化主要与大气对质量项的贡献变化有关,部分由极地冰盖的贡献补偿。

目前地外星体的方位和自转参数主要通过天文观测手段和卫星激光测距(SLR)来实现,但该方法的实时性相对较差,且需要多个观测站点或卫星,信息发布权掌握在国际组织中。随着我国对月球、火星等地外星体探测的迫切需求,对星体自转参数的时效性及测量精度要求越来越高,有的应用甚至需要实时的星体自转参数计算结果,通过国际组织获取的行星时参数难以满足应用需求。

地外星体的自转参数激发源众多,且激发源又含有多种不确定性和时变性,其中包含长期的线性趋势变化、周期性变化,利用现有天文观测系统难以实时获取地外星体的自转参数,为了解决这一问题,亟待对已有地外星体的方位和自转参数资料数据进行丰富,提出新的测量手段。

9.2.2 基于高精度光纤干涉仪的星体自转参数测量关键技术

面向实际应用,基于高精度光纤干涉仪的星体自转参数测量方法需解决的关键技术包括高精度、小型化、耐恶劣环境的光纤干涉仪方案设计技术、地外星体的环境误差抑制技术、多传感器融合的星体自转参数解算技术等方面。

9.2.2.1　高精度、小型化、耐恶劣环境的光纤干涉仪方案设计技术

对于在低气压、辐照、低温(火星)、微重力(月球)等典型地外星体环境下应用的高精度光纤干涉仪而言,高精度、小型化、耐恶劣环境的方案设计技术是其关键技术,方案设计既要实现检测角速度精度的提升,也要对各项空间环境下的误差进行抑制,最后要满足长期稳定测试的要求,面向地外星体旋转参数测量的光纤干涉仪典型设计方案示意图如图 9-2 所示。

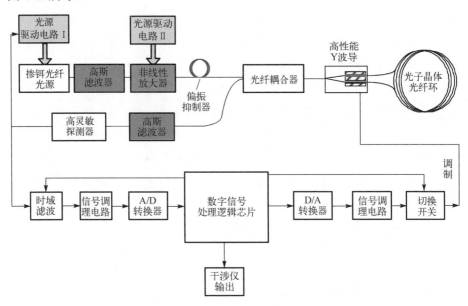

图 9-2　高精度、小型化、耐恶劣环境的光纤干涉仪总体方案示意图

①为了实现高精度、小型化、耐恶劣环境的光纤干涉仪,应在有限的空间下实现光路设计参数最优化,具体包括:

(a)基于超细径保偏光子晶体光纤的光纤环设计。在相同尺寸下,光纤环采用涂覆层为 100μm 的保偏光子晶体光纤比涂覆层为 135μm 光纤可多绕制 80%的长度;光子晶体光纤具备较好的抗辐照、低温度敏感性、低磁敏感性等优点,可减少外部屏蔽结构的设计层数和厚度,更有利于实现轻小型。

（b）基于双 1530nm 高斯滤波结合光功率自动控制的干涉仪光谱设计。在地外星体所处的空间环境下，长期辐照引起的光源光功率下降、光路损耗增加导致到达探测器的光源光谱产生变化，影响光纤干涉仪的标度因数性能，光功率的下降一定程度上也影响干涉仪的零偏性能。采取双高斯滤波结合光功率自动控制的干涉仪光谱设计，可保证在长期空间环境下光源的光功率与光谱长期稳定。

（c）基于非线性光放大的光纤干涉仪相对强度噪声抑制技术。将掺铒光纤光源经 1530nm 光纤滤波器进行光谱整形后，进入半导体光放大器中，通过选取合适的参数将半导体光放大器工作在光的饱和吸收区进行非线性放大，并通过偏振度消除抑制的方法，可实现降低光源的相对强度噪声 13dB 以上，实测抑制效果如图 9-3 所示，可显著提高光纤干涉仪的精度，同时该光谱整形方案也可满足地外星体环境下光纤干涉仪对光谱长期稳定的要求。

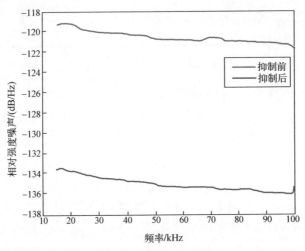

图 9-3　基于半导体放大器的相对强度噪声抑制曲线

②电路系统可采用全数字闭环调制解调技术、反馈增益误差控制技术、光功率自动控制技术、光源管芯精密温控技术等四个闭环回路控制技术，分别实现高精度角速度信号检测、调制增益参数长期稳定、光源功率及光谱长期稳定、光源发光参数恒温稳定等功能，保证光纤干涉仪满足高精度、小型化、耐恶劣环境对电路的设计要求。

③机械结构设计可根据地外星体具体环境下的应用系统要求，采取双轴平行干涉仪、四面体干涉仪、六分量干涉仪等结构设计方法，需要

重点考虑的是，面向地外星体应用以及相应的航天运输条件、星体探测器(或后续的地外星体探测基地)的着陆以及干涉仪的安装与固定环节，小型化、必要的屏蔽设计以及密封设计是结构设计的关键环节。光纤干涉仪参数设计典型值如表 9-1 所示，设计尺寸不超过 $\Phi0.5m×0.2m$，光纤环长度 40000m，设计精度约为 $2×10^{-6}°/h(1h，1\sigma)$，预计可实现毫秒量级的地外星体时间测量。

表 9-1　光纤干涉仪参数设计典型值

参数	数值
外径/m	0.5
高度/m	0.2
光纤环长度/m	40000
光纤环平均直径/m	0.4
光纤类型	保偏光子晶体光纤
光源波长/nm	1530
光源功率/mW	40
调制深度/π	15/16
设计精度/(°/h，1h，1σ)	$2×10^{-6}$

9.2.2.2　地外星体的环境误差抑制技术

月球上没有大气，同时月面物质的热容量和导热率较低，导致月球表面昼夜的温差较大。白天月球表面在阳光垂直照射的地方温度高达127℃，夜晚其表面温度可降低到−183℃。月球表面的大气压约为 $1.3×10^{-7}Pa$，月球表面的重力约为地球的 1/6。

火星的大气层很薄，大气的密度不到地球的 1%，表面大气压500～700Pa；火星表面平均温度为−63℃，冬季温度可达−143℃，夏季温度可达 35℃。火星的风速是地球风速的近 10 倍，威力巨大的火星风会带来持续数月的剧烈尘暴，弥漫整个火星，严重影响光学探测的可见度，但光纤干涉仪作为不依赖外部观测条件的惯性仪表，相对影响较小；火星表面的平均重力约等于地球的 38%。

影响光纤干涉仪性能的主要物理场及对干涉仪作用的效应如表 9-2 所示。地外行星的温度、磁场、辐照、气压(应力)等环境对光纤干涉仪产生各种物理效应与相应的误差。

图 9-4 为地外星体(月球、火星等)用高精度光纤干涉仪的空间环境误差抑制思路，首先构建模拟环境，研究模拟环境下的误差机理与影响因子，针对性地采取抑制措施和实现长寿命观测的技术方法。

表 9-2　影响光纤干涉仪性能的主要物理场及对干涉仪作用的效应

物理场 ＼ 材料	半导体类电子材料	光传输及光处理类材料	光电器件固化封装材料	无机材料和金属材料等
温度场	非辐射跃迁	热光效应	热膨胀效应	热膨胀效应
应力	正压电效应	弹光效应	压热效应	压热效应
磁场	法拉第效应	法拉第效应	磁热效应	磁热效应
电场	帕尔贴效应	电光效应	/	/
光场	光电效应	光致褪色效应	光热效应	光热效应
辐照	单粒子效应	色心沉积效应	/	/

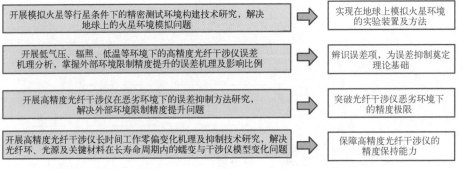

图 9-4　高精度光纤干涉仪的空间环境误差抑制思路

9.2.2.3　多传感器融合的星体自转参数解算技术

光纤干涉仪测量星体转动的基本原理是基于 Sagnac 效应，由 Sagnac 效应公式出发，利用星固坐标系与局部平台坐标系之间的旋转变换关系建立干涉仪测量星体时模型，具体见 8.3.1 节。其中干涉仪的定向误差修正方法为：利用水平仪测量结果对原始观测数据进行倾斜修正，再利用潮汐模型修正过程中引入的当地铅垂线变化进行修正。

星体瞬时自转轴极移修正主要考虑自转轴在大气负荷潮作用下引起的星体质量的重新分布，以及在大气与星体摩擦产生耗散作用的共同影响下产生的周日、半日极移产生的影响。

图 9-5 为使用上述模型之后的地球自转参数实际测量误差修正前后对比效果。可看出修正之后干涉仪测量自转角速率的精度提升了 4 倍以上。

在观测与修正地球自转参数的基础上，地外星体自转参数测量与误差修正方法示意图如图 9-6 所示，可通过多传感器实时监控各项环境指

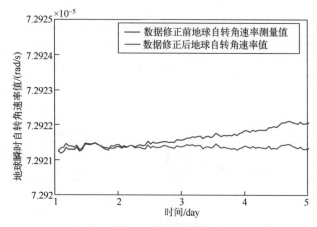

图 9-5 地球自转参数测量误差修正效果

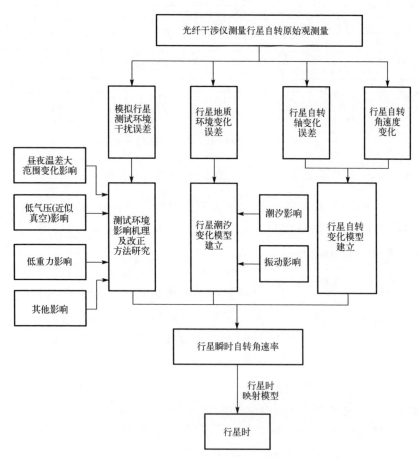

图 9-6 地外星体自转参数测量误差修正方法示意图

标，同时建模分析干涉仪、倾斜仪等监测仪器受低气压、低重力、低温、辐照等环境因素的影响机理，采用多传感器融合的星体自转参数误差修正技术，最终实现地外星体自转参数的测量。

9.2.3　地外星体时测量技术展望

目前高精度光纤陀螺仪的精度已实现 $0.001\sim0.0001°/\mathrm{h}(1\sigma)$，在地球自转参数测量等特定场合应用的光纤干涉仪已实现 $1\times10^{-6}°/\mathrm{h}(1\sigma)$ 水平，在未来的一段时间，基于高精度光纤干涉仪的星体自转参数测量技术发展方向主要有以下几方面：

①干涉仪检测技术继续创新。未来将进一步突破非线性光波干涉技术、量子光脉冲技术、超高灵敏探测技术[127]，以更小的尺寸实现更高的精度，未来五年内高精度光纤干涉仪理论精度可能达到 $10^{-7}°/\mathrm{h}(1\sigma)$ 水平。高精度光纤干涉仪误差机理、噪声机理以及抑制技术是一个不断迭代和深化的螺旋过程，随着技术的不断突破，光纤干涉仪的误差分析与技术方案将会逐渐提升与进步。

②新器件及新材料的持续研发和应用。集成化光学器件、半导体光放大器、超高灵敏探测器等干涉仪中的新器件[127]，理想化性能的保偏光子晶体光纤等新材料，为超高精度、小型化的光纤干涉仪研制提供了硬件上的支持。

③测试与误差修正技术的迭代升级。对于精度 $0.001\sim0.0001°/\mathrm{h}(1\sigma)$ 的高精度光纤干涉仪，常规测试与误差建模方法即可满足要求，但对于精度提升 $1\sim2$ 个数量级的高精度光纤干涉仪，潮汐、大气以及极移及其引起的定向误差影响将不可忽视，甚至成为影响精度提升的瓶颈。

④光纤干涉仪测量装置的远程校准技术。如何实现地球对地外星体外的测量装置远程校准，实现其角位置和角速率测量结果的精度保持，将是一项不可缺少的关键技术。

⑤光纤干涉仪在其他星体参数方面的推广应用。小型化光纤干涉仪精度达到 $10^{-7}°/\mathrm{h}(1\sigma)$ 量级时，通过多布置站点，联合高精度水平仪、原子钟等设备，可具备测量地外星体的大气变化、地震、地质构造变化、固体潮汐及其引起的极轴移动等参数信息的能力。

9.3 高精度光纤干涉测量技术在地球极移测量方面的应用

9.3.1 地球极移概述

极移是由于地球瞬时自转轴在地球本体内部做周期性摆动而引起的地球自转极在地球表面上移动的现象。极移表现为在极点的约±0.4″范围内，沿着与地球自转相同的方向描画出一条时伸时缩的螺旋形曲线。

9.3.1.1 地球极移的成分

1891 年，美国科学家钱德勒对大量的纬度测量资料进行分析后提出极移主要是由两个周期性的分量组成：一个是周期约为 1.2 年左右的地球自转轴的自由摆动，从北天极往下看，瞬时地极在做逆时针旋转，其摆动的幅度平均约为 0.15″，周期平均为 427 天，这种摆动后来被称为钱德勒摆动，其周期被称为钱德勒周期，这是弹性地球自转的必然结果；第二个摆动是周期为一年的受迫摆动，其幅度平均为 0.10″，方向与钱德勒摆动相同，周年摆动主要是由季节性的天气变化而引起的，比较稳定。此后，人们又发现在极移中还存在着周期为一天、幅度为 0.02″左右的微小摆动。不同周期下的极移变化轨迹如图 9-7 所示[8]，图中大圈(约为 1/4 圆周)轨迹为钱德勒周期项，也包括周期为半月的周期项(图中约为 12 个)以及周期为 1～2 天的周期项。除了上述周期性的运动外，从实际观测值中还可发现极移中还存在一种长期漂移的现象。极移的主要周期项及特点如表 9-3 所示。

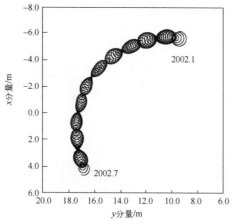

图 9-7 不同周期下地球极移变化轨迹

表 9-3　地球极移的主要周期项及特点

周期	主要特点
半天、天	与潮汐、大气变化同步性高，变化幅值约为 0.02″
半年、年	受季节性因素影响，是由海洋、大气环流引起的受迫摆动，变化幅值约为 0.1″
1.2 年(钱德勒周期)	是弹性地球的自由摆动，极移的主要周期分量，变化幅值约为 0.15″，变化不稳定
长期(数年及以上)	与长期气候环境互相影响

9.3.1.2　地球极移的变化

随着地球极移监测精度的提高和观测资料的积累，人们对极移的研究从其周年变化和钱德勒摆动逐渐扩展到季节性变化、亚季节性变化，甚至几十年时间尺度的长期变化。极移激发机制和促使地球自转速率变化的激发机制在许多方面是不同的，地球自转速率变化主要受速度场的影响，例如受洋流流速变化的激发、受风速的激发等，而极移的主要激发因素是地球上物质分布的变化。已发现的极移变化有长趋势变化、钱德勒摆动、季节性变化以及高频变化[42]。

(1)长趋势变化

对极移观测资料的分析表明，平均极移存在长趋势变化，如图 9-8 所示，多数研究获得的长趋势变化的速率和方向分别约为 3mas/年和 70°W(西经 70°)[128]，主要研究认为，极移的长趋势变化是由冰期后地

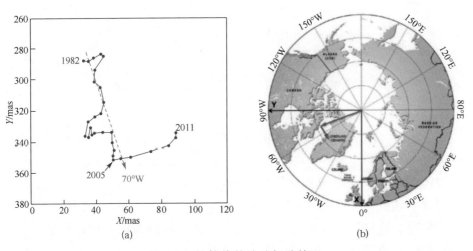

(a)　　　　　　　　　　　　(b)

图 9-8　长趋势的地球极移情况

壳反弹导致的，由于地球对数千年前冰负荷化的黏性响应，冰负荷区附近的地表目前仍在继续上升，促使惯性积随着时间线性变化，从而引起长期极移。另外，陆地水储量变化和冰川消融也是长期极移的主要激发因素。

近年来，对极移的空间大地测量观测表明，自 2005 年平均极点位置开始向东漂移，与过去一个世纪看到的漂移方向不一致[129]，如图 9-8 所示。重力恢复和气候实验(GRACE)的卫星重力测量表明，2005~2012年海冰、海平面变化与极移的相关性较强，极移变化的约 90%是由极地冰盖和高山冰川的加速融化及其引起的海平面上升引起的，如图 9-9 所示。利用 GRACE 数据建立的长期极地运动与气候相关的质量再分布之间的密切关系表明，精确测量的极移数据为监测全球规模的冰融化和海平面上升提供了有效的分析数据支持。

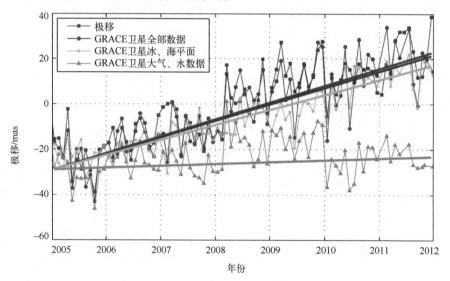

图 9-9　海冰、海平面变化与极移的相关性

(2) 钱德勒摆动

钱德勒摆动是地球自转轴相对形状轴的自由摆动，是极移的主要周期分量，其周期在 425~440 天变化。由于地球内部、地面表面存在长周期的能量损耗，应导致极移的钱德勒摆动逐渐衰减。但近代 200 多年的累积观测资料未发现钱德勒摆动有任何衰减现象，这表明有某些激发源给钱德勒摆动持续不断地补充能量，以抵消其能量的损耗维持这种摆动。在激发和损耗的双重机制作用下，钱德勒摆动是不稳定的，呈现出复杂的时变特性，这给极移的建模预报带来较大困难。主要研究认为[130]，大气、

地下水、地震、核幔耦合和海洋洋底压力变化是钱德勒摆动的主要激发因素，但这些激发因素尚不能充分解释钱德勒摆动。

（3）季节性变化

极移的季节性变化主要指极移半周年变化、周年变化。极移的季节性变化是受迫摆动，源于大气、海洋、地下水分布的季节性变化[131]，其中起主要激发作用的是大气质量的季节性重分布，其次是海洋对大气压力周年性变化的全球响应，其激发机制和大气类似，也是通过改变惯性积来激发周年极移；此外，全球水储量的周年变化也是周年极移的激发因素，但贡献相对较小。

研究表明，极移与大气运动季节变化的相关系数较高，1970年以后的年周期和半年周期相关系数分别达到最大值0.9、0.8~0.9，年和半年周期的相关系数相当稳定，如图9-10和图9-11所示；但在厄尔尼诺/拉尼娜现象时期，极移与大气运动变化的相关系数降低，如图9-10和图9-11标注所示，表明在这些事件中海洋等其他现象的重要性[132]。

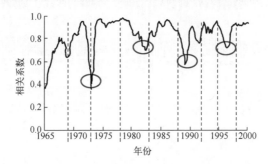

图9-10　年周期极移与大气运动的相关系数

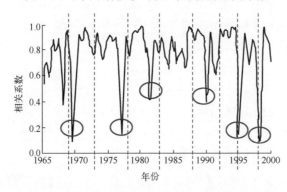

图9-11　半年周期极移与大气运动的相关系数

随着海洋卫星观测技术的发展、环流模式精度以及资料同化质量的不断提高，海洋对极移运动激发的研究也成为现实。研究得到[133-135]，海洋激发的季节变化与从测地激发函数中扣除大气、陆地水作用剩余部分的季节变化在所研究的极移变化大部分时段非常接近，二者的周年振幅和位相结果基本相当。

(4) 高频变化

高频极移也称为亚季节性极移。随着现代空间大地测量技术的快速发展，极移监测精度和时间分辨率也随之提高，现在可获得 1~2h 采样间隔的极移观测资料[42]，如图 9-12 所示，从而发现了亚季节性极移，振荡周期从数个小时到数个月，振幅为 1~20mas。研究发现，极移和大气角动量之间的相关性高达 0.88，这说明极移的主要激发因素是大气，同时研究认为，大气(包括风向、大气压)可能激发 74%的季节性极移，其他的激发源有潮汐变化、海洋洋底压力变化等。

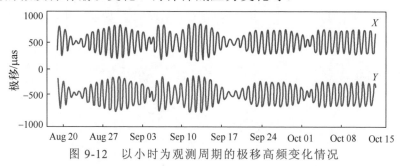

图 9-12　以小时为观测周期的极移高频变化情况

9.3.2　地球极移测量的意义

地球的极移将导致太阳的直射角度、等效经纬度变化，如图 9-13 所示，影响地球表面(尤其是中高纬度)的日照、温度、降水等大气与海洋气候信息，进而引起地球生物、生态环境变化。

此外，极移也会影响地球的离心力，并产生平衡潮汐，引起海平面压力、风和水汽输送变化。基于平衡潮汐理论，极移引起的海平面高度变化可达 18mm，对应的海平面气压、近地面风加速率和近地面水汽通量散度变化分别为 6hPa、6.6×10^{-5}m/s^2 和 3.11×10^{-9}kg/m^2/s[136]，尤其浅海和内陆沿海地区的水汽通量与极移的相关性比其他地区更为显著。虽然这些量级较小，但在一些流域(如长江和珠江流域)，由极移引起的水汽输送变化与实际降水密切相关，研究表明极移变化比其引起的降水变化提前 4~14 个月，如图 9-14 所示，因此测量极移信息对气候预测和水文研究也有重要的意义。

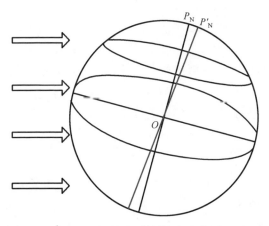

图 9-13　极移引起的太阳直射角度变化示意图

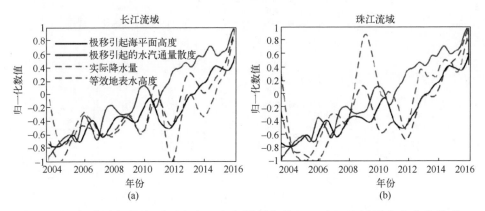

图 9-14　极移引起的海平面高度、水汽通量与长江、珠江流域地表水变化关系

现阶段极移的主要测量方法分成两类：

①依托全球布站的空间大地测量类：甚长基线干涉测量（VLBI）、全球导航卫星系统（GNSS）、卫星激光测距（SLR）等，各种技术在国际上都有专门的机构进行组织协调：国际 VLBI 服务组织 IRES、国际 GNSS 服务组织 IGS、国际激光测距组织 ILRS。

②直接测量地球旋转参数类：大型激光陀螺仪，主要研究机构为德国慕尼黑大学、慕尼黑技术大学、华中科技大学等；大型光纤干涉仪，目前研究机构为北京航天控制仪器研究所等。

现阶段，VLBI、GNSS、SLR 等空间大地测量技术需要在全球组网情况下才可实现高精度极移测量，其自主可控性、实时性、安全隐蔽性略差，且建设成本较大。目前，在中国本土区域网测量得到的极移精度离国际组织的水平尚有一定差距。

随着大型光学干涉仪的精度大幅提升，使用固连在地球表面的高精度光学干涉仪可实时、高精度地测量极移参数，并提高极移参数获取的时间分辨率，安全隐蔽性好，可实现极移参数测量的自主可控，已成为国内外近年来测量地球极移的主要方向之一。

9.3.3　基于高精度光纤干涉仪的极移测量方法

多测试站点下的光纤干涉仪输出与极移关系可表达为

$$\begin{cases} \Omega_1'(t) = \Omega_1(t) + \Omega_1(t)[X_P(t)\cos\varphi_1\cos\lambda_1 + Y_P(t)\cos\varphi_1\sin\lambda_1 + \cdots] \\ \Omega_2'(t) = \Omega_2(t) + \Omega_2(t)[X_P(t)\cos\varphi_2\cos\lambda_2 + Y_P(t)\cos\varphi_2\sin\lambda_2 + \cdots] \\ \quad\vdots \\ \Omega_i'(t) = \Omega_i(t) + \Omega_i(t)[X_P(t)\cos\varphi_i\cos\lambda_i + Y_P(t)\cos\varphi_i\sin\lambda_i + \cdots] \end{cases} \tag{9-1}$$

即

$$\begin{aligned} \begin{bmatrix} \Omega_1'(t) \\ \Omega_1'(t) \\ \vdots \\ \Omega_i'(t) \end{bmatrix} &= \begin{bmatrix} \Omega_1(t) \\ \Omega_2(t) \\ \vdots \\ \Omega_i(t) \end{bmatrix} + \begin{bmatrix} \Omega_1(t)\cos\varphi_1\cos\lambda_1 & \Omega_1(t)\cos\varphi_1\sin\lambda_i \\ \Omega_2(t)\cos\varphi_2\sin\lambda_2 & \Omega_2(t)\cos\varphi_2\sin\lambda_2 \\ \vdots & \vdots \\ \Omega_i(t)\cos\varphi_i\sin\lambda_i & \Omega_i(t)\cos\varphi_i\sin\lambda_i \end{bmatrix} \begin{bmatrix} X_P(t) \\ Y_P(t) \end{bmatrix} \\ &= \begin{bmatrix} \Omega_1(t) \\ \Omega_2(t) \\ \vdots \\ \Omega_i(t) \end{bmatrix} + A \begin{bmatrix} X_P(t) \\ Y_P(t) \end{bmatrix} \end{aligned} \tag{9-2}$$

式中，$A = \begin{bmatrix} \Omega_1(t)\cos\varphi_1\cos\lambda_1 & \Omega_1(t)\cos\varphi_1\sin\lambda_i \\ \Omega_2(t)\cos\varphi_2\sin\lambda_2 & \Omega_2(t)\cos\varphi_2\sin\lambda_2 \\ \vdots & \vdots \\ \Omega_i(t)\cos\varphi_i\sin\lambda_i & \Omega_i(t)\cos\varphi_i\sin\lambda_i \end{bmatrix}$，$\Omega_i(t)$ 为某测试站点的地球自转角速度，$X_P(t)$、$Y_P(t)$ 为极移的坐标，φ_i 为测试站点的纬度，λ_i 为测试站点的纬度。

为了保证时间的同步性，各测试站点的测试数据均使用原子钟信号或卫星导航系统的时间信号进行同步，以比较在相同时刻下不同测试站点的光纤干涉仪输出。

由于各测试站点的经纬度已知，根据各测试站点的干涉仪输出，通过最小二乘拟合，可计算出极移信息为

$$\begin{bmatrix} X_P(t) \\ Y_P(t) \end{bmatrix} \approx (A(t)^{\mathrm{T}} A(t))^{-1} A(t)^{\mathrm{T}} \begin{bmatrix} \Omega_1'(t) - \Omega_1(t) \\ \Omega_2'(t) - \Omega_2(t) \\ \vdots \\ \Omega_i'(t) - \Omega_i(t) \end{bmatrix} \tag{9-3}$$

对式(9-4)求微分，即解算的极移精度可表示为

$$\mathrm{d}\begin{bmatrix} X_P(t) \\ Y_P(t) \end{bmatrix} \approx \frac{1}{\Omega_0(t)} (A(t)^{\mathrm{T}} A(t))^{-1} A(t)^{\mathrm{T}} \mathrm{d}\begin{bmatrix} \Omega_1'(t) - \Omega_1(t) \\ \Omega_1'(t) - \Omega_2(t) \\ \vdots \\ \Omega_i'(t) - \Omega_i(t) \end{bmatrix} \tag{9-4}$$

从式(9-3)和式(9-4)以及最小二乘拟合理论，可得出以下结论：

①提高角速度测量精度 $\mathrm{d}(\Omega_i'(t) - \Omega_i(t))$，则极移精度也随之提高；

②各站点的经纬度差异越大，则 $(A(t)^{\mathrm{T}} A(t))^{-1} A(t)^{\mathrm{T}}$ 值越小，极移解算的精度也会随之提高；

③测试站点越多，最小二乘拟合的残差越小，极移解算的精度越高。

为了更方便地分析极移的影响，将二分量极移简化为最大幅值为 0.4″的极轴摆动。首先分析不同纬度的影响，图 9-15 为不同纬度下极移对测站经纬度的影响示意图，对于我国某两地(N45°、N23°)的纬度差异 22°，仅考虑极移变化引起的角速度最大值分别为

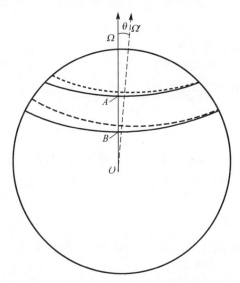

图 9-15　不同纬度下极移对测试站点经纬度的影响示意图

$$d\Omega_1 = 15.0411 \times \sin(45° + 0.4''/3600) - 15.0411 \times \sin(45°) = 2.06 \times 10^{-5}$$
$$d\Omega_2 = 15.0411 \times \sin(23° + 0.4''/3600) - 15.0411 \times \sin(23°) = 2.68 \times 10^{-5} \tag{9-5}$$

极移引起的两地角速度最大差异为 6×10^{-6}°/h，整个极移摆动周期内角速度变化如图 9-16 所示。国内现阶段干涉仪精度已达到 1×10^{-6}°/h 水平，对应于地球最大 0.4″的极移，光纤干涉仪具备极移测试精度达到 0.06″。但若选择纬度差异为 5° 的两个干涉仪测点时，极移变化引起的角速度最大差值仅为 1.7×10^{-6}°/h，容易淹没在干涉仪输出的噪声中。

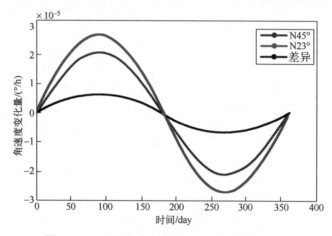

图 9-16　不同纬度下极移影响角速度变化图

不同经度下极移对测试站点经纬度的影响示意图如图 9-17 所示，对于国内同一纬度（N45°）的某两地（E128°、E87°），其经度差异 41°，仅考虑极移变化引起的角速度最大值为

$$d\Omega_1 = [15.0411 \times \sin(45° + 0.4''/3600) - 15.0411 \times \sin(45°)]\sin(\alpha)$$
$$= 2.06 \times 10^{-5} \sin(\alpha)$$
$$d\Omega_2 = [15.0411 \times \sin(45° + 0.4''/3600) - 15.0411 \times \sin(45°)]\sin(\alpha - 41°)$$
$$= 2.06 \times 10^{-5} \sin(\alpha - 41°) \tag{9-6}$$

计算式 (9-7) 中两地角速度最大差异为 1.4×10^{-5}°/h，如图 9-18 所示，通过跨宽经度的站点测试，对于 1×10^{-6}°/h 水平的光纤干涉仪，可实现极移测试精度 0.03″。

此外，采取三个及以上的站点测试，可进一步减小拟合残差，提升极移解算精度。对于 1×10^{-6}°/h 精度水平的光纤干涉仪，如设置东北地区、西北地区和华南地区的测试站点，可实现极移测试精度约为 0.02″。

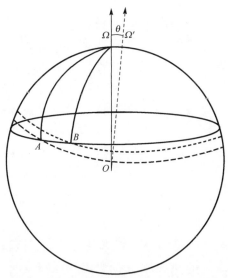

图 9-17　不同经度下极移对测试站点经纬度的影响示意图

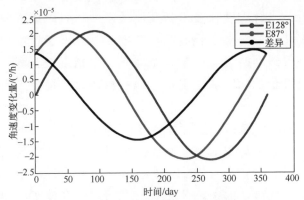

图 9-18　不同经度下极移影响角速度变化图

预计 2025 年，国内将突破极低噪声光探测技术、非线性光放大技术、脉冲式高速调制光量子技术等影响光纤干涉仪精度的关键技术，精度有望达到 $1×10^{-7}$°/h(1σ)水平，可实现极移测试精度达到 0.002″水平。

9.4　高精度光纤干涉测量技术在地震测量、土木工程等领域的应用

9.4.1　地震测量

大型高精度光纤干涉仪的另一个重要用途是地震测量，探测地震旋

转波、远处地震、地震引起的地面位移以及海底断层倾斜等。

由于大型光纤干涉仪的高灵敏性以及其固连到地球上的特点，其可测量来自远处地震事件的旋转信号。首先，标准的地震观测可检测到旋转波信号，但传统的测震仪敏感的倾斜和水平加速度信号均为线运动，如果没有高精度、高灵敏的角速度传感器，就难以对地震信号进行详细分析。

地震中旋转信号是造成建筑物结构破坏的主要因素之一，特别是建筑物的刚度中心与旋转中心不重合时。使用旋转测量信号作为独立的附加数据源，可提供相关的地震附加波场信息，例如相速度、结构、传播方向和各向异性。

大型光纤干涉仪在测量地球自转角速度时，可检测到测试站位置在地震过程以及地震前后的角速度微小变化和噪声变化。通过对这些数据进行分析，可判断地震的发生时间、地点和强度等参数，从而实现地震的监测和分析。光纤干涉仪技术为观测地震波在长距离范围和高频带宽度内产生的旋转信号提供了较高的灵敏度。光纤干涉仪可根据地震测量领域的需要进行适当的调整，未来全球布置高精度旋转测量仪器是可行的，将有力促进全球和区域地震学、地震源研究、地震工程和大地测量学的发展。

意大利的 GINGER 大型激光陀螺仪系统地记录了 2～4 年的旋转地面运动，详细研究了地震前地质断层上能量逐渐积聚引起的岩石弹性变形，这种变形引起旋转信号的变化，因此在低噪声环境中高灵敏的角速度测量仪器为研究潜在的地震前兆(即地震预测)开辟了可能性。

目前大型 Sagnac 光纤干涉仪是能够满足这些要求的角速度测量仪器之一，特别是对于长距离、微弱的信号。通过安装在正交方向上的三个 Sagnac 干涉仪装置可提供地震中常见的横波(S 波)、纵波(P 波)、洛夫波(Love Wave)和瑞利波(Rayleigh Wave)引起的旋转信号检测，上述地震波的特点如表 9-4 所示。需要注意的是，Sagnac 光纤干涉仪仅对围绕其敏感面法线矢量的旋转敏感，但通常地震波均会有分量投影到干涉仪的敏感轴上，使干涉仪敏感到相应角速度变化的信息。

2019 年 11 月，德国科学家 Bernauer 等组织了多达 24 个传感器的地震监测精度对比测试，不同仪器的功率谱密度(反映自噪声水平)对比图如图 9-19 所示，图中大型激光陀螺仪 ROMY(边长 12m 的正四面体)的自噪声最小[137]。北京航天控制仪器研究所的 BFOI-1500 型光纤干涉仪自噪声水平在多个频率范围与 ROMY 相当，但尺寸仅 $\Phi1.5m×0.3m$，体积小了两个数量级以上，环境依赖性、功耗、成本均较低，且仍有较大的精度提升空间，具备较高的应用前景。

表 9-4　光纤干涉仪敏感的地震波特点

类型	名称	特点
体波	纵波	纵波是推进波，运动方向与波的传播方向一致，在地壳中传播速度为 5500～7000m/s，它使地面发生上下振动，其破坏性相对较弱
	横波	横波是一种剪切波，粒子运动方向与波的传播方向相垂直。在地壳中的传播速度为 3200～4000m/s，破坏性较强
面波	洛夫波	在地壳表层传播的地震波，其振幅和频率都比体波和面波小
	瑞利波	沿地面传播的浅层地震波，振动方式与纵波相似，但振幅更大

2021 年 5 月 22 日 02 时 04 分 11 秒，我国青海省玛多县发生 7.4 级地震，在 02 时 07 分 10 秒和 02 时 09 分 24 秒时刻，距离该震源上千公里的陕西渭南某地下实验室，北京航天控制仪器研究所研制的 BFOI-1000 型高精度光纤干涉仪分别检测到该地震到达的纵波和横波信号的角速度分量，如图 9-20 所示，并对于整个地震过程中纵波、横波引起的角速度分量的变化情况及持续时间均有较好的检测[20]，这也依赖于该干涉仪较好的动态性能。

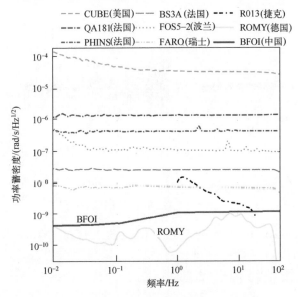

图 9-19　不同仪器的功率谱密度对比图

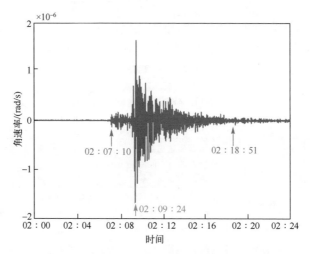

图 9-20 BFOI-1000 型光纤干涉仪检测地震波输出曲线

2023 年 8 月 6 日，我国山东省平原县发生 5.5 级地震，北京航天控制仪器研究所研制的 BFOI-1500 型高精度光纤干涉仪（位于陕西省秦岭地区，相距近 1000 公里）清晰地敏感到该地震的横波和纵波引起的角速度变化信号，如图 9-21 所示。除了检测到地震之外，该干涉仪长期运行以来，已检测到地球固体潮汐、山体形变、极移等各项地球物理信息变化。

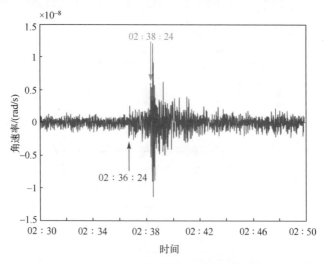

图 9-21 BFOI-1500 型光纤干涉仪检测地震波输出曲线

9.4.2 土木工程结构振动监测

除了地震测量之外，高精度光纤干涉仪的用途还包括城市高层建筑等大型土木工程结构的振动监测。在以往对土木工程结构的抗震性能研究中，转动的影响一直被忽略。这主要是因为它们的影响被认为较小，并且没有合适的传感器可用于测量建筑物对旋转的系统响应。通常认为，只有刚度中心与质心不同的建筑物因不对称引起的扭转信号，才能从加速度计的差分测量中得到。

　　基于 Sagnac 效应的大型高精度光纤干涉仪目前已达到了用于研究建筑物旋转信号的灵敏度，且不需要特定的参考系。此外，可从光纤干涉仪的输出信号中获得一个明确的方向基准，这是光纤干涉仪长期监测建筑物结构稳定性的额外优势。在高层建筑静态和动态结构中实际测量结果表明，光纤干涉仪具有良好的保真度，响应频率从低于 0.01Hz 到超过 1000Hz。

参 考 文 献

[1] 常宏, 张首刚, 王心亮, 等. 基准原子钟的发展及国家授时中心光学原子钟的研制进展[J]. 中国科学: 物理学 力学 天文学, 2010, 5: 616-622.

[2] 李征航, 魏二虎, 王正涛, 等. 空间大地测量学[M]. 武汉: 武汉大学出版社, 2010.

[3] Cui J, Ming G, Wang F, et al. Realization of a rubidium atomic frequency standard with short-term stability in $10^{-14}\tau^{-1/2}$ level[J]. IEEE Transactions on Instrumentation and Measurement (Early Access), 2023.

[4] 赵铭. 天体测量学导论[M]. 2 版. 北京: 中国科学技术出版社, 2012.

[5] Thaller D, Krügel M, Rothacher M, et al. Combined Earth orientation parameters based on homogeneous and continuous VLBI and GPS data[J]. Journal of Geodesy, 2007, 81(6-8): 529-541.

[6] Schuh H, Boehm J, Englich S, et al. Determination of UT1 by VLBI[C]//27th IAU General Assembly, 2009.

[7] Gebauer A, Tercjak M, Schreiber K U. Reconstruction of the instantaneous Earth rotation vector with sub-arcsecond resolution using a large scale ring laser array[J]. Physical Review Letters, 2020, 125(3): 033605.

[8] Schreiber K U, Velikoseltsev A, Rothacher M, et al. Direct measurement of diurnal polar motion by ring laser gyroscopes[J]. Journal of Geophysical Research, 2004, 109: B06405(1-5).

[9] Schreiber K U, Klügel T, Stedman G E. Earth tide and tilt detection by a ring laser gyroscope[J]. Journal of Geophysical Research, 2003, 108(B2): 19(1-6).

[10] Belfi J, Beverini N, Carelli G, et al. Horizontal rotation signals detected by G-Pisa ring laser for the Mw = 9.0, March 2011, Japan earthquake[J]. Journal of Seismology, 2012, 16(4): 767-776.

[11] Bosi F, Cella G, di Virgilio A, et al. Measuring gravitomagnetic effects by a multi-ring-laser gyroscope[J]. Physical Review D, 2011, 84(12): 122002(1-23).

[12] Tartaglia A, di Virgilio A, Belfi J, et al. Testing general relativity by means of ring lasers[J]. European Physical Journal Plus, 2017, 132(2): 73(1-10).

[13] Korth W Z, Heptonstall A, Hall E D, et al. Passive, free-space heterodyne laser gyroscope[J]. Classical and Quantum Gravity, 2016, 33(3): 035004(1-20).

[14] Nader M F, Igel H, Ferreira A M G, et al. Toroidal free oscillations of the Earth observed by a ring laser system: a comparative study[J]. Journal of Seismology, 2012, 16(4): 745-755.

[15] Virgilio A D, Allegrini M, Belfi J, et al. Performances of 'G-Pisa': a middle size gyrolaser[J]. Classical and Quantum Gravity, 2010, 27: 084033(1-9).

[16] 王巍, 于海成, 冯文帅, 等. 高精度光纤陀螺仪技术[M]. 北京: 国防工业出版社, 2021.

[17] Schreiber K U, Kodet J, Hugentobler U, et al. Variations in the Earth's rotation rate measured with a ring laser interferometer[J]. Nature Photonics, 2023, 17: 1054-1058.

[18] Clivati C, Calonico D, Costanzo G A, et al. Large-area fiber-optic gyroscope on a multiplexed fiber network[J]. Optics Letters, 2013, 38(7): 1092-1094.

[19] Clivati C, Costanzo G A, Pizzocaro M, et al. A fiber optic gyroscope on multiplexed telecommunication network with a large enclosed area[C]// European Frequency and Time Forum and International Frequency Control Symposium, 2013.

[20] 王巍, 冯文帅, 张首刚, 等. 用于世界时测量的大型高精度光纤陀螺技术研究[J]. 导航与控制, 2021, 20(2): 1-8.

[21] Schuh H, Boehm S, Nilsson T, et al. Earth rotation, reference systems and celestial mechanics: synergies of geodesy and astronomy[C]//Journées Systèmes De Référence Spatio-temporels, 2011.

[22] Schreiber K U, Schuh H, Velikoseltsev A, et al. Earth rotation parameters from very long baseline interferometry and ring laser observables[J]. Advances in Geosciences, 2009, 13: 155-165.

[23] 王巍, 冯文帅, 张首刚, 等. 基于高精度光纤干涉仪的世界时测量技术研究[J]. 导航与控制, 2023, 22(5): 1-9.

[24] 王小亚, 胡小工, 蒋虎, 等. 导航卫星精密定轨技术[M]. 北京: 科学出版社, 2017.

[25] Belfi J, Beverini N, Carelli G, et al. Analysis of 90 day operation of the GINGERino gyroscope[J]. Applied Optics, 2018, 57(20): 5844-5851.

[26] Heiner I, Ulrich S K, Gebauer A, et al. ROMY: a multi-component ring laser for

geodesy and geophysics[J]. Geophysical Journal International, 2021, 225: 684-698.

[27] 姚当. 基于 13 米宽带 VLBI 系统的 UT1 自主测定研究[D]. 西安: 中国科学院国家授时中心, 2021.

[28] Yao D, Wu Y W, Zhang B, et al. The NTSC VLBI System and its application in UT1 measurement[J]. Research in Astronomy and Astrophysics, 2020, 20(6): 153-162.

[29] 吴元伟, 李西顺, 孙保琪, 等. 国家授时中心自主世界时测量与服务系统[J]. 时间频率学报, 2022, (3): 45.

[30] 李志刚, 杨旭海, 吴风雷, 等. 时间与卫星测距[M]. 北京: 科学出版社, 2022.

[31] 郭际明, 史俊波, 孔祥元, 等. 大地测量学基础[M]. 武汉: 武汉大学出版社, 2021.

[32] Seidelmann K P, McCarthy D D. Time: from Earth rotation to atomic physics[J]. Allgemeine Vermessungs-Nachrichten, 2011, 118(5): 196-197.

[33] 张首刚. "北京时间" 从哪儿来. https://self.kepu.net.cn/self_yj/202303/t20230320_161305.html, 2022.

[34] 帅平, 陈绍龙, 吴一帆, 等. X射线脉冲星导航原理[J]. 宇航学报, 2007, (6): 6.

[35] 熊凯, 魏春岭, 刘良栋. 基于脉冲星的空间飞行器自主导航技术研究[J]. 航天控制, 2007, 25(4): 6.

[36] 任红飞, 姬剑锋, 刘思伟, 等. 基于 FAST 射电观测建立综合脉冲星时的性能分析[C]//第十一届中国卫星导航年会, 2020.

[37] Montenbruck O, Gill E. Satellite Orbits: Models, Methods, and Applications [M]. New York: Springer, 2001.

[38] 张捍卫, 马国强, 杜兰. 广义相对论框架中有关时间的定义与应用[J]. 测绘科学技术学报, 2004, 21(3): 160-162.

[39] 金文敬. 岁差模型研究的新进展——P03 模型[J]. 天文学进展, 2008, 21(2): 155-174.

[40] 宁津生, 刘经南, 陈俊勇, 等. 现代大地测量理论与技术[M]. 武汉: 武汉大学出版社, 2006.

[41] Earth orientation data[EB/OL]. https://www.iers.org/IERS/EN/DataProducts/EarthOrientationData/eop.html, 2023.

[42] 雷雨. 地球自转参数高精度预报方法研究[D]. 西安: 中国科学院国家授时中心, 2016.

[43] Yan H, Chao B F. Effect of global mass conservation among geophysical fluids on the seasonal length of day variation[J]. Journal of Geophysical Research: Atmosphere, 2012, 117(B2): 243-252.

[44] Capitaine N, Wallace P T, Chapront J. Expressions for IAU 2000 precession quantities[J]. Astronomy and Astrophysics, 2003, 412(2): 567-586.

[45] 明锋, 杨元喜, 曾安敏, 等. 国际地球参考框架 ITRF2020 简介与评析[J]. 地球科学进展, 2023, 38(11): 1186-1199.

[46] 李征航, 龚晓颖, 刘万科, 等. 导航卫星自主定轨中地球定向参数误差的修正[J]. 大地测量与地球动力学, 2012, 32(6): 71-80.

[47] 张凤雷, 柳奎, 陆泽晃, 等. 大型测地激光陀螺仪研究综述[J]. 华中科技大学学报: 自然科学版, 2023, 51(3): 120-131.

[48] 李雪川. 联合测轨 VLBI、USB 及空间 VLBI 技术对月球探测器精密定轨的研究[D]. 武汉: 武汉大学, 2016.

[49] 舒逢春, 吴德. 世界时测量误差将影响深空探测器位置[N]. 科普时报, 2022-07-01(2).

[50] 蒋梦源, 尹东山, 李海波, 等. 天顶筒测量世界时的 CCD 星图处理方法[J]. 时间频率学报, 2020, 43(2): 143-152.

[51] 任磊, 常俊琴, 尹东山, 等. 基于数字天顶摄影仪的地球自转参数测定方法研究[J]. 大地测量与地球动力学, 2022, 42(4): 343-354.

[52] 陈少杰, 高玉平, 时春霖, 等. 数字照相天顶望远镜的测站坐标精度分析[J]. 测绘科学, 2023, 48(5): 35-42.

[53] 李琳, 高玉平, 蔡宏兵, 等. 基于多台站数字天顶筒的 UT1 测量系统[J]. 时间频率学报, 2019, 42(3): 233-239.

[54] 刘娜, 高玉平, 蔡宏兵, 等. 骊山观测站数字天顶望远镜的初步观测结果分析[J]. 时间频率学报, 2021, 44(1): 33-44.

[55] Nilsson T, Bohm J, Schuh H. Universal time from VLBI single-baseline observations during CONT08[J]. Journal of Geodesy, 2011, 85(7): 415-423.

[56] 郑勇. VLBI 单基线解算地球自转参数的秩亏性证明[J]. 解放军测绘学院学报, 1993, (2): 1-4.

[57] 陈少杰, 高玉平, 时春霖, 等. 地球定向参数测量发展现状和展望[J]. 全球定位系统, 2021, 46(5): 111-116.

[58] 李西顺, 吴元伟, 姚当, 等. 基于国内宽带 VLBI2010 系统及 iGMAS 的 UT1/ΔLOD 数据融合方法[J]. 系统工程与电子技术, 2022, 44(5): 1644-1651.

[59] Sun J, Bohm J, Nilsson T, et al. New VLBI2010 scheduling strategies and implications on the terrestrial reference frames[J]. Journal of Geodesy, 2014, 88(5): 449-461.

[60] Bohm J, Bohm S, Nilsson T, et al. The new Vienna VLBI software VieVS[J]. Geodesy for Plane Earth: Proceedings of the 2009 IAG Symposium, 2012, 1136: 1007-1011.

[61] Bolotin S, Baver K, Gipson J, et al. The first release of vSolve[C]//7th General Meeting (GM2012) of the International VLBI Service for Geodesy and Astrometry (IVS), 2012: 222-226.

[62] 李熔希. 地球自转参数组网观测仿真评估及实测数据处理方法研究[D]. 北京: 中国科学院大学, 2022.

[63] 任红飞, 刘思伟, 姬剑锋, 等. 国际天球参考系最新实现——ICRF3 概述[J]. 测绘科学与工程, 2020, 40(6): 8-15.

[64] 贾浩然, 吉日格乐, 雷辉, 等. 基于干涉时差测量的卫星无源测定轨技术及其结果[J]. 时间频率学报, 2023, 46(2): 105-115.

[65] 赵春梅, 王磊, 何正斌. 卫星激光测距站分级与 GNSS 卫星轨道精度校核[J]. 测绘学报, 2023, 52(3): 357-366.

[66] Seepersad G, Bsinath S. Clarifying the ambiguities, examining the interoperability of precise point positioning products[J]. GPS World, 2016, 27(3): 50-56.

[67] Wang Q X, Dang Y M, Xu T H. The method of Earth rotation parameter determination using GNSS observations and precision analysis[J]. Lecture Notes in Electrical Engineering, 2013, 243: 247-256.

[68] 杨海彦, 孙保琪, 杨旭海, 等. Multi-GNSS多路径效应与观测噪声综合分析[J]. 时间频率学报, 2017, 40(2): 114-123.

[69] 杨海彦. iGMAS 观测质量改进及电离层高精度监测研究[D]. 西安: 中国科学院国家授时中心, 2016.

[70] 李雪宁, 孙保琪, 杨海彦, 等. iGMAS 国家授时中心跟踪站新接收机钟差分析与相对时延校准[J]. 电子设计工程, 2022, 30(6): 136-140, 146.

[71] Beverini N, Virgilio A D, Belfi J, et al. High-accuracy ring laser gyroscopes: Earth rotation rate and relativistic effects[J]. Journal of Physics: Conference Series, 2016, 723: 012061(1-6).

[72] Schreiber K U, Wells J P R. Large ring lasers for rotation sensing[J]. The Review

of Scientific Instruments, 2013, 84(4): 041101(1-26).

[73] Stedman G E, Bilger H R, Li Z Y, et al. Canterbury ring laser and tests for nonreciprocal phenomena[J]. Australian Journal of Physics, 1993, 46(1): 87-101.

[74] Schreiber U K, Schneider M, Rowe C H, et al. The C-II ring laser project[J]. Physics and Chemistry of the Earth Part A: Solid Earth and Geodesy, 2000, 25(12): 805-807.

[75] Hurst R B, Stedman G E, Schreiber K U, et al. Experiments with an 834 m^2 ring laser interferometer[J]. Journal of Applied Physics, 2009, 105: 113115(1-10).

[76] Belfi J, Beverini N, Bosi F, et al. G-Pisa gyrolaser[C]//IEEE International Frequency Control Symposium Joint with the 22nd European Frequency and Time Forum, 2009.

[77] Belfi J, Beverini N, Bosi F, et al. Rotational sensitivity of the "G-Pisa" gyrolaser[J]. IEEE Transactions on Ultrasonics Ferroelectrics and Frequency Control, 2010, 57(3): 618-622.

[78] Schreiber K U, Klügel T, Wells J P R, et al. How to detect the Chandler and the annual wobble of the Earth with a large ring laser gyroscope[J]. Physical Review Letters, 2011, 107(17): 173904.

[79] Schuh H, Cerveira P M, Englich S, et al. How can the Wettzell "G" ring laser improve VLBI measurements of sub-diurnal Earth rotation variations [C]//IVS 2008 General Meeting, 2008.

[80] Gebauer A, Schreiber K U, Igel H, et al. Design and construction of a large 4C ring laser: ROMY[C]//EGU General Assembly Conference, 2017.

[81] Liu K, Zhang F L, Li Z Y, et al. A large scale passive laser gyroscope for Earth rotation sensing[J]. Optics Letters, 2019, 44(11): 2732-2735.

[82] Feng X, Liu K, Chen Y, et al. Three-wave differential locking scheme in a 12-m-perimeter large-scale passive laser gyroscope[J]. Applied Optics, 2023, 62(4): 1109-1114.

[83] Feng X, Liu K, Chen Y, et al. Passive resonant laser gyroscope with improvement of the suppression of residual amplitude modulation effects through correlation analysis[J]. Measurement Science and Technology, 2023, 34(5): 045201(1-9).

[84] Glen A S, Steven J S, Lee K, et al. Fiber optic gyro development at Honeywell[J]. Proceedings of SPIE, 2016, 9852: 985207(1-14).

[85] Paturel Y, Honthaas J, Lefevre H, et al. One nautical mile per month FOG-based strapdown inertial navigation system: a dream already within reach? [J]. Gyroscopy and Navigation, 2014, 5(1): 1-8.

[86] Keil S, Wassermann J. Single-station seismic microzonation using 6C measurements[J]. Journal of Seismology, 2021, 25: 103-114.

[87] iXblue. blueSeis-1C ultra-low-noise portable 1 component rotational seismometer[EB/OL]. https://www.ixblue.com/store/blueseis-1c/, 2022.

[88] 丁衡高, 王巍. 光纤陀螺误差机理若干问题探讨[J]. 导航与控制, 2009, 8(4): 19-23.

[89] Wang X F, Wang W. Scanning interferometer for measurement of polarization cross-coupling in fiber-optic gyroscope[J]. Proceedings of SPIE, 2006, 6357: 6375744(1-7).

[90] 杨学礼, 王学锋, 张蔚, 等. 对轴误差对光纤陀螺输出的影响[J]. 光子学报, 2009, 38(7): 1658-1661.

[91] Bergh R A, Lefevre H C, Shaw H J. Compensation of the optical Kerr effect in fiber-optic gyroscope[J]. Optics Letters, 1982, 7(6): 282-284.

[92] Govind P A. 非线性光纤光学原理及应用[M]. 贾东方, 余震虹, 译. 北京: 电子工业出版社, 2002.

[93] 王巍. 干涉型光纤陀螺仪技术[M]. 北京: 中国宇航出版社, 2010.

[94] Shupe D M. Thermally induced nonreciprocity in the fiber-optic interferometer[J]. Applied Optics, 1980, 19(5): 654-655.

[95] 廖延彪. 光纤光学[M]. 北京: 清华大学出版社, 2000.

[96] Hotate K, Tabe K. Drift of an optical fiber gyroscope caused by the Faraday effect: influence of the earth's magnetic field[J]. Applied Optics, 1986, 25(7): 1086-1092.

[97] 石海洋. 高精度光纤陀螺零偏误差研究及抑制技术[D]. 北京: 中国运载火箭技术研究院, 2018.

[98] 王巍, 杨清生, 张志鑫, 等. 采用低偏和保偏混合光路的光纤陀螺: ZL200610171588.2[P]. 2006.

[99] 曹康渊, 丁东发, 冯文帅, 等. 测试设备对高精度光纤陀螺误差的影响及抑制方法研究[J]. 半导体光电, 2022, 43(4): 744-751.

[100]吴宛玲, 那永林. 基于 SOA 的光纤陀螺相对强度噪声抑制研究[J]. 导航定位与授时, 2018, 5(4): 89-93.

[101]冯文帅. 战略级高精度光纤陀螺关键技术研究[D]. 北京：中国空间技术研究院, 2019.

[102]王巍, 桑建芝, 刘院省. 非线性光学干涉仪的研究现状及发展趋势[J]. 导航与控制, 2020, 19(3): 33-39.

[103]王巍, 冯文帅, 李明飞, 等. 用于高精度光纤干涉仪的非线性宽谱光源研究[J]. 导航与控制, 2022, 21(3/4): 11-19.

[104]Mohr F, Schadtb F. Bias error in fiber optic gyroscopes due to elasto optic interactions in the sensor fiber[J]. Proceeding of SPIE, 2004, 5502: 410-413.

[105]冯文帅, 王学锋, 李晶, 等. 光纤环的不对称性对光纤陀螺温度梯度效应影响的研究[J]. 导航与控制, 2010, 9(1): 57-62.

[106]范运强, 黄继勋, 李晶. 基于等效不对称长度的光纤环温度性能评价方法[J]. 光学学报, 2021, 41(23): 2306002(1-7).

[107]张春京, 原俊安, 李丹东, 等. 从加速度计测试技术研究看惯性仪表测试技术发展趋势[J]. 航天控制, 2005, 23(2): 78-84.

[108]Cleon B, William R. Advanced inertial test laboratory improving low-noise testing of high-accuracy instruments[J]. AIAA, 2009: 1727.

[109]Chichinadze M V, Ilyin V N, Novgorodski A V, et al. Accelerometer designs and fields of application[C]//3th Saint Petersburg International Conference on Integrated Navigation Systems, 1996: 115-125.

[110]于梅. 精密仪器环境振动测量和评价方法的研究[J]. 振动与冲击, 2010, 29(8): 214-216.

[111]Mechanical vibration and shock-measurement and evaluation of shock and vibration effects on sensitive equipment in buildings: ISO 8569-1996[S]. 1996.

[112]Mechanical vibration and shock-vibration and shock in buildings with sensitive equipment-Part 2: classification: ISO 10811-2-2000[S]. 2000.

[113]Bessason B, Madshus C, Froystein H A. Vibration criteria for metrology laboratories[J]. Measurement Science and Technology, 1999, 10(11): 1009-1014.

[114]陈雷, 王延章. 基于熵权系数与 TOPSIS 集成评价决策方法的研究[J]. 控制与决策, 2003, 18(4): 456-459.

[115]穆荣, 顾持真. 实验室接地系统设计[J]. 电子产品可靠性与环境试验, 2004, 5: 5-7.

[116]孟祥涛, 王巍, 向政. 基于光纤陀螺与经验模态分解的航天器微小角振动检测

技术[J]. 红外与激光工程, 2014, 43(8): 2619-2625.

[117]向政. 宇航用光纤陀螺系统关键技术研究[D]. 北京: 中国运载火箭技术研究院, 2012.

[118]毛炜, 金荣洪, 耿军平, 等. 一种基于改进 Hilbert-Huang 变换的非平稳信号时频分析法及其应用[J]. 上海交通大学学报, 2006, 40(5): 724-729.

[119]武华伍, 任章. 光纤陀螺中分形噪声的参数估计和去除[J]. 北京航空航天大学学报, 2008, 34(6): 630-633.

[120]王惜康. 基于大型光纤陀螺仪的世界时解算方法研究[D]. 西安: 中国科学院国家授时中心, 2019.

[121]Love A E H. The yielding of the Earth to disturbing forces[J]. Nature, 1909, 80(2061): 252-253.

[122]纪鈜腾, 毛元昊, 陈丁博, 等. 激光陀螺原理、现状及展望[J]. 导航与控制, 2022, 21(5-6): 221-240.

[123]张卫星, 刘万科, 龚晓颖. EOP 预报误差对自主定轨结果影响分析[J]. 大地测量与地球动力学, 2011, 31(5): 106-110.

[124]Maistre S L, Rosenblatt P, Rivoldini A, et al. Lander radio science experiment with a direct link between Mars and the Earth[J]. Planetary and Space Science, 2012, 68(1): 105-122.

[125]Konopliv A S, Park R S, Rivoldini A, et al. Detection of the Chandler wobble of Mars from orbiting spacecraft[J]. Geophysical Research Letters, 2020, 47(21): 1-9.

[126]Acker E, Hoolst T, Viron O, et al. Influence of the seasonal winds and the CO_2 mass exchange between atmosphere and polar caps on Mars' rotation[J]. Journal of Geophysical Research: Planets, 2002, 107(E7): 1-8.

[127]王巍, 冯文帅, 于海成. 基于高灵敏度超导探测器的新型脉冲光高精度光纤陀螺仪技术研究[J]. 导航与控制, 2020, 19(3): 1-6.

[128]Gross R S, Vondrak J. Astrometric and space-geodetic observations of polar wander[J]. Geophysical Research Letters, 1999, 26: 2085-2088.

[129]Chen J L, Wilson C R, Ries J C, et al. Rapid ice melting drives Earth's pole to the east[J]. Geophysical Research Lett`ers, 2013, 40(11): 2625-2630.

[130]Smylie D E, Henderson G A, Zuberi M. Modern observations of the effect of earthquakes on the Chandler wobble[J]. Journal of Geodynamics, 2015, 83: 85-91.

[131] Zhong M. Atmospheric, hydrological, and ocean current contributions to Earth's annual wobble and length-of-day signals based on output from a climate model[J]. Journal of Geophysical Research, 2003, 108(B1): 2057.

[132] Kolaczek B, Nastula J, Salstein D. El Nino-related variations in atmosphere-polar motion interactions[J]. Journal of Geodynamics, 2003, 36(3): 397-406.

[133] 钟敏, 闫浩明, 朱耀仲, 等. 全球地表水储量再分布对周年极移的激发[J]. 天文学报, 2002, 43(2): 212-220.

[134] 钟敏, 闫昊明. 全球海洋对极移周年运动的激发[J]. 天文学报, 2007, 48(3): 302-310.

[135] 王冲, 米罗斯. 地球系统中的真极移[J]. 中国科学: 地球科学, 2023, 53(6): 1163-1184.

[136] Deng S S, Liu S X, Mo X G, et al. Relationship between polar motion and key hydrological elements at multiple scales[J]. Science China Earth Sciences, 2022, 65(5): 882-898.

[137] Bernauer F, Behnen K, Wassermann J, et al. Rotation, strain, and translation sensors performance tests with active seismic sources[J]. Sensors, 2021, 21(264): 1-23.